Wilhelm Bausch

Übersicht der Flechten des Großherzogtums Baden

Wilhelm Bausch

Übersicht der Flechten des Großherzogtums Baden

ISBN/EAN: 9783955621322

Auflage: 1

Erscheinungsjahr: 2013

Erscheinungsort: Bremen, Deutschland

@ Bremen-university-press in Access Verlag GmbH, Fahrenheitstr. 1, 28359 Bremen. Alle Rechte beim Verlag und bei den jeweiligen Lizenzgebern.

UEBERSICHT

DER

FLECHTEN DES GROSSHERZOGTHUMS BADEN

VON

WILHELM BAUSCH,

Grossherzogl. Badischem Verwaltungsgerichtsrath a. D., Mitglied des naturwissenschaftlichen Vereins zu Carlsruhe u. s. w.

CARLSRUHE.
DRUCK DER G. BRAUN'SCHEN HOFBUCHDRUCKEREI.
1869.

Vorwort.

Mit der Flora der Phanerogamen und der Gefässcryptogamen des Grossherzogthums Baden haben sich seit dem Schlusse des vorigen und dem Anfange des gegenwärtigen Jahrhunderts nicht wenige Botaniker beschäftigt und die Ergebnisse ihrer Forschungen in ausgezeichneten Werken veröffentlicht. Moose, Flechten, Pilze und Algen sind aber selten berücksichtigt und namentlich die Lichenen nur von wenigen Naturforschern unseres Landes näher beachtet und eines eingehenden Studiums gewürdigt worden.

In den von mir eingesehenen älteren Herbarien konnte ich Nachweise darüber finden, dass bis zum Jahr 1819 nur die verstorbenen Apotheker Vulpius und Märklin, und der Professor Geheimerath Gmelin Flechten gesammelt hatten.

Im Jahr 1819 aber begann unser rühmlichst bekannter Landsmann, Herr Professor Alexander Braun, sich mit Flechtenstudien zu beschäftigen; es gelang ihm damals schon, die höchst seltene Anaptychia leucomelas aufzufinden, was Gmelin in seinem nun in meinem Besitze befindlichen Cryptogamen-Herbar mit den Worten beurkundet: »habitat prope Baden in mont. adjacent. in ramis mortuis dejectis Pini Abietis, ubi detexit juvenis acutissimus Al. Braun vere 1819.«

Den Nachweis über seinen fortgesetzten Eifer und erste Auffindung anderer seltenen Lichenen, wie z. B. Conotrema urceolatum, liefern die Herbarien von Gmelin, Spenner, Zeyher, von Zwackh, Döll und Seubert.

Nach ihm und wahrscheinlich von ihm angeregt beschäftigten sich bis zum Ende der 1840er Jahre noch einige andere Botaniker unseres Landes mit lichenologischen Studien;

sie veröffentlichten aber nichts über die Resultate derselben. Es sind dies die Professoren Perleb, Spenner und Mettenius zu Freiburg, Dierbach und Bischoff zu Heidelberg, Seminardirektor Nabholz in Meersburg, Physikus Dr. Schmidt in Ettenheim und Dr. Carl Schimper zu Schwetzingen, die bereits sämmtlich in die ewige Heimath eingegangen sind. Das Flechtenherbar von Perleb befindet sich im Besitze der Universität Freiburg, das von Spenner im Besitze der Cantonsschule zu St. Gallen. Letzteres wurde von dem seel. Dr. Hepp revidirt und geordnet; Herr Rector Dr. Wartmann zu St. Gallen hatte die grosse Gefälligkeit mir die Fundorte der in demselben enthaltenen badischen Lichenen mitzutheilen.

In den letzten 20 Jahren ist in Baden ein regerer Eifer für Flechtenstudien erwacht. Im Unterlande befasste sich zunächst Herr Ritter v. Zwackh mit dem Studium der Lichenen. Er durchforschte mit dem grössten Fleisse die Umgebung von Heidelberg, fand mit ausserordentlichem Scharfblicke eine grosse Zahl seltener und zum Theil neuer Lichenen auf, machte dieselben durch seine Lichenes exsiccati, die er mit seltener Liberalität an botanische Freunde vertheilte, der Wissenschaft zugänglich und veröffentlichte in seiner Enumeratio Lichenum florae Heidelbergensis die gewonnenen Resultate. Mit ihm arbeitete zu gleichem Zwecke Herr Professor Dr. Ahles jetzt in Stuttgart, der ausser den Umgebungen Heidelbergs auch die Umgegend von Pforzheim in den Kreis seiner Forschungen zog. Ihm verdanken wir die Auffindung und Entdeckung von Imbricaria Mougeotii, Calicium sphaerocarpum und Segestrella Ahlesii. Herr Dr. Alexis Millardet, nun zu Stassburg, hielt sich in Heidelberg und Freiburg auf und entdeckte Biatorina Bouteillei, Bilimbia micromma, Agyrium rufum, Plectopsora botryosa, Celidium fuscopurpureum und Nesolechia inquinans.

In der mittleren Landesgegend gelang es dem Unterzeichneten einige seltenere Flechtenarten aufzufinden; sie sind in der Uebersicht mit (B) bezeichnet. Auch Herr Bezirksgerichtsrath Arnold von Eichstätt hat diesen Landestheil, insbesondere die Umgebung des Geroldsauer Wasserfalls, zweimal besucht, und dort Secoliga carnea, Verrucaria laevata und Calicium byssaceum zuerst aufgefunden.

In Freiburg hielten sich mehrere Flechtenfreunde theils ständig theils vorübergehend auf, und bereicherten die badische Lichenenflora mit manchen schönen und seltenen Arten. Ausser dem oben genannten Herrn Dr. Millardet sind es die Herren Professor de Bary, Kaufmann Sickenberger, praktischer Arzt Dr. Thiry und Rentier Metzler von Frankfurt. — Am Kaiserstuhl beschäftigt sich Herr Pfarrer Goll in Bötzingen mit Lichenen.

Im Seekreise endlich sind es die Herren Dr. Stizenberger, Apotheker Leiner in Constanz, und Apotheker Jack in Salem, die sich um die Verbreitung der Cryptogamenkunde durch die Herausgabe ihrer Cryptogamae badenses exsiccat. die wesentlichsten Verdienste erworben haben. Diese sehr instructive Sammlung enthält 200 Lichenen. Herr Dr. Stizenberger hat ausserdem durch seine scharfsinnigen Monographieen der Bacidien, der steinbewohnenden Opegraphaarten, und der Bilimbien zur richtigen Kenntniss und Abgränzung dieser schwierigen Lichenengattungen die werthvollsten Beiträge geliefert.

In Schaffhausen an der badischen Gränze hat Herr Kunstgärtner Schenk Lichenen gesammelt und seine Funde in den Crypt. badens. und in den Crypt. helv. niedergelegt.

Wenn ich nun, nachdem, wie aus obiger Darstellung hervorgeht, mehrere badische Flechtenkundige vorhanden sind, die mit dem schönsten Erfolge lichenologische Druckschriften herausgegeben haben, und desshalb besser als ich dazu geeignet gewesen wären, es dennoch unternahm eine Zusammenstellung der in Baden vorkommenden Lichenen zu fertigen, so geschah dies nicht, weil ich mir eine besondere Befähigung zu einer solchen Arbeit zutraute, sondern nur um den Wünschen mehrerer Botaniker, die mich bei meinem schwierigen Unternehmen zu unterstützen versprachen, zu entsprechen. Eine solche Unterstützung ist mir nun auch in reichem Maasse zu Theil geworden. Es haben Herr Bezirksgerichtsrath Arnold und Herr Dr. Stizenberger meine lichenologischen Ausbeuten microscopisch geprüft und revidirt, Herr Dr. Rehm in Sugenheim hat mehrere Cladonien bestimmt, und die Herren Braun, Döll und Seubert haben mir ihre Flechtenherbarien zur Verfügung gestellt, während andere Fachmänner und Pflanzenfreunde mir die von ihnen aufgefundenen Flechten mitzutheilen die Gefälligkeit hatten. Ich fühle mich daher verpflichtet, nachstehenden

Herren, die mich bei meinem Werkchen unterstützten, meinen herzlichsten Dank auszusprechen. Es sind dies die

Herrn Ahles, Dr. und Professor in Stuttgart,
» Arnold, Königl. Bayr. Bezirksgerichtsrath zu Eichstätt,
» de Bary, Dr. und Professor zu Halle,
» Braun, Dr. und Professor zu Berlin,
» Döll, Geheimer Hofrath zu Carlsruhe,
» Gerwig, Oberbaurath zu Carlsruhe,
» Jack, Apotheker in Salem,
» von Kettner, Ober-Jägermeister zu Carlsruhe,
» Leiner, Apotheker zu Constanz,
» Rehm, Dr. und prakt. Arzt zu Sugenheim in Bayern,
» Schwerdt, Telegrapheninspektor zu Carlsruhe,
» Seubert, Dr. Hofrath und Professor zu Carlsruhe,
» Sickenberger, Kaufmann zu Freiburg,
» Stizenberger, Dr. und prakt. Arzt zu Constanz,
» Wartmann, Dr. und Rector zu St. Gallen,
» von Zwackh, Königl. Bayr. Rittmeister à la suite zu Heidelberg.

Ausserdem hat der hiesige naturwissenschaftliche Verein die Druckkosten der Flechtenübersicht übernommen und dadurch beurkundet, wie sehr er bereit ist, die Naturkunde unseres Landes zu fördern.

Meiner Aufzählung badischer Flechten habe ich das System des Herrn Professors Dr. Körber, wie er es in seinem Systema Lichenum Germaniae und in seinen Parerga lichenologica aufstellte, mit einigen Modificationen zu Grunde gelegt. Es hat dieses System, wenn es auch von Lichenologen, die anderen Anschauungen huldigen, nicht gebilligt wird und vielleicht mancher Verbesserungen fähig ist, unstreitig grosse Vorzüge. Für meinen Zweck hielt ich es für das passendste, weil es ein abgerundetes Ganze darstellt, und zur Zeit dasjenige ist, welches in Deutschland am meisten zur Anwendung kommt.

Bei dem Umstande, dass die beiden Hauptwerke von Körber, das Systema und die Parerga, sich in den Händen der meisten Lichenologen befinden und vortreffliche Diagnosen der meisten auch bei uns vorkommenden Lichenen enthalten, konnte ich es unterlassen den aufgezählten badischen Flechten besondere Beschreibungen beizufügen. Nur die beiden neu aufgestellten Arten sind mit entsprechenden Diagnosen versehen.

Die oben erwähnten Modificationen sind vorzugsweise bei der Gattung Cladonia, bei welcher ich Rabenhorsts Cladonien Europa's folgte, und bei den Gattungen Bacidia, Bilimbia, Lecanora (subfusca) und Opegrapha, bei denen ich die vortrefflichen Arbeiten des Herrn Dr. Stizenberger benützte, in Anwendung gebracht worden.

Indem ich mein Operat, das keinen Anspruch auf einen besonderen wissenschaftlichen Werth macht und das ich selbst nur als eine Dilettantenarbeit betrachte, einer freundlichen Beurtheilung empfehle, wünsche und hoffe ich, dass es dazu beitragen möge, das Studium der Lichenen in unserem schönen Lande, das so viele botanische Schätze liefert, mehr und mehr in Aufnahme zu bringen.

Carlsruhe im September 1869.

W. Bausch.

Einleitung.

Das Grossherzogthum Baden bildet den südwestlichen Theil des deutschen Landes, und liegt 47°32'—49°46' nördlicher Breite, und 25°11'—27°31' östlicher Länge. Sein Flächengehalt beträgt nach der topographischen Vermessung 278,064 ☐Meilen, wovon 3,323 ☐Meilen auf den Bodenseeantheil entfallen, ohne diesen Antheil also 274,741 ☐Meilen. Eine genaue Angabe der Vertheilung des Flächengehalts nach den Kulturarten ist zur Zeit nicht möglich, da die in Ausführung begriffene stückweise Vermessung sämmtlicher Liegenschaften noch nicht vollendet ist. Annähernd lässt sich dieselbe indess, wie folgt, bestimmen und zwar nach Morgen zu 0,36 Hektaren:

Hausgärten und Gartenland	40,000 Morgen.
Ackerfeld	1,525,000 »
Wiesen	440,000 »
Rebland	60,000 »
Waide und Reutefeld . .	300,000 »
Wald	1,411,000 »
Steinbrüche, Torfgründe, Oedungen	22,000 »
Haus- und Hofplätze, Wege, Strassen und Gewässer .	440,000 »
	4,238,000 »

Baden gehört zu den gebirgigen Ländern; seine Oberfläche wechselt mit Ausnahme der Rheinebene fast beständig zwischen Bergen und Thälern ab. Eben diese Beschaffenheit seiner Oberfläche macht, dass das Land reich an Naturschönheiten, an reizenden Gegenden und malerischen Ansichten ist.

Unter den Gebirgen ist der Schwarzwald in orographischer Beziehung das bedeutendste. Er durchzieht das Land seiner Länge nach von Süden nach Norden, vom Rheine bei Waldshut und Säckingen bis nach Pforzheim auf einer Erstreckung von 42 Stunden. Man kann im Ganzen genommen vier Gruppen im Schwarzwald erkennen, deren Grenzen durch Gebirgsthäler bezeichnet werden. Die erste Gruppe fällt zwischen den Südrand am Rhein und das Dreisamthal bei Freiburg. In ihr kommen die höchsten Gipfel vor, der Feldberg (4982'), das Herzogenhorn (4724'), der Belchen (4718'), der Schauinsland (4288'), der Blauen (3889') und andere. Die zweite Gruppe liegt innerhalb der Dreisam und Kinzig mit dem Kandel (4144'), dem Turner (3452') etc. Die dritte Gruppe endigt am Murgthale, in welcher sich erheben die Hornissgrinde (3887'), die Brandeck (3656)', der Hochkopf (3470'), die Badener Höhe (3348') der Seekopf (3345'), der Kniebis (3140') und andere. Die vierte Gruppe endlich wird von der Murg und der Enz bei Pforzheim eingeschlossen und sinkt auf eine mittlere Höhe von 2600' herab; in derselben erscheinen als die höchsten Gipfel der Hohenlohkopf (3302'), die Teufelsmühle (3030'), der Kaltenbrunn (2983'), der Dobel (2409') und der Bernstein (2298').

Im unteren Theile des Landes tritt die nördliche Verlängerung des Schwarzwaldes, der Odenwald auf, von dem nur der kleinere, südliche Theil innerhalb der Gränzen von Baden, die nördliche, grössere Hälfte aber auf grossherzogl. hessischem Gebiete liegt; doch findet sich in Baden sein höchster Gipfel, der Katzenbukel, der sich 2094' über die Meeresfläche erhebt.

Völlig getrennt vom Schwarzwalde erhebt sich mitten in der Ebene des Rheinthals die isolirte Berggruppe des Kaiserstuhls, zwischen Breisach und Endingen gelegen; sie hat ungefähr 10 Stunden im Umkreise und steht in ihrem höchsten Punkte, den neun Linden, 1863' über dem Meere oder ungefähr 1100' über dem Spiegel des nahe vorüberfliessenden Rheinstroms.

Im südöstlichen Theile des Grossherzogthums, im Seekreise, tritt der lange Bergzug auf, welcher unter dem Namen des deutschen Jura bekannt ist. Vom Rhein durchbrochen, geht er bald wieder ins Schweizergebiet, in den Canton Schaffhausen, und berührt dann mit seinem Westrande die badischen

Orte Stühlingen, Grimmelshofen und Fützen im Wuttachthale, Fürstenberg, Donauöschingen und Geisingen, wo die Donau in sein Gebiet tritt und ihn ebenfalls durchbricht. Jenseits dieses Durchbruchs läuft der Bergzug in nördlicher Richtung nach Württemberg. Im badischen und Schaffhauser Gebiet führt der deutsche Jura den Lokalnamen Randen; der hohe Randen ist der höchste Punkt, 3046' über dem Meere. Jäh und kurz ist der westliche Abfall des Jura, sanft und allmählig dagegen der östliche, wo er sich in das Plateau von Schwaben verliert, das hier das Nellenburger und Hegauer Hügelland bildet, auf welch letzterem sich die einzelnstehenden Bergkegel Hohentwiel, Hohenhöwen, Hohenkrähen etc. erheben.

In den Bereich der Uebersicht badischer Lichenen wurde das diesseits des Rheins gelegene Schaffhauser Gebiet gezogen, weil es mit dem übrigen Jura vollständig zusammenhängt, und von der badischen Eisenbahn durchzzogen wird, und eben so die von badischem Gebiete umschlossene württembergische Burgruine Hohentwiel. Im übrigen hat man sich an die badischen Gränzen gehalten.

Bekanntlich haben die Boden- und Höhenverhältnisse einen nicht unbedeutenden Einfluss auf das Vorkommen der Lichenen; es ist desshalb eine geologische Skizze des badischen Landes angeschlossen, welche Herr Professor Dr. Sandberger, jetzt in Würzburg, der vor wenigen Jahren dasselbe aufs eifrigste und mit dem schönsten Erfolge durchforschte, zu entwerfen und hierher zum geeigneten Gebrauche mitzutheilen die Güte hatte, wofür ich ihm hiermit meinen freundlichsten Dank ausspreche. In einer weiteren Anlage ist eine Tabelle über die Höhenpunkte der angeführten Standorte beigegeben.

In der Uebersicht der bis jetzt in Baden aufgefundenen Lichenen sind 592 Arten und 329 Varietäten und Formen aufgezählt. Deutschland hat nach Körber's Par. lich. 1073 Arten und 374 Varietäten. Es sind demnach bei uns nahezu $^3/_5$ der in Deutschland vorkommenden Flechtenarten gefunden worden. Es ist dies freilich nicht einmal der achte Theil sämmtlicher bekannten Flechtenspecies, deren Zahl Herr von Krempelhuber, einer der ausgezeichnetsten jetzt lebenden Lichenologen, auf ca. 5000 angibt, aber immerhin eine ansehnliche Zahl für unser kleines Land, da das weit grössere Königreich Bayern nach Krmplhuber's

Lichenen-Flora Bayerns auf einem Florengebiet von 1290 ☐Meilen nur 681 species und 302 Varietäten, also nur ungefähr 89 Arten mehr zählt. Die bei uns aufgefundenen Lichenen vertheilen sich in folgende Familien:

Fam.	Arten.
1) Usneaceae	9
2) Cladoniaceae	35
3) Ramalineae	12
4) Anaptychieae	3
5) Sphaerophoreae	2
6) Peltideaceae	12
7) Parmeliaceae	44
8) Umbilicarieae	10
9) Endocarpeae	3
10) Lecanoreae	68
11) Urceolariaceae	25
12) Lecideae	145
13) Baeomyceae	2
14) Graphideae	41
15) Calicieae	35
16) Dacampieae	7
17) Pertusarieae	14
18) Verrucarieae	66
19) Lecothecieae	2
20) Myriangieae	1
21) Collemeae	29
22) Omphalarieae	4
23) Psorotichieae	1
24) Porocypheae	1
Lichenes byssacei	1
Lichenes parasitici	20
	592

Da der höchste Punkt des Landes sich nicht über 5000′ über die Meeresfläche erhebt, so finden sich nur wenige eigentliche Alpenflechten vor, indessen sind dieselben doch durch mehrere Arten, die sonst nur in bedeutenden Höhen oder im hohen Norden vegetiren, vertreten, von denen ich hier beispielsweise Cetraria cucullata, Cornicularia tristis, Haematomma ventosum, Sphaerophoron fragile, mehrere Gyrophora Arten,

Gussonea chlorophana, Imbricaria stygia, encausta, hyperopta, und fahlunensis, Megalospora sanguinaria und affinis, Agyrium rufum, Lecidea superba, Rinodina milvina und Ephebe pubescens hervorhebe.

Die bei uns vorkommenden Steinflechten wurden zwar meistens auf sehr verschiedenen Gesteinsarten, Kalk, Gneiss, Granit, Sandstein und Porphyr, gefunden, doch fanden sich mehrere derselben ausschliesslich auf einem und demselben Substrate, und zwar

auf Kalk:
Placodium saxicolum γ. versicolor und δ. albo-pulverulentum, Pyrenodesmia variabilis und Agardhiana, Aspicilia calcarea b. farinosa, Petractis exanthematica, Hymenelia Prevostii und lithofraga, Thalloidima candidum, Xanthocarpia ochracea, Biatora rupestris α. calva, Buellia Dubyana, Coniangium fuscum, Catopyrenium cinereum, Sporodictyon Schaererianum, Verrucaria cinerea und maculiformis, Collema cristatum und multifidum β. marginale, Synalissa ramulosa, Thyrea pulvinata und decipiens;

auf Sandstein:
Imbricaria encausta und incurva, Acarospora rufescens, Rinodina milvina, Lecanora cenisia, Hageni γ. lithophila, frustulosa β. thiodes und deren Form egena, Zeora coarctata γ. Brujeriana und sordida β. carneopallida, Aspicilia gibbosa β. squamata und tenebrosa, Urceolaria scruposa β. arenaria, Thelotrema lepadinum b. saxicolum, Blastenia arenaria, Bacidia umbrina, Biatora Kochiana und Ahlesii, Buellia atrata und saxatilis, Lecidella lapicida, goniophila b. colorata, und sabuletorum β. aequata, Rhizocarpon petraeum b. cinereum und lotum, Opegrapha saxicola, Coniangium Körberi, Calicium corynellum und paroicum, Segestrella Ahlesiana, Polyblastia intercedens, Verrucaria virens β. obfuscans, viridula, und Leightoni und Lecothecium tremniacum;

auf Gneiss:
Cornicularia tristis, Stereocaulon nanum, Sphaerophoron fragile, Haematomma ventosum, Urceolaria striata, Buellia badioatra, Lecidella spilota, Lecidea superba und Plectopsora botryosa;

auf Granit:
Imbricaria dentritica und Mongeotii, Aspicilia cinerea b. syl-

vatica, Secoliga carnea, Biatorina inundata, Biatora pungens, Lecidea sarcogynoides, Sarcogyne privigna, Staurothele clopima, Sphaeromphale fissa, Thelidium Nylanderi, Verrucaria catalepta, lecideoides und laevata, Collema cataclystum und Porocyphus areolatus;

auf Porphyr:
Stereocaulon nanum β. pulverulentum, Physcia parietina β. aureola, und muralis δ. obliterata, Lecanora caesioalba b. dispersa, Diplotomma alboatrum γ. ambiguum, Lecidea argillacea, Rhizocarpon amphibium, Verrucaria tectorum und mauroides.

Die Flechten auf organischem Substrat kommen bei uns grösstentheils auf der Rinde von Laubhölzern vor, und zwar meistens auf Eichen, Buchen, Birken, Ahorn, Eschen, Hainbuchen (Carpinus), Weiden, Ulmen, Linden, Ebereschen und Vogelbeerbäumen (Sorbus), Hornstrauch (Cornus), Espen, Pappeln, Obstbäumen und verschiedenen Zierbäumen, doch sind ausschliesslich auf Nadelholz und zwar auf Weisstannen (Pinus Abies Duroi), Fichten oder Rothtannen (Pinus Picea Duroi), Lerchen (Pinus Larix L.), Weihmuthskiefern (Pinus Strobus L.) und auf Föhren oder Kiefern (Pinus sylvestris L.), nachstehende Flechten gefunden worden:

Usnea plicata und longissima, Alectoria sarmentosa und crinalis, Evernia divaricata, Cetraria fallax, Anaptychia leucomelas, Lecanora subfusca γ. coilocarpa und aitema, Biatorina Bouteillei und adpressa, Biatora micrococca, Bilimbia micromma, Lecidella Laureri, Megalospora affinis, Arthonia stellaris, Pragmopora amphibola, Stenocybe euspora, Calicium hyperellum, Cyphelium melanocephalum und phaeocephalum, Coniocybe crocata, Polyblastia lactea, Sagedia abietina, Atichia Mosigii, und Tromera resinae.

Auf faulem Holze oder morschen Strünken wurden beobachtet:

Imbricaria hyperopta, Biatora viridescens, prasina, byssacea, fuliginea, flexuosa und sarcopisioides, Lecidella turgidula, Xylographa parallela, Agyrium rufum, Pragmopora lecanactis, Calicium parietinum und cladoniscum, und Cyphelium brunneolum.

Zu technischen oder arzneilichen Zwecken werden in unserem Lande meines Wissens nur die unter dem Namen „isländisches Moos" bekannte Cetraria islandica, und in sehr beschränktem Maasse Zeora sordida var. glaucoma, die als Farbeflechte von französischen Sammlern aufgesucht wird, verwendet, obschon noch einige andere Lichenen chemische Bestandtheile enthalten, die sie theils zur Nahrung, theils zu Heilmitteln, theils zu technischer Verwendung vereigenschaften würden. Dr. D. A. Rosenthal sagt in seiner Synopsis plantarum diaphoricarum (Breslau 1862) über die Lichenen folgendes:

Die Flechten enthalten als chemische Hauptbestandtheile Flechtenstärke, Bitterstoff und verschiedene Farbstoffe, wodurch der Kreis ihrer Wirksamkeit angezeigt wird. Wo die erstere vorwiegt, da geben sie, nach Entfernung des Bitterstoffs, eine kräftig nährende Speise, wie sie denn auch im Norden eine bedeutende Rolle spielen, wie das isländische Moos, mehrere Gyrophoren und Cladonien, während anderseits gerade der Bitterstoff sie gleichzeitig zu kräftigenden, schleimig adstringirenden Heilmitteln macht, die, wie das schon genannte isländische Moos, namentlich in Lungenkrankheiten einen nicht ganz unverdienten Ruf erworben haben. Wo der Bitterstoff vorwiegt, da reihen sich die Flechten an die China an, und mehrere Pertusarien, die besonders reich an solchem Flechtenbitter sind, werden geradezu gegen Wechselfieber angewendet. Wichtig ferner sind viele von ihnen wegen ihres Reichthums an blauen, gelben oder rothen Farbstoffen, die fabrikmässig gewonnen und angewendet werden.

Bezüglich einzelner auch bei uns vorkommenden Flechten wird von dem gedachten Autor angeführt:

Usnea barbata (pag. 1 unserer Uebersicht) Bartflechte, war früher als Herba musci barbati vel barbae arborum officinell, ist, wie **Usnea plicata** (p. 2), bitter-tonisch und wird gegen Keuchhusten, Blut- und Schleimflüsse empfohlen.

Usnea florida (p. 1) ist reich an Usnin und giebt eine violette Tinctur.

Bryopogon jubatum (p. 2.) ehemals als Herba musci arboreae nigricans vel Usneae officinalis officinell, wird gegen Wechselfieber gebraucht.

Alectoria sarmentosa (p. 3) enthält Farbstoff.

Cladonia extensa (p. 7) Scharlachmoos, war früher unter dem Namen Herba ignis musci vel Lichen cocciferus officinell und gegen Wechselfieber, Keuchhusten und Schwindsucht in Ruf.

Cladonia pyxidata (p. 9), Becherflechte, war officinell als Lichen pyxidatus vel Herba musci pyxidati bei hartnäckigem Husten, Brustleiden und Wechselfiebern. Ebenso **Cladonia macilenta** (p. 7).

Cladonia rangiferina (p. 16), Rennthiermoos, ist reich an Flechtenstärke und dient im Norden den Rennthieren als hauptsächlichstes Futter; im nördlichen Finnland wird diese Flechte, mit isländischem Moos und Roggen gemischt, zur Brodbereitung verwendet.

Evernia prunastri (p. 17). Schlehenpflaumenflechte oder weisses Lungenmoos, war als tonisches Heilmittel bei Schwäche der Lungen und des Darmcanals unter dem Namen Muscus arboreus vel Herba musci Acaciae officinell. Sie liefert rothe Farbe und wird in Aegypten beim Backen des Brodes als Ferment zugesetzt. Wegen ihres besonderen Vermögens Wohlgerüche einzusaugen und festzuhalten wird diese Flechte zu den Potpourris und Riechkisschen auf Toiletten benutzt.

Evernia furfuracea (p. 18) ist bitter und adstringirend (sie enthält u. a. Inulin und Flechtenstärke) und gegen Wechselfieber, Durchfälle u. s. w. empfohlen worden.

Ramalina fraxinea (p. 18) enthält wie alle Ramalinen viel Lichenin und kann daher zu ähnlichen Zwecken wie Cetraria islandica verwendet werden.

Cetraria islandica (p. 20), isländisches Moos oder Blutlungenmoos, enthält einen Bitterstoff, Flechtenbitter oder Moosbitter, Lichenin, Cetrarin, und Moos- oder Flechtenstärke und daher ihre tonisch-nährende Wirkung in Lungenkrankheiten und bei Magenschwäche. Sie wird gewöhnlich in Form von Gallerte (gelatina lichenis islandici) oder von Thee verordnet und findet auch als Mooschocolade häufige Anwendung. Im hohen Norden ist sie ein allgemeines und geschätztes Nahrungsmittel und wird nicht nur zu Brodmehl verarbeitet, sondern auch als Gemüse gegessen. Sie liefert eine gelbe Farbe.

Cetraria cucullata (p. 21) enthält nach Göppert einen Farbstoff, der zur Bereitung von Orseille und Lakmus geeignet ist.

Peltigera canina (p. 26), Hundsschildflechte, diese schleimig bittere, etwas scharfe Flechte, früher als Herba musci canini oder Hepaticae terrestris officinell, galt ehedem als Specificum gegen Hundswuth.

Peltigera aphthosa (p. 20) war früher als Herba musci cumatilis gegen Eingeweidewürmer gebräuchlich. In gleicher Weise wurden **Peltigera polydactyla** (p. 27) und **Peltigera horizontalis** (p. 27) gebraucht.

Sticta pulmonaria (p. 30), Lungenmoos, als Herba pulmonaceae arboreae oder Lichen pulmonarius officinell, war wie die isländische Flechte bei Abzehrung, Lungensucht, Blutspucken, Durchfall u. s. w. im Gebrauch. Sie enthält einen Bitterstoff Stictin und wird deswegen in Sibirien statt Hopfen dem Biere zugesetzt.

Imbricaria saxatilis (p. 33) Steinmoos oder Hirnschädelmoos, war gegen Blutflüsse, Epilepsie u. s. w. in Anwendung. Diese Flechte giebt eine schöne purpurrothe Farbe, die zur Bereitung von Orseille und Lakmus zu benutzen ist.

Imbricaria encausta (p. 35), **stygia** (p. 37) und **conspersa** (p. 38) enthalten hochrothen Farbstoff.

Physcia parietina (p. 44), Wandflechte oder goldgelbe Schuppenflechte, war als Lichen parietinus officinell. Sie wurde als Surrogat der China gegen Wechselfieber, auch gegen Scrofeln u. s. w. gerühmt und enthält zwei Farbstoffe Parmelgelb (Parietin) und Parmelroth und kann zum Gelb- und Braunfärben benutzt werden.

Umbilicaria pustulata (p. 48), Nabelflechte, enthält ein schönes rothes Pigment, das mit Urin behandelt, violett färbt.

Gyrophora proboscidea (p. 49), **cylindrica** (p. 49) und **vellea** (p. 50) werden in den arctischen Zonen Amerikas in Zeiten der Noth als Speise benutzt, und sind unter dem Namen Tripe de Roche nicht selten die einzige Nahrung der canadischen Pelzjäger. Sie sind nährend, aber unangenehm bitter, und erzeugen, wenn der Bitterstoff nicht entfernt wird, öfter Koliken und andere Krankheiten.

Gyrophora flocculosa (p. 48) enthält rothen Farbstoff.

Candelaria vulgaris (p. 60) ist zum Gelbfärben tauglich.

Lecanora atra (p. 69) enthält schwarzen Farbstoff.

Zeora sordida (p. 79) giebt braune und gelbe Farbe und liefert blaue Orseille.

Zeora sulphurea (p. 80) enthält gelben Farbstoff.

Ochrolechia tartarea (p. 82), Lakmusflechte, wird zur noch immer geheim gehaltenen Bereitung von Lakmus, Lacca musica vel coerulea, Tournesol des Handels, und in England zu einem rothen Farbstoffe, Cudbear oder Persio, rother Indigo, verwendet. Aus Schweden kommen ganze Schiffs-

ladungen dieser Flechte nach Holland, daher sie auch als
schwedisches Moos bekannt ist.

Ochrolechia palescens β **parella** (p. 82), Erdorseille oder Orseille
von Auvergne, liefert eine geringere Sorte von Persio und
Lakmus.

Haematomma ventosum und **coccineum** (p. 84) enthalten braunrothen Farbstoff.

Aspicilia cinerea (p. 87) und **Urceolaria scruposa** (p. 89) liefern
blaue Orseille.

Rhizocarpon geographicum (p. 151), Landkartenflechte, enthält
einen blauen Farbstoff.

Baeomyces roseus (p. 155), rosenrothe Schwammflechte, enthält einen schönen rothen Farbstoff — (Erythrophyll nach Brandes.)

Pertusaria communis (p. 192), gemeine Porenflechte, enthält
ein bitteres Princip Picrolichenin, Flechtenbitter, ist
gegen Wechselfieber angewendet und auch gegen andere Krankheiten als Tonicum (sie enthält auch Eisen) empfohlen worden. Sie liefert nicht nur einen purpurähnlichen Farbstoff
(Erythrin), der als Orseille, Persio, Cudbear in den Handel
kommmt, sondern auch einen blauen Lakmus. Dieselben Eigenschäften besitzt die Varietät **variolosa** dieser Flechte, aus
der das Variolin dargestellt und in neuerer Zeit ebenfalls
gegen Wechselfieber empfohlen worden ist.

Pertusaria melaleuca (p. 193) giebt gelbe Farbe.

Als neue Arten wurden in der nachfolgenden Uebersicht
badischer Lichenen zwei aufgestellt, nämlich auf pag. 94 **Secoliga carnea**, Arnold, und auf pag. 152 **Rhizocarpon lotum**, Stizenberger. Beide Flechten sind an den angeführten Stellen von
den genannten Autoren beschrieben.

I.
Geologische Skizze des badischen Landes.

Die geologische Zusammensetzung des Grossherzogthums Baden ist eine sehr mannigfaltige, da die grosse nordsüdlich streichende Grundgebirgsmasse des Schwarzwaldes fast ganz, von der Grundgebirgsmasse des Odenwaldes der südlichste Theil, ausserdem die Mulde zwischen beiden und ihre westlichen und östlichen Vorberge, nebst der Rheinfläche und im Südosten noch ein Theil des schwäbischen Jura's und des Molasseterrains zwischen Jura und Alpen in badisches Gebiet fallen. Endlich erhebt sich noch mitten aus der Rheinfläche ein isolirtes vulkanisches Gebirge, der Kaiserstuhl. Die Grundgebirgsmasse des Schwarzwaldes wird im Grossen betrachtet südlich durch den Rhein zwischen Waldshut und Säckingen, nördlich durch die Murg begrenzt, und besteht vom Renchthale an bis zum Klemmbachthale bei Müllheim grossentheils aus Gneiss. Dem Gneissgebiete gehören die höchsten Berge des südlichen Schwarzwaldes Kandel, Belchen, Herzogenhorn und Feldberg an. Nördlich wird dasselbe von dem Baden-Offenburger Granitzuge, welcher bei Ortenberg das Kinzigthal erreicht, östlich und südlich von dem grossen halbkreisförmigen Schwarzwälder Hauptgranitzuge begrenzt. Dieser beginnt bei Rippoldsau, setzt über Schiltach, Hornberg, Triberg, Vöhrenbach, Neustadt, Schluchsee nach St. Blasien, von wo er sich südlich bis ins untere Albthal, westlich bis zum Blauen bei Badenweiler, dem höchsten Granitberge des Landes, forterstreckt.

Aus dem Granit- und Gneissgebiete ragen malerische,

meist steil kegelförmige Porphyrmassen, theils einzeln, wie der hohe Geroldseck und Rauhkasten bei Lahr, Hauskopf und Eckenfels bei Oppenau und die Brandeck bei Offenburg, theils in zusammenhängender Kette, wie der Badener Porphyrzug von der Yburg bis zur Waldeneck oder die Porphyrberge der Gegend von Ottenhöfen hervor.

Zwischen dem Granite eingekeilt finden sich am Nordrande zerstreute Lappen von Thonschiefern, vermutblich der Devonischen Periode angehörig, und in ähnlicher Weise schwarze Uebergangs-Schiefer in der Gegend von Schopfheim.

Ein mehr oder minder zusammenhängender Zug von Gesteinen der unteren Steinkohlenformation läuft in fast west-östlicher Richtung nahezu auf der südlichen Gränze von Gneiss und Granit von Oberweiler bis Lenzkirch durch.

Kleinere Ablagerungen von Schichten der oberen Kohlenformation liegen in Mulden des Gneissgebietes bei Berghaupten, Hinterohlsbach, Oppenau und Geroldseck, und in solchen des Granits bei Baden und Gernsbach, sie spielen aber nur eine untergeordnete Rolle.

Ebenso ist die Entwickelung der Breccien und Conglomerate des Rothliegenden nur am Nordrande des Schwarzwalds bei Baden, wo in demselben die malerischen Felsmauern am alten Schlosse, an der Engels- und Teufelskanzel, an der Ebersteinburg und am Amalienberge aufragen, von Bedeutung für die Terraingestaltung. Die über den nördlichen und in geringerem Maase auch über den südlichen Schwarzwald zerstreuten Fetzen des Rothliegenden, selbst den von der Scheideck bei Kandern bis nach Hasel zusammenhängend durchsetzenden Zug nicht ausgenommen, bedecken dagegen nur sehr kleine Flächen.

Von der Murg bis fast zum Kinzigthal lagert auf den höchsten Höhen des nördlichen Gebirgtheiles z. B. Badener Höhe, Hornisgrinde, Braunberg, Mooswald etc. unterer Buntsandstein (Vogesensandstein) horizontal auf. Während der jüngere eigentliche Buntsandstein den Vogesensandstein am Nord- und Ostrande direkt und gleichförmig bedeckt, bildet er am Westrande in abweichender Schichtenstellung den ältesten Mantel um das Grundgebirge, wie bei Kuppenheim, Hubbad, Offenburg, Emmendingen und von Freiburg an aufwärts. Der nördliche Buntsandsteinzug verschwindet dann nördlich von

Durlach unter den Muschelkalk- Keuper- und Juraschichten, welche von dort an bis nördlich von Wiesloch die tiefe Mulde zwischen den Vorbergen des Schwarzwaldes und Odenwaldes ausfüllen, und steigt bei Heidelberg wieder zu bedeutenden Höhen, Königsstuhl, Dreieichen u. s. w. empor, um ganz in gleicher Weise wie den Ostrand des Schwarzwaldes auch den Süd- und Ostrand des Odenwaldes zu umsäumen.

Am Südrande und am Ostrande des Schwarzwaldes bildet der Muschelkalk grössere Plateaus, den Dinkelberg, die Baar u. s. w., am Westrande dagegen spielt er nur eine sehr untergeordnete Rolle, wie am Schönberg bei Freiburg, bei Emmendingen, Lahr, Hubbad und im Fichtenthal bei Baden.

Von sehr geringer Bedeutung sind endlich die am Ost- West- und Südrande des Schwarzwaldes auftretenden Streifen von Keuper, während dieser, wie schon oben erwähnt, in der Gegend von Wiesloch, Langenbrücken, Sinsheim etc. grössere Flächen bedeckt.

Eine noch jüngere Zone um den Schwarzwald stellen jurassische Gesteine dar, die am Westrande nur zwischen Freiburg und Basel zu grösserer Entwickelung kommen, und deren oberstes Glied, die weissen Felsenkalke, eine Reihe landschaftlich merkwürdiger Felsmassen an den Ufern des Rheins bei Kleinkems und Istein, und im Hammersteiner Thale bei Kandern bilden. Wichtiger werden sie am Ostrande, da die südlichste Fortsetzung des schwäbischen Jura's, ein Theil der schroffen Felsmassen, welche die Wände des obersten Donauthales ausmachen und fast der ganze Zug des Randen in das badische Gebiet fallen.

Zwischen Jura und Alpen breitet sich dann das Molasse-Gebiet aus, welchem das Hügelland des Seekreises angehört, meist aus graulichem Molassesandstein und Conglomeraten, zu oberst total aus Süsswasserbildungen bestehend, wie sie z. B. am Schiener Berge bei Oehningen in so ausgezeichneter Weise entwickelt sind.

Aus diesen Gesteinen steigen die steilen Phonolith- und Basaltkegel Hohentwiel, Hohenkrähen, Hohenhöwen, die Steinröhren am Randen und andere empor, während nach Norden nur noch sehr vereinzelte Basaltdurchbrüche, z. B. der Wartenberg bei Geisingen im Juragebiete, und im eigentlichen

Schwarzwalde der Karlstein bei Hornberg aus dem Granitgebiete emporgeschoben worden sind.

Auch am Westrande des Schwarzwaldes überlagern Tertiärgesteine, Bohnerz-Thone, Kalksandsteine und Conglomerate die jurassischen Schichten, erlangen aber nur zwischen Basel und Freiburg grössere Mächtigkeit z. B. bei Müllheim, Sulzburg, Staufen und am Schönberg; am Schutterlindenberge bei Lahr treten sie unter hoher Lössbedeckung zuletzt noch einmal an einigen Stellen zu Tage.

Der Kaiserstuhl-Stock, welcher fast ganz von porphyrartigem Basalte gebildet, und von den hart am Rheine gelegenen isolirten Kegeln von Breisach, Sponeck und Limburg wie von Vorposten umgeben wird, umschliesst im Innern am Anfange des einzigen Hauptthales die merkwürdigen Kalkmassen von Vogtsburg und Schelingen und wird vielfach von schmalen Gängen von Leucitgesteinen durchbrochen. Auch er ist hoch an den Abhängen herauf mit Löss bedeckt.

Was endlich den südlichen Theil des Odenwaldes angeht, welcher in das badische Gebiet fällt, so sind dazu gehörige Granitmassen durch die tiefe Erosion des Neckarthales zwar schon bei Heidelberg an den Thalwänden und im Flusse aufgeschlossen, allein erst bei Schriesheim tritt das Gestein in grossen Massen an die Oberfläche, wird aber nach Norden in der Gegend von Weinheim und bis zur hessischen Grenze von Syenit verdrängt. Malerische Porphyrstöcke fehlen auch diesem Gebiete nicht. Am Grossartigsten und gegen den Buntsandstein durch einen Mantel von Rothliegendem begrenzt, treten sie bei Dossenheim, in kleineren Dimensionen bei Weinheim und Schriesheim auf.

Nur an wenigen Punkten des nördlichen Landestheiles ragen vulkanische Gesteine aus Keuper, Muschelkalk oder Buntsandstein hervor, wie der Steinsberg bei Sinsheim, Basaltgänge bei Neckarelz und die hohe von Nephelin-Dolerit gebildete Kuppe des Katzenbuckels bei Eberbach.

Die niedrigste Hügelzone nimmt im ganzen Rheinthale längs dem Fusse des Schwarzwaldes und Odenwaldes der diluviale Lössmergel ein. Er erreicht wie z. B. bei Müllheim, am Kaiserstuhl, bei Kenzingen, Oos, Durlach u. s. w. oft eine sehr grosse Mächtigkeit. Auch im Pfinzthale und im Neckarthale ist er an den Thalwänden, namentlich in Buchten, sehr verbreitet. Alpiner Gebirgsschutt der verschiedensten Art bildet auf den Höhen des Molasselandes und mit Schwarzwaldgeröllen untermischt im Rheinthale Gerölle und Sandlagen, welchen ebenfalls eine sehr bedeutende Mächtigkeit zukommt.

II.
Specielle Angabe
der geologischen Verhältnisse der in der Uebersicht angeführten Flechtenstandorte.

1) Bodenseegegend und oberes Donauthal von Constanz und Meersburg bis Donauöschingen und bis zum Wuttachthale.

Beuron im Donauthale	Felsenkalk des weissen Jura.
Bodmann	Molassesandstein.
Boll bei Bonndorf	Muschelkalk.
Bonndorf	desgl.
Buchberg bei Donauöschingen	desgl.
Constanz	Diluvialgerölle.
Donauöschingen	Muschelkalk.
Emmingen ab Egg	Tertiärconglomerat.
Engen	desgl.
Friedingen	Molasse.
Fuezen im Wuttachthal	Liaskalk.
Geisingen	Muschelkalk.
Grimmelshofen im Wuttachthal	desgl.
Heiligenberg	Molassesandstein.
Hohenhöwen	Basalt.
Hohenkrähen	Phonolith.
Hohentwiel	desgl.
Hüfingen	Keuper.
Kreenheinstetten	Felsenkalk des weissen Jura.
Lenzkirch	Conglomerat der Steinkohlenformation.

Löffingen	Muschelkalk.
Mainau (Insel)	Molassesandstein.
Meersburg	desgl.
Mösskirch	Diluvialgerölle.
Oehningen	Tertiärer Süsswasserkalk.
Pfullendorf	Molassesandstein.
Randen	Felsenkalk des weissen Jura.
Salem	Molassesandstein.
Stockach	desgl.
Stühlingen	Muschelkalk.
Thiengen im Wuttachthale	Diluvialgerölle.
Ueberlingen	Molassesandstein.
Unadingen	Lettenkohlensandstein.
Wartenberg bei Geisingen	Basalt.
Weissenfels bei Bonndorf	Muschelkalk.
Werrenwag im Donauthale	Felsenkalk des weissen Jura.
Wollmatinger Ried bei Constanz	Diluvialschutt.

2) *Rheinthal von Waldshut bis Basel einschliesslich des Werra- und Wiesenthales.*

Berau	Granit.
Hasel	Muschelkalk.
Herblingen bei Schaffhausen	Felsenkalk des weissen Jura.
Laufenburg	Gneiss.
Lörrach	Hauptoolith.
Rötteln	desgl.
Säckingen	Gneiss.
Schaffhausen	Felsenkalk des weissen Jura.
Schopfheim	Buntsandstein.
Waldshut	Diluvialgerölle; auf den Höhen Muschelkalk.
Wehr	Muschelkalk.
Werrathal	Gneiss.
Wieladingen	desgl.
Zell im Wiesenthal	Granit.

3) Rheinebene von Basel bis zum Kinzigthale einschliesslich des Kaiserstuhls.

Altvater bei Lahr	Buntsandstein.
Badenweiler	Hauptoolith.
Bötzingen am Kaiserstuhl	Löss.
Breisach	Basalt.
Denzlingen	Diluvialgerölle.
Efringen	Felsenkalk des weissen Jura.
Emmendingen	Muschelkalk.
Freiburg (Stadt)	Diluvialgerölle.
» (Schlossberg)	Gneiss.
Geroldseck bei Lahr	Porphyr.
Güntersthal bei Freiburg	Gneiss.
Ichenheim bei Lahr	Diluvialgerölle und Sand.
Istein	Felsenkalk des weissen Jura.
Isteiner Klotz	desgl.
Kaiserstuhl (Eichelspitze)	Basalt.
» (Katharinakapelle)	desgl.
» (neun Linden)	desgl.
Kandern	Jurassischer Thon.
Kleinkems	Felsenkalk des weissen Jura.
Lahr	Löss, Thalwände dahinter Buntsandstein.
Limburg am Kaiserstuhl	Basalt.
Meissenheim bei Lahr	Diluvialgerölle und Sand.
Müllheim	Löss.
Munzingen	desgl.
Oberbergen am Kaiserstuhl	Basalt.
Oberwei'er	Grenze von Gneiss und Granit.
Oberschaffhausen am Kaiserstuhl	Löss (Höhe darüber 1066' Phonolith).
Rauhkasten bei Lahr	Porphyr.
Saspach am Kaiserstuhl	Basalt.
Scheideck bei Kandern	Grenze von Granit und Rothliegendem.
Schelingen am Kaiserstuhl	Körniger Kalk.

Schönberg bei Freiburg	Spitze Tertiärsandstein, Mitte Hauptoolith, Fuss Muschelkalk.
Schutterlindenberg bei Lahr	Löss.
Schweighof bei Müllheim	Conglomerat der Steinkohlenformation.
Sponeck am Kaiserstuhl	Basalt.
Staufen	Tertiärgesteine.
Sulzburg	desgl.
Theningen bei Emmendingen	Diluvialgerölle.
Thiengen am Kaiserstuhl	Löss.
Riegel	Löss (Steinbrüche Hauptoolith).
Uffhausen bei Freiburg	Grenze von Tertiärsandstein, Oolith und Keuper.
Vogtsburg am Kaiserstuhl	Körniger Kalk.

4) Oberer Schwarzwald von Villingen bis zum Kinzigthale.

Baldenweger Buck am Feldberg	Gneiss.
Belchen	desgl.
Berghaupten	desgl., in den Mulden Ablagerungen der obern Kohlenformation.
Blauen	Granit.
Braunberg bei Freiburg	Gneiss.
Bürglen am Blauen	Granit.
Descheck bei Furtwangen	Buntsandstein.
Dürrheim	Lettenkohle und Keuper.
Ebnet bei Freiburg	Diluvialgerölle, an den Thalwänden Gneiss.
Elzach	Gneiss.
Falkensteige	desgl.
Feldberg	desgl.
Feldberger See	desgl.
Furtwangen	Buntsandstein.
Gütenbach	Gneiss.
Halde am Schauinsland	desgl.
Haslach im Kinzigthale	desgl.
Hausach im Kinzigthale	desgl.
Hechtsberg im Kinzigthale	desgl.

Herzogenhorn	Gneiss.
Hinterzarten	desgl.
Hochfirst bei Neustadt	Granit.
Höllenthal	Gneiss.
Hofsgrund	desgl.
Horben	desgl.
Hornberg	Granit.
Kandel	Gneiss.
Karlstein bei Hornberg	Basalt.
Kirchzarten	Gneiss.
Königsfeld	Buntsandstein.
Kybfelsen bei Freiburg	Gneiss.
Menzenschwand	Granit.
Neustadt (Stadt)	desgl.
» (bei der Schanze)	Buntsandstein.
Nonnmattweiher	Porphyr.
Oberried	Gneiss.
Rosskopf bei Freiburg	desgl.
St. Blasien	Granit.
» Georgen auf dem Schwarzwalde	Buntsandstein.
» Märgen	Gneiss.
» Ottilien bei Freiburg	desgl.
» Peter	Rothliegendes.
» Wilhelm	Gneiss.
Schauinsland oder Erzkasten	desgl.
Schluchsee	Granit.
Schönwald	desgl.
Seebuck am Feldberge	Gneiss.
Simonswald	desgl.
Titi-See	Grenze von Granit und Gneiss.
Triberg	Granit.
Turner bei St. Märgen	Gneiss.
Villingen	Grenze von Buntsandstein und Muschelkalk.
Vöhrenbach	Granit.
Wilhelmsthal am Feldberg	Gneiss.
Wolfach	desgl.
Zastlerthal am Feldberg	desgl.
Zell am Harmersbach	desgl.

5) *Nördlicher oder unterer Schwarzwald vom Kinzigthale bis Pforzheim ausschliesslich der Umgegend von Baden.*

Achern	Löss.
Allerheiligen	Granit.
Amalienberg im Murgthale	Rothliegendes (Breccie).
Antogast	Gneiss.
Bernstein im Murgthale	am Fusse Granit, Höhe Buntsandstein.
Brandeck	Porphyr.
Braunberg	Vogesensandstein.
Brigittenschloss oder Hohenroden	Granit.
Dobel	Buntsandstein.
Eberstein (Schloss)	Granit.
Eckenfels bei Oppenau	Porphyr.
Edelfrauengrab	desgl.
Erlenbad	Diluvialgerölle und Thon.
Forbach	Granit.
Frauenalb	Buntsandstein.
Gernsbach	Granit.
Griesbach	Gneiss.
Hauskopf bei Oppenau	Porphyr.
Herrenalb	Rothliegendes.
Herrenwiese	Thalsohle Granit, Höhen Buntsandstein.
Herrenwieser See	Buntsandstein.
Hinterohlsbach	Gneiss, in den Mulden Ablagerungen der oberen Kohlenformation.
Hochkopf	Buntsandstein.
Hohenloh bei Kaltenbrunn	desgl.
Hornisgrinde	desgl.
Hornsee	desgl.
Hubbad	desgl.
Hundsbach	Granit, auf den Höhen Buntsandstein.

Kaltenbrunn	Buntsandstein.
Kniebis	desgl.
Lauf bei Achern	Gneiss.
Lauterfelsen im Murgthale	Granit.
Mooswald bei Offenburg	Buntsandstein.
Mummelsee	desgl.
Neuwindeck bei Lauf	Granit.
Oberkirch	desgl.
Obersasbach	desgl.
Obertsroth	desgl.
Offenburg	Löss.
Oppenau	Gneiss.
Ortenberg	Granit.
Ottenhöfen	Granit, zwei Köpfchen über dem Orte Porphyr.
Petersthal im Renchthale	Gneiss.
Pforzheim	Buntsandstein, Gränze gegen den Muschelkalk.
Rippoldsau	im Thale Gneiss, auf den Höhen Buntsandstein.
Rothenfels	Rothliegendes.
Sasbachwalden	Granit.
Sasbach bei Achern	desgl.
Schiltach	desgl.
Seebach	desgl.
Seekopf bei der Herrenwiese	Buntsandstein.
Steinbach	Diluvialgerölle und Löss.
Teufelsmühle im Murgthale	am Fusse Granit, auf der Höhe Buntsandstein.
Weissenbach	Granit.
Wildsee	Buntsandstein.
Windeck bei Bühl	Granit.
Würmthal bei Pforzheim	Buntsandstein.

6) Baden und Umgegend.

Baden (Kirche)	Granit.
» (Felsen)	Rothliegendes (Breccie).
Badener Höhe	Buntsandstein.
Cäcilienberg bei Lichtenthal	Porphyr.

Ebersteinburg	Rothliegendes (Breccie).
Geroldsau (Wasserfall)	Granit.
Gunzenbacher Thal	Porphyr.
Jagdhaus	Buntsandstein.
Iwerst	Porphyr.
Krockenfelsen bei Geroldsau	Granit.
Lichtenthal	Rothliegendes.
Mercur	am Fusse Rothliegendes, auf der Höhe Buntsandstein.
Oos	Löss.
Ruhberg	Buntsandstein.
Seelach bei Lichtenthal	Porphyr.
Sinzheim	Löss.
Teufelskanzel	Rothliegendes (Breccie).
Waldeneck	Porphyr.
Yburg	desgl.

7) Carlsruhe und Umgegend, von Rastatt bis Langenbrücken einschliesslich des Pfinzthals.

Beiertheim	Diluvialgerölle und Sand.
Berghausen	Thalwände Löss, Höhen Muschelkalk.
Bruchsal	Muschelkalk.
Bulach	Diluvialgerölle und Sand.
Carlsruhe	desgl.
Darmsbach im Pfinzthale	Muschelkalk.
Daxlanden	Diluvialgerölle.
Durlach (Stadt)	Löss.
„ (Thurmberg)	am Fusse Buntsandstein, Höhe Muschelkalk und Löss.
Eggenstein	Diluvialgerölle und Sand.
Eichelberg bei Bruchsal	Muschelkalk.
Ettlingen	Buntsandstein.
Friedrichsthal	Diluvialgerölle und Sand.
Graben	desgl.
Grötzingen	Thalwände Löss, Fuss der Höhen Buntsandstein, Höhen Muschelkalk.
Grünwettersbach	Buntsandstein.

Jöhlingen	Muschelkalk.
Knielingen	Diluvialgerölle.
Kuppenheim	Buntsandstein.
Langenbrücken	Keuper.
Langensteinbach	Buntsandstein.
Mühlburg	Diluvialgerölle und Sand.
Mutschelbach	Gränze von Buntsandstein und Muschelkalk.
Obergrombach	Muschelkalk.
Rastatt	Diluvialgerölle.
Rittnerthof bei Durlach	Gränze von Löss und Muschelkalk.
Scheibenhard	Diluvialgerölle und Sand.
Schluttenbach	Buntsandstein.
Schöllbronn	desgl.
Söllingen	Thalwände Löss, Höhen Muschelkalk.
Spöck	Diluvialgerölle und Sand.
Weingarten	Muschelkalk.
Wolfartsweier	Buntsandstein.

8) Heidelberg und Umgegend nebst dem Neckarthale, dem südlichen Odenwalde und der Rheinebene bei Mannheim.

Altenbach	Granit.
Auerhahnenkopf	Buntsandstein.
Dossenheim	Porphyr.
Dreieichen	Buntsandstein.
Eberbach	desgl.
Friedrichsfeld	Diluvialsand.
Gaiberg	Buntsandstein.
Geisberg	desgl.
Haarlass	Löss.
Handschuchsheim	Buntsandstein.
Heidelberg	Thalwände Granit, Höhen Buntsandstein.
Heiligerberg	Buntsandstein.
Heiligkreuzsteinach	Thalwände Granit.

Hemsbach	Syenit.
Käferthal	Diluvialgerölle und Sand.
Katzenbuckel	Buntsandstein, höchste Kuppe Nephelindolerit.
Königsstuhl	Buntsandstein.
Kohlhof	desgl.
Leimen	Muschelkalk
Leutershausen	Granit.
Maischbach	Muschelkalk.
Mannheim	Diluvialgerölle und Sand.
Mühlberg	Buntsandstein.
Neckarelz	Basalt.
Neckargemünd	Buntsandstein.
Neuburg (Kloster)	Gränze von Granit und Buntsandstein.
Oelberg bei Schriesheim	Granit.
Petersthal	Buntsandstein.
Raiterberg bei Neckargemünd	desgl.
Relaishaus	Diluvialgerölle und Sand.
Schriesheim	Granit.
Schwetzingen	Diluvialgerölle und Sand.
Sinsheim	Lettenkohlensandstein.
Steinsberg	Basaltähnliches Gestein
Walldorf	Diluvialgerölle und Sand.
Weinheim	Syenit.
Wiesloch	Muschelkalk.
Wolfsbrunnen	Buntsandstein.
Ziegelhausen	desgl.

III. Höhenangabe

der in der Uebersicht badischer Flechten angeführten Standorte nach der topographischen Karte von Baden in badischen Fussen.

10 badische Fusse = 3 Metres, 1 Metre = $3^1/_3$ bad. Fuss.

	Fuss		Fuss
Achern	490	Bernstein im Murgthale	2298
Allerheiligen	2008	Beuron im Donauthale	2100
Altenbach bei Heidelberg	975	Blauen	3889
Altvater bei Lahr	1415	Bodensee	1330
Amalienberg im Murgthale	625	Bodmann	1334
Antogast	1611	Bötzingen am Kaiserstuhl	647
Auerhahnenkopf bei Heidelberg	1635	Boll	2530
		Bonndorf	2824
		Brandeck	3656
Baden (Stadt)	637	Braunberg	2797
» (altes Schloss)	1885	Breisach	737
Badener Höhe	3348	Brigittenschloss oder Hohenroden	2541
Badenweiler	1425		
Baldenweger Buck am Feldberge	4520	Bruchsal	386
		Brunnberg oder Bromberberg bei Freiburg	2021
Beiertheim	400		
Belchen	4718	Buchberg bei Donauöschingen	2532
Berau	2212		
Berghaupten	580	Bürglen am Blauen	2225
Berghausen	462	Bulach	400

	Fuss		Fuss
Cäcilienberg bei Lichtenthal	1385	Friedingen	1834
		Friedrichsfeld	382
Carlsruhe	391	Friedrichsthal	379
Constanz	1353	Fuetzen im Wuttachthale	1924
Darmsbach im Pfinzthale	638	Furtwangen	2907
Daxlanden	380	Gaiberg	984
Denzlingen	787	Geisberg bei Heidelberg	1252
Descheck bei Furtwangen	3562	Geisingen	2230
Dobel	2409	Gernsbach	671
Donauöschingen	2294	Geroldsau (Wasserfall)	990
Dossenheim	515	Geroldseck bei Lahr	1753
Dreieichen bei Heidelberg	1549	Graben	368
Dürrheim	2398	Griesbach	1696
Durlach (Stadt)	398	Grimmelshofen im Wuttachthale	1961
» (Thurmberg)	852		
Eberbach	453	Grötzingen	441
Ebersteinburg	1421	Grünwettersbach	773
Ebersteinschloss	1038	Güntersthal bei Freiburg	1104
Ebnet bei Freiburg	1102	Haarlass bei Heidelberg	376
Eckenfels bei Oppenau	2208	Halde am Schauinsland	3825
Edelfrauengrab	1732	Handschuchsheim	406
Efringen	870	Hasel	1342
Eggenstein	379	Haslach im Kinzigthale	741
Eichelberg bei Bruchsal	792	Hausach im Kinzigthale	817
Elzach	1210	Hauskopf bei Oppenau	1254
Emmendingen	676	Hechtsberg im Kinzigthale	811
Emmingen ab Egg	2614		
Engen	1775	Heidelberg (Stadt)	386
Erlenbad	550	» (Schloss)	650
Erzkasten oder Schauinsland	4288	Heiligenberg (Schloss)	2428
		Heiliger Berg bei Heidelberg	1458
Ettlingen	452		
Falkensteige	2662	Heiligkreuzsteinach	826
Feldberg	4982	Hemsbach	362
Feldberger See	3710	Herblingen bei Schaffhausen	1547
Forbach	909		
Frauenalb	1072	Herrenalb	1102
Freiburg (Stadt)	933	Herrenwiese	2516
» (Schlossberg)	1517	Herrenwieser See	2767

	Fuss		Fuss
Herzogenhorn	4724	Katzenbuckel bei Eberbach	2094
Hinterohlsbach	896		
Hinterzarten	2934	Kenzingen	596
Hochfirst bei Neustadt	3967	Kirchzarten	1319
Hochkopf bei Achern	3470	Kleinkems	1232
Höllenthal (Post)	2370	Kniebis	3140
» (beim Stern)	2760	Knielingen	386
Höllensteige	2896	Königsfeld	2544
Hofsgrund	3645	Königsstuhl bei Heidelberg	1893
Hohenhöwen	2827	Kohlhof bei Heidelberg	1567
Hohenkrähen	2146	Kork	467
Hohenloh bei Kaltenbrunn	3302	Kreenheinstetten	2828
		Krockenfelsen bei Geroldsau	1818
Hohenroden oder Brigittenschloss	2541	Kuppenheim	431
Hohentwiel	2305	Kybfelsen bei Freiburg	2759
Horben	2029	Lahr	574
Hornberg	1202	Langenbrücken	400
Hornissgrinde	3887	Langensteinbach	824
Hornsee bei Kaltenbrunn	3026	Lauf	701
Hubbad	592	Laufenburg	987
Hüfingen	2287	Lauterfelsen im Murgthale	2148
Hundsbach	2223	Leimen	389
Jagdhaus bei Baden	811	Lenzkirch	2760
Ichenheim	508	Leutershausen	440
Jöhlingen	551	Lichtenthal	620
Istein	860	Limburg am Kaiserstuhl	609
Isteiner Klotz	1162	Löffingen	2675
Iwerst bei Baden	1969	Lörrach	988
Käferthal	335	Mainau (Insel)	1330
Kaiserstuhl (Eichelspitze)	1742	Maischbach	786
» (Katharina-Kapelle)	1648	Mannheim	330
		Meersburg	1487
» (neun Linden)	1863	Meissenheim	501
Kaltenbrunn	2893	Menzenschwand	3000
Kandel	4144	Mercur bei Baden	2240
Kandern	1170	Mösskirch	2059
Karlsstein bei Hornberg	2905	Mooswald bei Offenburg	2615
		Mühlberg bei Heidelberg	1826

c*

	Fuss		Fuss
Mühlburg	387	Rastatt	415
Müllheim	896	Rauhkasten bei Lahr	2136
Mummelsee	3340	Relaishaus bei Mannheim	338
Munzingen	703	Riegel	611
Mutschelbach	852	Rippoldsau	1886
Neckarelz	492	Rittnert bei Durlach	752
Neckargemünd	431	Rötteln	1390
Neuburg bei Heidelberg	458	Rosskopf bei Freiburg	2463
Neuenheim bei Heidelberg	382	Rothenfels	468
Neustadt (Stadt)	2761	Ruhberg bei Baden	2904
» (bei der Schanze)	3198	Säckingen	975
		Salem	1485
Neuwindeck bei Lauf	1053	Sanct Blasien	2572
Nonnmattweiher	3044	» Georgen auf dem Schwarzwalde	2679
Oberbergen am Kaiserstuhl	828	» Märgen	2557
Obergrombach	536	» Ottilien bei Freiburg	1540
Oberkirch	650		
Oberried	1522	» Peter	2457
Obersasbach	507	» Wilhelm	2400
Oberschaffhausen am Kaiserstuhl	760	Sasbach bei Achern	498
		Sasbachwalden	854
Obertsroth im Murgthale	600	Saspach am Kaiserstuhl	609
Oberweiler	1196	Schaffhausen	1479
Oehningen	1493	Schauinsland oder Erzkasten	4288
Oelberg bei Schriesheim	1503		
Offenburg	548	Scheibenhard	396
Oos	441	Scheideck bei Kandern	1640
Oppenau	930	Schelingen am Kaiserstuhl	1039
Ortenberg	531	Schiltach	1136
Ottenhöfen	1038	Schluchsee	3005
Petersthal bei Heidelberg	408	Schluttenbach	1062
» im Renchthale	1313	Schöllbronn	1131
Pforzheim	916	Schönberg bei Freiburg	2154
Pfullendorf	2188	Schönwald	3582
Prangerkopf bei Freiburg	2812	Schopfheim	1249
Raiterberg bei Neckargemünd	1212	Schriesheim	402
		Schutterlindenberg bei Lahr	995
Randen	3046		

— XXXVII —

	Fuss
Schweighof	1424
Schwetzingen	338
Seebach	1651
Seebuck am Feldberg	4834
Seekopf bei der Heerenwiese	3345
Seelach bei Lichtenthal	915
Sehringen	1520
Simonswald	1416
Sinsheim	520
Sinzheim bei Baden	434
Söllingen im Pfinzthale	510
Spöck	380
Sponeck am Kaiserstuhl	828
Staufen	927
Steinbach	503
Steinegg bei Bonndorf	1836
Steinsberg bei Sinsheim	1118
Stockach	1647
Stühlingen im Wuttachthale	1527
Stutensee	380
Sulzburg	1130
Teufelskanzel bei Baden	1244
Teufelsmühle im Murgthale	3030
Theningen	635
Thiengen bei Freiburg	733
» im Wuttachthale	1158
Titisee	2832
Triberg	2286
Triberger Wasserfall	2828
Turner bei St. Märgen	3452

	Fuss
Ueberlingen	1590
Uffhausen	1288
Unadingen	2556
Villingen	2534
Vöhrenbach	2665
Vogtsburg am Kaiserstuhl	1108
Waldeneck bei Baden	1730
Waldshut	1143
Walldorf	374
Wartenberg bei Geisingen	2827
Wehr im Werrathale	1226
Weingarten	405
Weinheim	367
Weissenbach im Murgthale	648
Weissenfels bei Bonndorf	1840
Werrathal	1869
Werrenwag im Donauthale	2584
Wieladingen	1966
Wiesloch	417
Wildsee	3044
Wilhelmsthal am Feldberg	2400
Windeck bei Bühl	1308
Wolfach	884
Wolfartsweier	436
Wolfsbrunnen bei Heidelberg	580
Wollmatinger Ried	1328
Würmthal bei Pforzheim	992
Yburg bei Baden	1724
Zastler Thal am Feldberg	2600
Zell am Harmersbach	750
Zell im Wiesenthale	1483
Ziegelhausen bei Heidelberg	384

IV. Verzeichniss

der in der Uebersicht badischer Flechten angeführten lichenologischen Schriften.

Ach. method.	*Erik Acharius*, Methodus Lichenum 1803
» lich. un.	» » Lichenographia universalis 1810
» syn.	» » Synopsis methodica Lichenum 1814
Anzi cat.	*Martinus Anzi*, Catalogus Lichenum provinciae Sondriensis 1860
» manip.	» » Manipulus Lichenum rariorum vel novorum Langobardiae et Etruriae 1862
» symb.	» » Symbola Lichenum rar. vel nov. Italiae superioris 1864
» neosymb.	» » Neosymbola Lichenum rar. vel nov. Italiae super. 1866
» analect.	» » Analecta Lichenum rar. vel nov. Italiae superioris 1868
Arnold	*Ferdinand Arnold*, die Lichenen des fränkischen Jura, und verschiedene lichenologische Abhandlungen in der bot. Zeitscrift: Flora 1858—1869
Beltram. lich. bass.	*Franc. Beltramini de Casati*, J Licheni Bassanesi 1858
D.Cand. fl. franç.	*Aug. Pyr. De Candolle*, Flore française 1805
Flrke. comm. Clad.	*H. G. Flörke*, de Cladoniis Commentatio 1828
Fltw. fl. siles.	*Jul. v. Flotow*, Lichenes florae Silesiae in den Jahresberichten der schlesischen Gesellschaft für Naturkunde 1849/1850
Fries syst. orb. veg.	*Elias Fries*, Systema orbis vegetabilis 1825
» lich. eur.	» » Lichenographia europaea reformata 1831
» flor. scan.	» » Flora Scanica 1835
» S.V.Scand.	» » Summa Vegetabilium Scandinaviae 1846

Th. Fries monogr. Ster.	*Theod. Magnus Fries,* Monographia Stereocaulorum et Pilophororum	1858
» lich. arct.	» » Lichenes arctoi Europae et Groenlandiae	1860
» gener.	» » Genera Heterolichenum europaea recognita	1861
Hoffm. fl. germ.	*G. Fr. Hoffmann,* DeutschlandsFlora od. botan. Taschenbuch. Thl. III. Cryptogamie	1795
Körber sert. sud.	*Dr. G. W. Koerber,* Sertum sudeticum in den Denkschriften der schles. Gesellschaft für vaterländische Kultur	1853
» syst.	» » Systema Lichenum Germaniae	1854/55
» par.	» » Parerga lichenologica	1859—1865
Krmplhbr. lich. Bayr.	*August von Krempelhuber,* Die Lichenenflora Bayerns oder Aufzählung der bisher in Bayern (diesseits des Rheins) aufgefundenen Lichenen.	1860
Leight Angioc.	*W. A. Leighton,* The British spezies of Angiocarpous Lichens	1851
» Graph.	» » A. Monograph of British Graphideae	1854
Massal. ricer.	*Abraham Massalongo,* Ricerche sull' autonomia dei Licheni crostosi	1852
» mon. Blast.	» » Monografia dei Licheni Blasteniospori	1853
» mem.	» » Memorie lichenografiche	1853
» alc. gen.	» » Alcuni generi di Licheni nuovamente limitati et descritti	1853
» osserv.	» » Osservazioni sopra due ult. fasc. publ. dallo Schaerer	1853
» neag.	» » Neagaena Lichenum	1854
» geneac.	» » Geneacaena Lichenum	1854
» symm.	» » Symmicta Lichenum novorum vel minus cognitorum	1855
» framm.	» » Frammenti lichenografici	1855
» sched.	» » Schedulae criticae in Lichenes exsiccatos Italiae	1855
» miscell.	» » Miscellanea lichenologica	1856
» sert. lich.	» » Sertum lichenologicum in: »Lotos« Zeitschrift für Naturwissenschaften	1856
» descriz.	» » Descrizione di alcuni Licheni nuovi	1857

Massal. esam.	*Abraham Massalongo*, Esame comparativo di alcuni generi di Licheni 1860
» consp. Graph.	» » Conspectus Graphidearum in den Verhandlungen des zoologisch-botanischen Vereins in Wien 1860
» catagr.	» » Catagraphia nonnullarum Graphidearum Brasiliensium in den Verhandlungen der zoologisch-botan. Gesellschaft in Wien 1860
Müller lich. genev.	*J. Müller (Argoviensis)*, Principes de classification des Lichens et enumeration des Lichens des environs de Genève 1862
de Notar. framm. lich.	*Giuseppe de Notaris*, Frammenti lichenografici in Parlatore Giornale botanico 1846
» nuov. car. Parm.	» » Nuovi caratteri di alcuni generi della tribu delle Pameliaceae 1847
Nyland. Arth.	*William Nylander*, Synopsis Arthoniarum 1856
» prodr.	» » Prodromus Lichenographiae Galliae et Algeriae 1857
» monogr. Cal.	» » Monographia Calicieorum 1857
» enum.	» » Enumeration générale des Lichens, avec l'indication sommaire de leur distribution géographique 1858
» pyrenocarp.	» » Expositio synoptica Pyrenocarpeorum 1858
» synops.	» » Synopsis methodica Lichenum omnium hucusque cognitorum 1858—1860
» lich. Scand.	» » Lichenes Scandinaviae sive prodromus Lichenographiae Scandinaviae 1861
» suppl.	» » Prodromi Lichenographiae Scandinaviae supplementum 1866
Rbhrst. Crypt. flor.	*Dr. Ludwig Rabenhorst*, Die Lichenen Deutschlands (I. Abthlg. des II. Bandes seiner Cryptogamenflora) 1845
» Clad. eur.	» » Die Cladonien Europas 1860
Schaerer spicil.	*Ludwig Emanuel Schaerer*, Lichenum helveticorum Spicilegium 1823—1846

Schaerer enum.	*Ludwig Emanuel Schaerer*, Enumeratio critica Lichenum europaeorum 1850
Sommerf. flor. lapp.	*Sev. Chr. Sommerfeldt*, Supplementum florae lapponicae 1826
Stzbrgr. Krit. Bem.	*Dr. Ernst. Stizenberger*, Kritische Bemerkungen über die Lecideaceen mit nadelförmigen Sporen 1864
» Opegraph.	» » Ueber die steinbewohnenden Opegrapha-Arten 1865
» monogr. Lecid.	» » Monographie der Lecidea sabuletorum Flörke und der ihr verwandten Flechten-Arten 1867
» monogr. Lecan. subfusc.	» » De Lecanora subfusca ejusque formis commentatio. (Separat-Abdruck aus der bot. Zeitung Jahrg. 26 nro. 52) 1868
Tornab. lich. sic.	*Francesco Tornabene*, Lichenographia sicula 1849
Trevis fr. lich.	*Victor Graf von Trevisan*, Fragmenta lichenographica in nro. 12 der botanischen Zeitschrift: Flora 1855
Tul. mem.	*L. R. Tulasne*, memoire pour servir à l'histoire des Lichens in Annal. des scienc. natur. 1852
Whlb. flor. lapp.	*Georg Wahlenberg*, Flora lapponica 1812
Wallr. Crypt. flor.	*Friedr. Wilh. Wallroth*, Flora cryptogamica Germaniae (III. Band der Flora germanica von Bluff und Fingerhuth) 1831
Zwackh enum.	*Wilhelm Ritter von Zwackh*, Enumeratio Lichenum florae Heidelbergensis in der botan. Zeitschrift »Flora« vom Jahr 1862 nro. 30—36 und vom Jahr 1864 nro. 6. 1862—1864

V. Angeführte Sammlungen getrockneter Lichenen.

		Nro.
Anzi lich. lang.	*Anzi*, Lichenes rariores Langobardi	1—537
» lich. etrur.	» Lichenes Etruriae rariores	1— 53
» venet.	» Lichenes rariores Veneti ex herbario Massalongo	1—175
Arnold	*Arnold*, Lichenes Jurae et al. regionum exsicc. (Die Sammlung enthält mehrere badische Flechten)	1—398
Crypt. badens.	*Jack, Leiner und Stizenberger*, die Cryptogamen Badens (enthält 200 Lichenen)	1—900
» helv.	*Wartmann und Schenk*, schweizerische Cryptogamen (enthält 178 Flechten)	1—700
Th. Fries	*Th. M. Fries*, Lichenes rariores et critici	1— 75
Hepp	*Dr. Philipp Hepp*, Die Flechten Europas in getrockneten microscopisch untersuchten Exemplaren (enthält einige badische Flechten)	1—962
Kneiff et Hartm.	*Kneiff und Hartmann*, badische Cryptogamen (enthält nur wenige Lichenen)	1— 40
Körber	*Körber*, Lichenes selecti Germaniae (enthält einige Flechten aus Baden)	1—360
Rbh.	*Rabenhorst*, Lichenes europaei exsiccati (die Sammlung enthält 74 Lichenen aus Baden)	1—850
Schaerer	*Schaerer*, Lichenes helvetici	1—300
Zwackh	*von Zwackh*, Lichenes exsiccati.	1—429

Ser. I. LICHENES HETEROMERICI. WALLR.

Ord. I. LICHENES THAMNOBLASTI KŒRBER.

A. DISCOCARPI.

Fam. I. USNEACEAE ESCHW.

1. USNEA DILL.

1. U. barbata. (L.) Fries lich. eur. p. 48. Schaerer en p. 8. p. p. Körber par p. 1. Anzi cat. p. 9. Müller lich. genev. p. 25. Zwackh enum. nro. 1. Usnea florida et barbata. Körber syst. p. 3. Arnold in Flora 1858 p. 101. Krmplhbr. lich. Bayr. p. 116.

α. florida (L.) Krbr. par. p. 1.
Exs. Crypt. bad. 252, Hepp 826, Rbh. 409, 549.
an Lerchen, Kiefern, Tannen, Vogelbeerbäumen etc. etc. bei Constanz, auf dem Randen, dem Feldberg, durch den ganzen Schwarzwald bis zum Kaltenbrunn (Al. Braun, Stizenberger, Bausch etc.), an Birken in den Felsenmeeren des Königstuhls bei Heidelberg (Zwackh enum.).

b. hirta. Ach.
Exs. Hepp 828.
an verschiedenen Bäumen bei Salem (Jack), bei Constanz (Stzbgr.), bei dem Schlosse Eberstein im Murgthale (B.), an Planken im Hardwalde bei Carlsruhe (B.), an Birken und Lerchen des Königstuhls bei Heidelberg (Zwackh enum.).

β. pendula. Körber.
Exs. Hepp 828.
an Tannen auf der Herrenwiese (B.), im ganzen Schwarzwalde häufig (Al. Br.).

b. **dasopoga.** Ach.

Exs. Crypt. bad. 253, Hepp. 827, Rbh. 245, Crypt. helv. 551.

in Wäldern bei Pfullendorf, bei Kirchzarten (Sickenberger) und im ganzen Schwarzwalde (Al. Br.).

2. U. plicata. (L.) Hoffmann fl. germ. p. 132, Körber syst. p. 3., par. p. 1, Krplhbr. lich. Bayr. p. 117.

Usnea barbata. var plicata. Fries lich. eur. p. 18, Schaerer en p. 4, Anzi cat. p. 9.

an Tannen auf der Herrenwiese (Al. Braun).

3. U. ceratina. Ach. syn. p. 304, Körber syst. p. 4. par. p. 2, Krplhbr. lich. Bayr. p. 116.

Usnea barbata var. ceratina. Schaerer en. p. 3, Massal. mem. p. 73, Zwackh enum. nr. 1, variet.

Exs. Hepp 561.

an Bäumen auf dem Schauinsland (Spenner), an Sorbus und Birken in den Felsenmeeren des Königstuhles; an Birken des Auerhahnenkopfes und an Buchen im Ziegelhauser Walde bei Heidelberg (Zwackh enum.) — meist steril, selten mit Apothecien.

4. U. longissima. Ach. syn. p. 307. Körber syst. p. 4. par. p. 3. Nylander prodr. p. 44, syn. p. 270, lich. Scand. p. 69. Krplhb. lich. Bayr. p. 117.

Usnea barbata var. longissima. Schaerer en p. 3.

Exs. Hepp 562, Rbh. 53, Krbr. 1, Zwackh 383, Th. Fries 26.

an Weisstannen am Belchen (Al. Br., und auch in dem Herbar des verst. Hofraths Perleb in Freiburg), am Wege nach der Herrenwiese und zwischen Lichtenthal und Forbach (Al. Br.).

2. BRYOPOGON LINK.

5. B. jubatum. (L.) Körber syst. p. 5. par. p. 4. Beltr. lich. bass. p. 59. Th. Fries lich. arct. p. 25. Zwackh enum. nro. 2

Evernia jubata. Fries lich. eur. p. 20.

Cornicularia jubata. Schaerer enum. p. 5.

Alectoria jubata. Ach. syn. p. 291. Arnold in Flora 1858 p. 291, Krmplhb. lich. Bayr. p. 118. Anzi cat. p. 9. Müller lich. gen. p. 26; Nylander syn. p. 280, lich. Scand. p. 72, suppl. p. 113.

α. **prolixum.** Ach.

Exs. Hepp 830. Rbh. 246. Anzi lang. 453, 498.

an einem eichenen Bildstock bei Constanz (Stzbgr.); an Tannen auf dem Hochfirst bei Neustadt cum fruct. (Sickenb.), an Weisstannen im oberen Schwarzwalde bei Freiburg, bei Forbach, Herrenwiese, Kaltenbrunn, und kümmerlich an alten Kiefernstämmen im Hardwalde bei Carlsruhe (Al. Br.), an eichenen Planken am Parkzaune bei Carlsruhe (B.), im Heidelberger Stadtwalde (Dr. Ahles).

b. canum. Ach.

Exs. Crypt. bad. 730, Hepp 831, Rbh. 212, Körber 331.

gemein an Tannen und Buchen im Schwarzwalde (Al. Br), an Tannen bei Lenzkirch (Stzbrgr.) steril.

β. bicolor. (Ehrh.)

Exs. Rbh. 368.

an feuchten, moosigen Felsen bei Badenweiler und im Murgthale bei Gernsbach und Forbach (Al. Br.), an einer Tanne auf dem Hochfirst bei Neustadt (Seubert), an Pinus sylvestris auf der Herrenwiese, und an Zweigen von Weisstannen bei Gernsbach und Forbach (Al. Br.) steril.

γ. chalybeiforme. (L.)

an Tannen auf dem Hochfirst bei Neustadt (Sickenb.), steril an Kastanienstrünken bei Handschuchsheim (Dr. Ahles).

3. ALECTORIA ACH.

6. A. sarmentosa. Ach. syn. p. 293. Arnold in Flora 1858 p. 102. Körber par. p. 5. Krplhbr. lich. Bayr. p. 118.

Alectoria ochroleuca var. sarmentosa. Nylander syn. p. 282, lich. Scand. p. 72, Th. Fries lich. arct. p. 27.

Bryopogon sarmentosum α genuinum. Krbr. syst. p. 7.

Evernia ochroleuca var. sarmentosa. Fries lich. eur. p. 22.

Cornicularia ochroleuca var. sarmentosa. Schaerer enum. p. 6.

Exs. Rbh. 540, Krbr. 61, Anzi ven. 18.

an Weisstannen auf dem Hochfirst bei Neustadt (Sickenb.), sowie im Hochwalde zwischen Herrenwies und Forbach (Al. Br.) steril.

7. A. crinalis. Ach. syn. p. 292. Massal. mem. p. 63. Beltr. lich. bass. p. 59. Krbr. par. p. 5.

Evernia ochroleuca var. crinalis. Fries lich. eur. p. 22.

Cornicularia ochroleuca δ crinalis. Schaerer enum. p. 6.

Bryopogon sarmentosum β crinale. Körber syst. p. 7.

Alectoria sarmentosa β crinalis. Krmplhbr. lich. Bayr. p. 118.

Exs. Th. Fries 27.

an Weisstannen am Hochfirst bei Neustadt (Sickenb.), bei Freiburg, sowie bei Forbach und der Herrenwiese (Al. Br.) steril.

4. CORNICULARIA ACH.

8. C. tristis. (Weber.) Ach. syn. p. 299. Krbr. syst. p. 7, par. p. 6, Krmplhbr. lich. Bayr. p. 118. Th. Fries lich. arct. p. 30.
Cetraria tristis. Fries lich eur. p. 34. Massal. mem. p. 59. Hepp lich. exs.
Parmelia fahlunensis γ tristis. Schaerer enum. p. 48.
Imbricaria tristis. Anzi cat. p. 29.
Platysma triste. Nyland. syn. p. 307. lich. Scand. p. 81.

Exs. Hepp 846, Rbh. 319, Schaerer 256.

an Felsen auf dem Belchen (Vulpius 1796), an Granitblöcken auf dem Kandel (B. 1866).

9. C. aculeata. (Ehrh.) Ach. syn. p. 299. Schaerer enum. p. 16. Massal. mem. p. 57. Krbr. syst. p. 8, par. p. 6. Arnold in Flora 1858 p. 101. Krmplhbr. lich. Bayr. p. 117. Th. Fries lich. arct. p. 30. Zwackh enum. nro. 3.
Cetraria aculeata. Fries lich. eur. p. 35. Nyland. syn. p. 300 lich. Scand. p. 79. Anzi cat. p. 21.

α. campestris. Schaerer enum.

Exs. Hepp 358, Rbh. 46, Krbr. 151, Zwackh 222, Anzi lich. lang. 504.

auf den Hornissgründen (Seubert), auf Porphyrsand bei Lichtenthal (B.), auf Hügeln bei Baden (Al. Br.), auf Haiden bei'm Hardhof oberhalb Carlsruhe (Al. Br.), im Hardwald bei Carlsruhe (Gmelin), im Gemeindewalde bei Schwetzingen und bei'm Relaishause mit Apothecien (Al. Br.), auf Sand bei Friedrichsfeld und im Käferthaler Walde bei Mannheim (Dr. Carl Schimper), auf sandiger Erde bei Walldorf (Märklin). Kleinere gedrungenere, mehr aufrechte Formen fand Al. Braun auf dem Hochkopf bei Achern unter Calluna vulgaris und bei Badenweiler.

Fam. II. CLADONIACEAE ZENK.

5. STEREOCAULON SCHREBER.

10. St. tomentosum. Fries lich. eur. p. 201. Schaerer enum. p. 181. Krbr. syst. p. 11, par. p. 7. Th. Fries lich. arct. p. 144. Nyland. syn. p. 243 lich. Scand. p. 64, suppl. p. 111. Krmplhbr.

lich. Bayr. p. 115. Anzi cat. p. 10. Müller lich. genev. p. 24.
Zwackh enum. nro. 119.

Exs. Hepp 302, Rbh. 133, 154, Schaerer 262, Anzi venet. 19.

an Felsen bei Neustadt und bei Bonndorf (Mozer), auf Haideboden am Nonnmattweier, bei Badenweiler und auf der Südseite des Belchen (Al. Br.), im oberen Schwarzwalde an der Höllensteige und bei St. Wilhelm (de Bary), an sandigen Stellen im Langendenzlinger und im Emmendinger Walde (Spenner), auf Haiden zwischen Steinbach und Baden (Al. Br.), hinter dem Geroldsauer Wasserfall (B.), auf dem Raiterberge bei Neckargemünd (Märklin).

11. St. corallinum. Schreber spic. p. 113, Fries lich. eur. p. 201, Schaerer enum. p. 180, Massal. mem. p. 74, sched. p. 46, Krbr. syst. p. 11, Beltr. lich. bass. p. 53, Krmplhbr. lich. Bayr. p. 114, Anzi cat. p. 10.
Stereocaulon corralloides. Laurer, Krbr. par. p. 7, Nyland. syn. p. 241, lich. Scand. p. 63, Th. Fries lich. arct. p. 142.

Exs. Crypt. bad. 23, Hepp 114, Rbh. 137, 210, Schaerer 261, Crypt. helv. 552.

auf Granit am Schluchsee (Stzbrgr.), an Felsen auf dem Feldberg, und bei Hinterzarten (B.), bei Kirchzarten (Sickenb.), bei Furtwangen (de Bary), am Triberger Wasserfall (Spenner), auf aus Blöcken gebildeten Mauern auf der Herrenwiese (Al. Br.), auf Granitblöcken hinter dem Geroldsauer Wasserfall (B).

12. St. paschale. (L.) Fries lich. eur. p. 202, Schaerer enum. p. 181, Krbr. syst. p. 12, par. 8, Nyland. syn. p. 242, lich. Scand. p. 64, suppl. p. 111, Krmplhbr. lich. Bayr. p. 115, Th. Fries lich. arct. p. 143.

Exs. Hepp 304, Rbh. 134.

an Felsen bei Villingen (Stzbrgr.), in der Hölle bei Freiburg und bei Hinterzarten (Al. Br.), auf dem Feldberg und auf den Schutthalden der alten Bergwerke bei Badenweiler und auf dem Schauinsland (Al. Br.), an Granitfelsen bei Allerheiligen (B.), an Felsen und aus Blöcken gebildeten Mauern in der Hundsbach bei der Herrenwiese (Al. Br., Seubert).

13. St. condensatum. Hoffm. fl. germ. p. 130, Fries lich. eur. p. 203, Schaerer enum. p. 178, Massal. mem. p. 14, Krbr. syst. p. 13, par. p. 8, Nyland syn. p. 249, lich. Scand. p. 65, Krmplhbr. lich. Bayr. p. 115, Anzi cat. p. 11, Arnold in Flora 1862 p. 307.

Exs. Hepp. 300, Rbh. 138, 370.

an Felsen auf dem Feldberge und am Mummelsee (Al. Br.),

an Porphyrfelsen bei Lichtenthal (Al. Br.) und an der Seelach bei Lichtenthal (B.), an Granitfelsen bei Forbach (Al. Br.).

14. St. nanum. Ach. syn. p. 285. Fries lich. eur. p. 205, Krbr. syst. p. 14, par. p. 8. Nyland. syn. p. 253, lich. Scand. p. 66. Krmplhbr. lich. Bayr. p. 115.
    Stereocaulon quisquiliare. Hoffm. fl. germ. p. 130, Schaerer enum p. 178.

an Felsen bei Kirchzarten (Sickenb.).

    β. pulverulentum. Th. Fries de Stereoc. et Piloph. comm. p. 37 et monogr. Stereoc. p. 64. Zwackh enum. nro. 120. Anzi neosymb. p. 3.

    Exs. Hepp 547, Rbh. 490, Th. Fries 37.

am Fusse von Porphyrfelsen im Fuchstrapp bei Handschuchsheim (Zwackh enum.).

6. CLADONIA HOFFM.
(Geordnet nach Dr. L. Rabenhorst Cladoniae europaeae. Dresden 1860.)

Sect. I. CLADONIAE FOLIACEAE.

15. C. endiviaefolia. (Dicks). Fries lich. eur. p. 212, Schaerer enum. p. 194, Beltr. lich. bass. p. 51, Körber par. p. 9, Nyland. syn. p. 189, Krplhbr. lich Bayr. p 110, Müller lich. genev. p. 24.
    Cladonia alcicornis β endiviaefolia. Flörcke comm. p. 25.

Exs. Hepp 800, Rbh. Clad. Tab. I. lich. eur. 281, 792, Anzi etrur. 3.

am Kaiserstuhl zwischen Vogtsburg und Schelingen (Al. Br.).

16. C. alicornis. (Lightf.) Fries lich. eur. p. 213. Flörcke comm. p. 23. Schaerer enum. p. 194, Krbr. syst. p. 17, par. p. 9, Nyland. syn. p. 190. Krmplhbr. lich. Bayr. p. 110, Anzi cat. p. 11, Müller lich. gen. p. 23. Zwackh enum. nro. 121.
    Cenomyce alcicornis. Ach. un p. 529.

Exs. Rbh. Clad. tab. I, lich. exs. 279.

auf Granitboden bei Schriesheim (Al. Br., Zw.), auf Porphyr bei Handschuchsheim (Zw.), auf sterilem Sandboden im Schwetzinger Gemeindewald, bei Friedrichsfeld und am Relaishaus bei Mannheim (Al. Br. et Dr. C. Schimper).

    b. microphyllina. (Wallr.) Fries.

Exs. Crypt. bad. 313, Hepp 799. Anzi lich. lang. 499.

an Steinen bei'm Schloss Heiligenberg (Jack und Stzbrgr.), auf dem Wollmatinger Ried bei Constanz, auf sandigem Boden am Friedinger Schlosse im Seekreis und auf Rheininseln bei Ichenheim (Leiner).

Sect. II. CLADONIAE SQUAMOSAE.

a. APOTHECIIS COCCINEIS.

17. C. macilenta. (Ehrh.) Hoffm. fl. germ. p. 126. Fries lich. eur. p. 240, Schaerer enum. p. 186. Körber syst. p. 31. par. p. 12. Nyland. syn. p. 223. lich. Scand. p. 61, Arnold in Flora 1858 p. 97. Krmplhbr. lich. Bayr. p. 104. Th. Fries lich. arct. p. 156, Anzi cat. p. 15, Müller lich. genev. p. 24. Zwackh enum. nro. 131.
    Cenomyce bacillaris. Ach. syn. p. 266.
  Exs. Crypt. bad. 691. Hepp 113. Rbh. Clad. Tab. III., lich. eur. 306, 309. Crypt. helv. 554.

auf Torf- und Waldboden bei Constanz (Stzbrgr.); in verschiedenen Formen auf dem Regnatshauser Ried bei Salem (Jack); auf Haiden und alten Baumstrünken im Schwarzwalde (Al. Braun), bei Kirchzarten (Sickenb.), bei Freiburg (Thiry); auf vermoderten Gräsern und Heidelbeersträuchern bei Lichtenthal, bei'm Schlosse Eberstein und an der Teufelsmühle im Murgthale (B.); auf sterilem Waldboden bei Heidelberg (Zwackh enum.).

18. C. Flörkeana. Fries lich. eur. p. 238. Schaerer enum. p. 189. Rbhrst. Crypt. flor. p. 101. Körber syst. p. 29. par. p. 12. Nyland syn. p. 225. lich. Scand. p. 62. Th. Fries lich. arct. p. 155.
  Exs. Hepp 290. Rbh. Clad. tab. IV, Th. Fries 13.

in Süddeutschland selten; auf Torf auf den Hornissgrinden und an der Teufelsmühle im Murgthale (B. 1867).

19. C. extensa. (Hoffm.) Schaerer enum. p. 187. Arnold in Flora 1858 p. 98. Krmplhbr. lich. Bayr. p. 104.
    Cladonia cornucopioides (L.) Körber syst. p. 28 par. p. 12. Nyland syn. p. 220. lich. Scand. p. 59. suppl. p. 110. Anzi cat. p. 14. Th. Fries lich. arct. p. 153. Zwackh enum. nro. 129.
    Cladonia coccifera, pleurota et cornucopioides. Autt.
  Exs. Crypt. bad. 692, Hepp 786. Rbh. Clad. Tab. V. lich. eur. 304. Schaerer 50, 51.

auf Torf- und Waldboden bei Constanz (Stzbrgr.); auf faulenden Stämmen am Schluchsee (Stzbrgr.); an Felsen am Hochfirst bei Neustadt (B.); bei Oberried (Sickenb.); am Triberger Wasserfall (Spenner); an Felsen und auf Haiden bei Freiburg und Baden (Al. Braun), bei Lichtenthal und Geroldsau (B.); an Bergabhängen auf dem Königstuhle, dem heiligen Berge und an andern Orten bei Heidelberg (Zwackh enum.).

20. C. bellidiflora. (Ach.) Schaerer spicil. p. 21. enum. p. 159, Fries
lich. eur. p. 237. Körber syst. p. 29. par. p. 12. Nyland. syn.
p. 221. lich. Scand. p. 60. suppl. p. 110. Krmplhbr. lich.
Bayr. p. 103. Th. Fries lich. arct. p. 154. Anzi cat. p. 14.
Cenomyce bellidiflora. Ach. syn. p. 270.
Exs. Hepp. 785. Rbh. Clad. Tab. VI. lich. eur. 310. Th. Fries 12.

bei Constanz in einem Walde einmal gefunden (Stzbrgr.); auf dem Feldberge (Thiry); zwischen Steinen und Moos auf den Hornissgrinden, bei der Herrenwiese und am Kaltenbrunn (Al. Braun); bei Villingen und am Schluchsee (Stzbrgr.); auf der Badener Höhe (B.); bei Geroldsau (Seubert), auf Porphyr und auf dem Schindeldache eines Heuschobers bei Lichtenthal (B.).

b. phyllocephala. Schaerer enum. p. 189.
Exs. Hepp 785. Rbh. Clad. Tab. VI. Nr. 1 et 2, Schaerer 42.
Crypt. helv. 454.

auf vermoderten Gräsern an der Teufelsmühle im Murgthale (B.).

21. C. digitata. (L.) Hoffm. fl. germ. p. 124. Fries lich. eur. p. 240.
Schaerer enum. p. 188. Körber syst. p. 31. par. p. 12.
Nyland syn. p. 222. lich. Scand. p. 61. suppl. p. 110. Arnold
in Flora 1858 p. 98. Krmplhbr. lich. Bayr. p. 104. Th. Fries
lich. arct. p. 155. Anzi cat. p. 15. Müller lich. genev. p. 24.
Zwackh enum. nro. 130.
Exs. Crypt. bad. 856. Rbh. Clad. Tab. VII. Schaerer 43—45.

an Bäumen bei Constanz (Stzbrgr.); auf morschem Holze im Wuttachthale bei Stühlingen (Jack et Leiner); im Schwarzwalde an mehreren Orten (Al. Braun); in Wäldern bei Lichtenthal (B.); in den Felsenmeeren des Königstuhles bei Heidelberg (Zwackh enum.).

b. viridis. Schaerer.
Exs. Rbh. Clad. Tab. VII. Nro. 7. Schaerer 46.

in Wäldern bei Salem (Jack).

22. C. deformis. (L.) Hoffm. fl. germ. p. 120. Fries lich. eur. p. 239.
Schaerer enum. p. 187. Arnold in Flora 1858. p. 98. Krmplhbr.
lich. Bayr. p. 103. Nyland. syn. p. 222. lich. Scand. p. 60.
suppl. p. 110. Th. Fries lich. arct. p. 155. Anzi cat. p. 14.
Müller lich. genev. p. 24.
Cenomyce deformis. Ach. syn. p. 268.
Cladonia crenulata. Flörcke comment. p. 105. Körber syst.
p. 30. par. p. 12.
Exs. Crypt. bad. 529. Hepp 292, 293. Rbh. Clad. Tab. VIII. lich.
eur. 307, 308. Schaerer 47—49.

in verschiedenen Formen im Heidelmoos bei Constanz (Leiner

et Stzbrgr.), in Wäldern am Schluchsee (Stzbrgr.); bei Badenweiler (B.); an mehreren Orten im Schwarzwalde (Al. Braun).

b. APOTHECIIS CARNEOLIS.

23. C. carneola. Fries lich. eur. p. 233. Körber syst. p. 25. par. p. 11.
Nyland. syn. p. 201. lich. Scand. p. 54. suppl. p. 109. Th.
Fries lich. arct. p. 151. Anzi cat. p. 13.
Cladonia carneopallida. Sommerfelt flor. lapp. suppl. p. 129.
Rbh. Crypt. flor. p. 101. Clad. eur. p. 7.
Cladonia pallida. Schaerer enum. p. 190. Krmplhbr. lich.
Bayr. p. 107.
Cladonia pyxidata var. carneopallida. Flörcke comment.
p. 67.
Cenomyce fimbriata γ carneopallida. Ach. syn. p. 258.
Exs. Hepp 1. Rbh. Clad. Tab. IX. lich. eur. 818. Zwackh 378.

auf torfigen Haiden und faulen Stöcken auf dem Kniebis, und am Kaltenbrunn sehr selten (Al. Braun).

c. APOTHECIIS FUSCIS.

24. C. pyxidata. (L.) Schaerer enum. p. 191. Rbhrst. Clad. eur. p. 8.
Zwackh enum. nro. 122. pr. parte.
Cladonia et Cenomyce pyxidata. Autt. pr. parte.
Exs. Crypt. bad. 690. Rbh. Clad. tab. X. Schaerer 53—55, 268.

auf Molasse bei Salem und beim Schlosse Heiligenberg (Jack) auf der Erde, an Felsen und Steinen, sowie an Baumstämmen auf der Insel Mainau, bei Constanz und Villingen (Stzbrgr.), bei Freiburg, Carlsruhe und Heidelberg (Al. Braun); auf Torf auf den Hornissgründen (B.).

25. C. neglecta. Flörcke in Weber et Mohr. Beitr. II. p. 306. Schaerer
enum. p. 192. Rbhrst. Clad. eur. p. 8.
Cladonia pyxidata β neglecta. Schaerer spicil. p. 27 et 293.
Rbhrst. Crypt. flor. p. 107. Körber syst. p. 17. par. p. 9.
Zwackh enum. nro. 122. pr. part.
Exs. Crypt. bad. 696, 857. Hepp 789. Rbh. Clad. tab. X. lich. eur.
298. Zwackh 264. Crypt. helv. 52.

auf Torf im Regnatshauser Ried bei Salem (Jack), im Heidelmoos bei Constanz (Leiner et Stzbrgr.); auf der Erde an der Thalcapelle bei Engen (Stzbrgr.); auf Kalkfelsen bei Stetten unweit Schaffhausen (Schenk); auf Torfboden bei Hinterzarten (Al. Braun), auf dem Feldberge (Sickenb.), auf Felsen bei Schriesheim (Al. Braun); auf sterilem Boden bei Heidelberg, z. B. am Nordabhange des Königstuhles (Zwackh enum.).

β. pocillum. Ach.

Exs. Hepp 788. Schaerer 270.

auf Lösshügeln zwischen Munzingen und Thiengen unweit Freiburg (Spenner); auf Löss am Thurmberge bei Durlach und bei Bruchsal (B.); auf steinigem Boden bei Heidelberg (Zwackh enum.)

γ. lophura. Ach.

auf Kalkboden bei Donaueschingen (B).

26. C. cariosa. (Ach.) Flörcke comment. p. 11. Rbhrst. Clad. eur. p. 8. Nyland. syn. p. 194. lich. Scand. p. 50. suppl. p. 109. Th. Fries lich. arct. p. 147. Anzi eat. p. 12. Körber par. p. 10. Zwackh enum. nro. 123.
Cladonia degenerans var. cariosa. Fries lich. eur. p. 221.
Cladonia neglecta. form. cariosa. Schaerer enum. p. 193.
Cladonia degenerans β. symphicarpea. 2. cariosa. Körber syst. p. 21.
Cladonia pyxidata. var. cariosa. Arnold in Flora 1858. p. 98. Krmplhbr. lich. Bayr. p. 106.

α. vulgaris. Körber par. et β. continua. Wallr.

Exs. Hepp 541, 542. Rbh. Clad. tab. XI. lich. eur. 302. Crypt. helv. 151.

an Gneissfelsen bei Kirchzarten (Sickenb.); auf Granitgerölle bei Schriesheim und über Porphyr bei Handschuchsheim (Zwackh enum).

b. microphyllina. Al. Braun.

auf Waldboden im Kammerforste bei Graben (Dr. Schmidt).

c. macrophyllina. Al. Braun.

unter Moos und Haidekraut auf den Porphyrfelsen hinter Lichtenthal und an ähnlichen Stellen bei Baden (Al. Braun).

β. leptophylla. (Ach.) Hepp.

Exs. Crypt. bad. 697. Hepp 543, Rbh. Clad. suppl. zu tab. XI nro. 9. Crypt. helv. 152.

an Wegrändern im St. Catharinenwald bei Constanz (Leiner et Stzbrgr.); auf Erde bei Badenweiler (B).

27. C. fimbriata. (L.) Hoffm. fl. germ. p. 122. Fries lich. eur. p. 222. Schaerer enum. p. 190. (excl. var. β.) Körber syst. p. 22. (α et β), par. p. 10. Nyland. syn. p. 194, lich. Scand. p. 51. suppl. p. 109. Arnold in Flora 1858. p. 98. Krmplhbr. lich. Bayr. p. 105. Th. Fries lich. arct. p. 150. Rbhrst. Clad. eur. p. 8. Anzi cat. p. 13. Müller lich. genev. p. 23. (α et β), Zwackh enum. nro. 127.

Exs. Crypt. bad. 312, 528, 694, 695. Hepp 790. Rbh. Clad. tab.
XII.—XIV. lich. eur. 283—286. Schaerer 51, 56—61, 265, 269·
Crypt. helv. 553.

eine der gemeinsten und vielgestaltigsten Arten, besonders auf Haiden, Sandboden und dergl. In verschiedenen Formen bei Salem (Jack), bei Constanz (Stzbrgr. et Leiner), auf dem Feldberg (v. Kettner), bei Freiburg (Al. Braun), bei Ichenheim (X. Baur), bei Baden (Al. Braun), hier auch an alten Castanienbäumen (B.); im Murgthale, bei Langensteinbach, bei Carlsruhe, bei Bruchsal (B.), und bei Heidelberg (Al. Braun et Zwackh enum.).

28. **C. ochrochlora.** Flörcke comment. p. 75. Rbhrst. Crypt. fl. p. 101.
Körber syst. p. 24, par. p. 11. Krmplhbr. lich. Bayr. p. 107.
Rbhrst. Clad. eur. p. 9. Zwackh enum. nro. 128.
Cladonia fimbriata var. ochrochlora. Schaerer enum. p. 191,
Müller lich. genev. p. 23, Anzi manip. p. 5.
Cladonia cornuta var. ochrochlora. Nyland. syn. p. 198.
lich. Scand. p. 53.
Exs. Crypt. bad. 121, Hepp 540. Rbh. Clad. tab. XV. Körber 152.
Anzi lich. lang. 265.

im St. Catharinenwald bei Constanz (Leiner); an faulen Baumstämmen am Blauen (Al. Braun), bei Oberried (Sickenb.), und in den Felsenmeeren des Königstuhles bei Heidelberg (Zwackh enum.).

29. **C. pityrea.** Flörcke in Weber et Mohr. Beitr. II. p. 282. comment. p. 79. Körber syst. p. 21. par. p. 10. Rbhrst. Clad.
eur. p. 9. Anzi anal. p. 7.
Cladonia degenerans β pityrea. Schaerer spicil. p. 304.
enum. p. 194. Rbhrst. Crypt. fl. p. 105.
Exs. Rbh. Clad. tab. XVI.

auf Haiden im unteren Schwarzwalde (Al. Braun).

30. **C. degenerans.** Flörcke comment. p. 41. Fries lich. eur. p. 221.
Schaerer enum. p. 193. Körber syst. p. 20, par. p. 10. Nyland.
syn. p. 199. lich. Scand. p. 53. suppl. p. 109. Arnold in Flora
1858. p. 99. Krmplhbr. lich. Bayr. p. 110. Th. Fries lich.
arct. p. 148. Anzi cat. p. 13. Rbhrst. Clad. eur. p. 9. Zwackh
enum. nro. 126.
Exs. Hepp 295, Rbh. Clad. tab. XVI.—XVIII. lich. eur. 300, 301.
Schaerer 274.

auf Haide und Waldboden bei Villingen (Stzbrgr.), im Wiesenthale im badischen Oberlande (Al. Braun), bei Badenweiler (B.), bei Baden und am Wege zum Geroldsauer Wasserfalle (Al. Braun), auf dem Königstuhle bei Heidelberg (Al. Braun und

Zwackh enum.), in den Kiefernwaldungen bei Schwetzingen (Dr. Carl Schimper).

β. euphorea. Flörcke.

Exs. Rbh. Clad. tab. XVII. nro. 11 et 12, tab. XVIII. nro. 13. lich. eur. 299.

an Felsen auf dem Belchen (Spenner), an der Teufelskanzel bei Baden und bei Gernsbach (Al. Braun).

31. C. gracilis. (L.) Hoffm. fl. germ. p. 119. Fries lich. eur. p. 218. pr. part. Schaerer enum. p. 195. Körber syst. p. 18. par. p. 9. Nyland. syn. p. 196, lich. Scand. p. 51, suppl. p. 109. Arnold in Flora 1858. p. 99, Krmplhbr. lich. Bayr. p. 108. Th. Fries lich. arct. p. 149. Anzi cat. p. 12. Rbhrst. Clad. eur. p. 9, Müller lich. genev. p. 23. Zwackh enum. nro. 124.

Exs. Crypt. bad. 311, 698. Hepp 792. Rbh. Clad. tab. XX.—XXIII. lich. eur. 288—292. Körber 2. Schaerer 64—69, 271. Crypt. helv. 251. Anzi lich. lang. 501.

in verschiedenen Formen bei Neustadt und Hinterzarten (Al. Braun), auf dem Belchen und auf dem Feldberg (Spenner), bei Badenweiler (B.), bei Freiburg, an der Teufelskanzel bei Baden und bei Gernsbach (Al. Braun); an Felsen hinter dem Geroldsauer Wasserfall (B.), bei Ettlingen (Al. Braun), bei Handschuchsheim und auf dem Königstuhle bei Heidelberg (Zwackh enum.).

β. macroceras. Flörcke.

Exs. Rbh. Clad. tab. XXIII. nro. 17—22.

auf dem Blauen (Al. Braun).

32. C. cervicornis. (Ach). Schaerer enum. p. 195. Körber syst. p. 19, par. p. 10. Arnold in Flora 1858. p. 99. Krmplhbr. lich. Bayr. p. 107. Rbhrst. Clad. eur. p. 9. Anzi cat. p. 12. Müller lich. genev. p. 23.

Cladonia verticillata. Flörcke comment. p. 26. Zwackh enum. nro. 125.

Cladonia cervicornis et verticillata. Nyland. syn. p. 197. lich. Scand. p. 52. et Autt. pr. parte.

Exs. Rbh. Clad. tab. XIX. lich. eur. 287. Schaerer 62, 63.

in Wäldern bei Badenweiler (B.), bei Freiburg (Al. Braun), bei Denzlingen (Spenner); auf Berghaiden bei Gernsbach (Al. Braun), in Kiefernwaldungen bei Schwetzingen (Dr. Carl Schimper), um Heidelberg auf einem verlassenen Waldwege in der Nähe des Kohlhofs (Zwackh enum.).

33. C. ceranoides. (Necker sub Lichen). Hoffm. fl. germ. p. 116.

Schaerer enum. p. 197. Krmplhbr. lich. Bayr. p. 111. Anzi cat. p. 16. Rbhrst. Clad. eur. p. 9.
Cenomyce crispata Ach. syn. p. 148.
Cladonia crispata. Nyland. syn. p. 207. lich. Scand. p. 56. suppl. p. 110.
Cladonia furcata. var. crispata. Körber syst. p. 34. par. p. 13. Th. Fries lich. arct. p. 157.
Exs. Hepp 295, 803. Rbh. Clad. tab. XIX. Schaerer 276, 277.

auf Felsen und steinigen Abhängen am Schauinsland bei Freiburg (Al. Braun).

34. C. cenotea. (Ach.) Schaerer spicil. p. 35 et 315, enum. p. 198. Rbhrst. Crypt. fl. p. 102. Clad. eur. p. 10. Nyland syn. p. 208. lich. Scand. p. 56. suppl. p. 110. Th. Fries lich. arct. p. 156. Krmplhbr. lich. Bayr. p. 111. Anzi cat. p. 15. Müller lich. genev. p. 23.
Cladonia brachiata. Fries lich. eur. p. 228.
Cladonia uncinata α brachiata. Körber syst. p. 32, par. p. 13. Arnold in Flora 1865, p. 596.
Cenomyce cenotea. Ach. syn. p. 271.
Exs. Hepp 804, 805. Rbh. Clad. tab. XX. lich. eur. 297. Zwackh 329, 330. Schaerer 71.

auf faulem Holze am Blauen, im Torfmoore bei Hinterzarten und im Zastler Thale am Feldberge (Al. Braun).

35. C. caespiticia. (Pers.) Flörcke comment. p. 8, Nyland syn. p. 210 lich. Scand. p. 57. Rbhrst. Clad. eur. p. 10.
Cladonia squamosa var. fungiformis. Schaerer enum. p. 199. Rbhrst. Crypt. fl. p. 102. Krmplhbr. lich. Bayr. p. 112.
Cladonia squamosa var. epiphylla. Körber syst. p. 33. par. p. 13. Beltram. lich. bass. p. 47. Anzi cat. p. 16. Müller lich. genev. p. 23. Zwackh enum. nro. 134. var.
Baeomyces caespiticius. Persoon in Usteri annal. I. p. 255. Ach. method. p. 325.
Cenomyce caespiticia. Ach. syn. p. 249.
Exs. Hepp 544. Rbh. Clad. tab. XXIV. lich. eur. 282. Arnold 271. Schaerer 280. Crypt. helv. 254.

auf der Erde bei Constanz (Stzbrgr.), bei Baden (Al. Braun), bei Gernsbach (B.), bei Ettlingen (Nabholz in herb. Stzbrgr.), auf blosser Erde des heiligen Berges und an alten Birken hinter dem Stifte bei Heidelberg. (Zwackh enum.).

36. C. delicata. (Ehrhart sub Lichen). Flörcke comment. p. 7. Nyland. syn. p. 210. lich. Scand. p. 57. Rbhrst. Clad. eur. p. 10.
Cladonia squamosa var. delicata. Fries lich. eur. p. 231. Massal. sched. p. 127. Körber syst. p. 33. par. p. 13. Anzi cat. p. 16. Zwackh enum. nro. 134.
Cenomyce delicata. Ach. syn. p. 274.

Cladonia parasitica. Hoffm. fl. germ. p. 127.
Cladonia squamosa var. parasitica. Schaerer enum. p. 199.
Krmplhbr. lich. Bayr. p. 112. Müller lich. genev. p. 23.
Exs. Crypt. bad. 527. Hepp 112. Rbh. Clad. tab. XXIV. lich. eur. 295. Schaerer 75. Crypt. helv. 253.

auf morschem Holze und faulen Stämmen bei Salem (Jack), bei Constanz (Stzbrgr.), bei Herblingen unweit Schaffhausen (Schenk), bei Stühlingen im Wuttachthale (Jack und Leiner), bei Sanct Ottilien unweit Freiburg, auf der Herrenwiese und bei Langensteinbach (Al. Braun), auf faulen Tannenstrünken am Ruhberg bei Baden (B.), an Kastanienstrünken bei Gernsbach (B.), an faulenden Stämmen bei Heidelberg (Zwackh enum.).

37. C. squamosa. Hoffm. fl. germ. p. 125. Fries lich. eur. p. 231. Schaerer enum. p. 198. Körber syst. p. 32. par. p. 13. Nyland. syn. p. 209. lich. Scand. p. 57. Arnold in Flora 1858 p. 99. Krmplhbr. lich. Bayr. p. 111. Th. Fries lich. arct. p. 158. Anzi cat. ρ. 13. pr. part. Rbhrst. Clad. eur. p. 10. Zwackh enum. nro. 134.

α. ventricosa. Fries.

Exs. Crypt. bad. 21. Hepp 806. Rbh. Clad. tab. XXIV. lich. eur. 293. Zwackh 379. Schaerer 278. Crypt. helv. 252.

in Wäldern bei Salem, Heiligenberg und Pfullendorf (Jack); sehr gemein im ganzen Schwarzwalde auf faulen Baumstöcken, auf der Erde und an Felsen (Al. Braun); an Granitfelsen beim Geroldsauer Wasserfalle (B.), auf Sandstein im Albthale bei Frauenalb (B.); in Bergwäldern bei Heidelberg (Zwackh enum.).

β. asperella. Flörcke.

Exs. Crypt. bad. 526. Hepp 807, Rbh. Clad. tab. XXV. lich. eur. 294. Schaerer 72—74.

an einem Waldrande bei Constanz (Leiner), auf der Erde in Waldungen bei Neckargemünd (Märklin in herb. Bausch).

γ. macrophylla. Schaerer.

Exs. Rbh. Clad. XXVI et XXVII.

an Felsen bei Baden (Al. Braun), bei Salem (Jack Rbh. Clad. tab. XXVII. nro. 19).

38. C. furcata. (Huds.) Hoffm. fl. germ. p. 115. Fries lich. eur. p. 229. Schaerer enum. p. 201. excl. var. ε. Körber syst. p. 34. par. p. 13. excl. var. α Nyland. syn. p. 205. lich. Scand. p. 55. suppl. p. 110. Arnold in Flora 1858 p. 100. Krmplhbr. lich. Bayr. p. 113. Th. Fries lich. arct. p. 157. excl. var. α. Rbhrst.

Clad. eur. p. 10. Anzi cat. p. 16. Müller lich. genev. p. 22.
Zwackh enum. nr. 132.

α. racemosa. Hoffm.

Exs. Crypt. bad. 452. Hepp 812. Rbh. Clad. tab. XXX. lich. eur.
273. Schaerer 80. Crypt. helv. 255.

sehr häufig und in verschiedenen Formen auf Felsen, Haiden
und Waldboden bei Salem, Constanz, Neustadt, durch den
ganzen Schwarzwald, bei Baden, im Murgthale, bei Grünwettersbach, Carlsruhe, Mühlburg, Bruchsal, Heidelberg und an
anderen Orten.

β. subulata. Schaerer.

Exs. Crypt. bad. 858. Hepp 814. Rbh. Clad. tab. XXXI. nro. 9—11,
lich. eur. 275, 276. Schaerer 81. Crypt. helv. 53.

in Waldungen des Geissbergs bei Schaffhausen (Schenk), an
grasigen Rainen am Wege von Wolfartsweier nach Grünwettersbach (B.).

39. C. rangiformis. Hoffm. fl. germ. p. 114. Krmplhbr. lich. Bayr.
p. 113. Rbhrst. Clad. eur. p. 11.
Cladonia furcata var. rangiformis. Schaerer enum. p. 202.
Cladonia pungens. Flörcke comment. p. 156. Körber syst.
p. 35. par. p. 13. Arnold in Flora 1858 p. 100. Th. Fries
lich. arct. p. 157. Anzi cat. p. 16. Zwackh enum. nro. 133.
Cladonia furcata var. pungens. Fries lich. eur. p. 230·
Nyland. syn. p. 207. lich. Scand. p. 56.

Exs. Hepp 816. Rbh. Clad. tab. XXXII—XXXIV. lich. eur. 277.

an Bergabhängen bei Gernsbach (Al. Braun), bei Wolfartsweier
(B.), bei Handschuchsheim, Dossenheim und Schriesheim (Zwackh
enum.), auf Sandboden bei Schwetzingen (Al. Braun). Eine sehr
grosse und kräftige Form fand Herr Professor Al. Braun bei
Badenweiler.

Sect. III. CLADONIAE CRUSTACEAE.

40. C. stellata. Schaerer spicil. p. 42 et 306, enum. p. 200; Flörcke
comment. p. 171. Körber syst. p. 37. par. p. 13. Krmplhbr.
lich. Bayr. p. 112. Anzi cat. p. 17. Rbhrst. Clad. eur. p. 11.
Cenomyce uncialis. Ach. syn. p. 278.
Cladonia uncialis. Fries lich. eur. p. 246. Nyland syn. p.
215. lich. Scand. p. 58. Th. Fries lich. arct. p. 159. Zwackh
enum. nro. 136.
Cladina uncialis. Nyland. in Flora 1866. p. 179. suppl.
p. 111.

α. **uncialis.** (L.) Schaerer.

Exs. Hepp 808. Rbh. Clad. tab. XXVIII. XXIX. lich. eur. 261, 744. Schaerer 82.

auf Wald und Haideboden bei St. Blasien (Al. Braun), bei Schweighof unweit Badenweiler (Vulpius 1796 in herb. Bausch), bei Antogast (Seubert), auf den Hornissgrinden (B.), bei Baden und Gernsbach (Al. Braun), bei Heidelberg suf dem Königstuhl (Dierbach) und in der Umgebung der Molkenkur (Zwackh enum.); auf der Erde bei Rinkenbach im Odenwalde (Märklin). Kleinere Formen auf Haiden bei Schwetzingen (Al. Braun).

β. **adunca.** (Ach.) Körber.

Exs. Hepp 809.

auf Waldboden und Torf bei Freiburg, auf den Hornissgrinden, bei Baden und Gernsbach (Al. Braun), auf dem Königstuhle bei Heidelberg (Märklin).

γ. **elatior.** Rbhrst.

Exs. Rbh. Clad. tab. XXIX. nro. 12, 13, 14.

auf Torfboden auf den Hornissgrinden in 4 bis 5 Zoll hohen Exemplaren (Al. Braun).

41. C. rangiferina. (L.) Hoffm. fl. germ. p. 114. Rbhrst. Clad. eur p. 11.
    Cladonia rangiferina Autt. excl. variett. sylvaticae et alpestris. Körber syn. p. 36. par. p. 13. Zwackh enum. nro. 135.
    Cladina rangiferina. Nyland. in Flora 1866 p. 179. suppl. p. 111.

Exs. Hepp 817, Rbh. Clad. tab. XXXV, XXXVI. lich. eur. 266 bis 269. Schaerer 76. 77.

auf sterilen Stellen, in Wäldern, auch an Felsen bei Salem, Constanz, Bonndorf, im ganzen Schwarzwalde von Neustadt und Freiburg bis Pforzheim; — bei Heidelberg häufig, besonders in den Felsenmeeren des Königstuhls (Zwackh enum.).

42. C. sylvatica. (L.) Hoffm. fl. germ. III. p. 114, Rabenh. Clad. eur. p. 11.
    Cladonia rangiferina var. sylvatica Autt. Zwackh enum. nro. 135.

Exs. Crypt. bad. 22. Hepp 821. Rbh. Clad. tab. XXXVII. XXXVIII. lich. eur. 270. Schaerer 78.

auf Torfboden bei Constanz (Stzbrgr.), auf Haideboden und an Felsen auf dem Feldberg (Spenner), auf den Hornissgrinden und auf der Badener Höhe (B.), in Wäldern und auch an bemoosten Birkenstämmen in den Felsenmeeren am Königstuhle bei Heidelberg (Zwackh enum.).

43. C. alpestris. (L.) Rabenhorst Clad. eur. p. 11.
Cladonia rangiferina var. alpestris. Autt. Lichen rangiferinus var. alpestris. L. spec. pl.
Exs. Hepp 819, Rbh. Clad. tab. XXXIX, lich. eur. 272, Körber lich. sel. 272. Schaerer 79.

auf der Badener Höhe am Abhang gegen die Herrenwiese und am Kaltenbrunn unter Pinus Pumilio (Al. Braun).

Sect. IV. CLADONIAE PAPILLARIAE.

44. C. papillaria. (Ehrh.) Hoffm. fl. germ. III. p. 117. Fries lich. eur. p. 245, Schaerer enum. p. 203. Krbr. syst. p. 37. par. p. 14. Nyland. syn. p. 188. lich. Scand. p. 49. Krmplhbr. lich. Bayr. p. 114, Th. Fries lich. arct. p. 160. Rabenh. Clad. eur. p. 11. Anzi cat. p. 17. Zwackh enum. nro. 137.
Pycnothelia papillaria. Nyland. suppl. p. 110.
Cenomyce papillaria. Ach. syn. p. 248.
Exs. Hepp. 824, Rbh. Clad. tab. VI. lich. eur. 260. Th. Fries lich. Sc. 16. Anzi lich. lang. 503.

auf sandiger Erde am Kaiserstuhl bei Freiburg (Spenner und Al. Br.), auf Torf auf den Hornissgrinden (Seubert), an Porphyrfelsen bei Lichtenthal (Al. Br.), auf Haideboden bei Gernsbach (Al. Br.), auf dem heiligen Berge, dem Geisberge und dem Königstuhle bei Heidelberg (Zwackh enum.).

Fam. III. RAMALINEAE. FÉE.

7. EVERNIA. ACH.

45. E. divaricata. (L.) Ach. syn. p. 244. Fries lich. eur. p. 25. Massal. mem. p. 61, sched. p. 36. Krbr. syst. p. 41. par. p. 16. Nyland. syn. p. 285. lich. Scand. p. 75. suppl. p. 113. Anzi cat. p. 19. Müller lich. gen. p. 27.
Physcia divaricata. Schaerer enum. p. 12.
Exs. Hepp 835, Rbh. 244.

an Tannen bei Hüfingen (Stzbrgr.), bei Menzenschwand in der Feldberger Gegend (de Bary), auf der Herrenwiese, auf dem Kaltenbrunn und bei Forbach (Al. Br.) meistens steril.

46. E. prunastri. (L.) Ach. syn. p. 245, Fries lich. eur. p. 25. Massal. mem. p. 62. Körber syst. p. 42. par. p. 16, Nyland. syn. p. 285. lich. Scand. p. 74. suppl. p. 113. Arnold in Flora 1858 p. 102. Krmplhbr. lich. Bayr. p. 119. Th. Fries

lich. arct. p. 34. Anzi cat. p. 19. Müller lich. gen. p. 27. Zwackh enum. nro. 8.
Physcia prunastri. Schaer. enum. p. 11.

Exs. Crypt. bad. 540, Hepp 833, Rbh. 47. Crypt. helv. 258.

Ueberall gemein, an Laub- und Nadelhölzern, zuweilen auch an Felsen; fructificirend besonders im höhern Gebirge namentlich an Pinus sylvestris; an alten Tannen bei Salem (Jack), an Baumstämmen bei Constanz (Stzbrgr. und Leiner), an Föhren und Tannen auf der Herrenwiese und auf dem Kaltenbrunn (Al. Br.), auf dem Ruhberg und bei dem Schlosse Eberstein (B.), an Eichen im Hardwald bei Carlsruhe (B.), an Eichen über dem Wolfsbrunnen, an Lerchen über dem Kohlhofe und in der Nähe des Kirchhofs bei Heidelberg (Zwackh enum.).

47. R. furfuracea. (L.) Fries lich. eur. p. 26, Massal. mem. p. 61, Körber syst. p. 43. par. p. 17. Nyland. syn. p. 284, lich. Scand. p. 73. Arnold in Flora 1858 p. 102, Krmplhbr. lich. Bayr. p. 119. Anzi cat. p. 19. Müller lich. gen. p. 27. Zwackh enum. nro. 9.
Physcia furfuracea. Schaerer enum. p. 10.

Exs. Crypt. bad. 28, Hepp 834, Rbh. 250, 251.

an Nadelholz bei St. Blasien (Stzbrgr.), auf dem Belchen (B.), bei Güntersthal unweit Freiburg (Stzbrgr.). Im Schwarzwalde überall gemein und häufig fructificirend, besonders an Pinus sylvestris, z. B. auf der Herrenwiese, auf dem Kaltenbrunn (Al. Br.), auf der Teufelsmühle, auf dem Ruhberg und hinter der Seelach bei Lichtenthal (B.). Kleinere sterile flachanliegende Formen an alten Kiefern im Hardwalde bei Carlsruhe (Al. Br.). Bei Heidelberg selten und nur steril an alten Birken auf dem Königstuhle und bei Ziegelhausen (Dr. Ahles), an Kirschbäumen am Kohlhofe (Zwackh enum.), an Pinus sylvestr. bei Schwetzingen (Dr. C. Schimper).

8. RAMALINA. ACH.

48. R. fraxinea. (L.) Ach. syn. p. 296. Schaerer enum. p. 9. Arnold in Flora 1858 p. 103. Krmplhbr. lich. Bayr. p. 122, Anzi cat. p. 19. Müller lich. gen. p. 26. Zwackh enum. nro. 4.
Ramalina calicaris. Fries lich. eur. p. 30. Nyland. syn. p. 293. lich. Scand. p. 77, suppl. p. 113. Th. Fries lich. arct. p. 32.
Ramalina fraxinea et calycaris. Körber syst. p. 38 et 39, par. p. 17.
Ramalina polymorpha. Mass. sched. p. 78. seq. Beltram. lich. bass. p. 65. seq.

α. ampliata. Schaer.

Exs. Crypt. bad. 29. Hepp 167. Rbh. 248. Crypt. helv. 256.
an verschiedenen Bäumen bei Heiligenberg und Salem (Jack), bei Emmingen ab Egg (Stzbrgr.), bei Donaueschingen (B.), am Belchen und am Schauinsland (Spenner), im Kapplerthale (de Bary), an alten Pappeln bei Freiburg (Al. Br.), an Linden, Ahorn und Eichen bei Scheibenhard und Carlsruhe (B.), an verschiedenen Bäumen auf dem Königstuhle bei Heidelberg und an Pappeln bei Schwetzingen (Dr. C. Schimper, Zwackh enum.).

b. fastigiata. Ach.

Exs. Rbh. 101, Crypt. helv. 352. Anzi lich. etrur. 5.
an Eichen bei Constanz (Stzbrgr.), an Buchen bei Badenweiler (Al. Br.), an Ahorn bei Baden (B.), an Eichen auf dem Königstuhle (Zwackh enum.).

β. calicaris. Schaer.

Exs. Rbh. 247.
an Weisstannen, Vogelbeerbäumen und Buchen auf dem Schauinsland (Al. Br.), an alten Kirschbäumen auf der Herrenwiese (Al. Br.), an Eschen bei Geroldsau (B.), an Eichen auf dem Königstuhle bei Heidelberg (Zwackh enum.).

49. **R. farinacea.** (L.) Ach. syn. p. 297, Schaerer enum. p. 8, Körber syst. p. 40. par. p. 17. Arnold in Flora 1858 p. 103. Krmplhbr. lich. Bayr. p. 123. Anzi cat. p. 20. Müller lich. gen. p. 26. Zwackh enum. nro. 5.
Ramalina polymorpha. var. farinacea. Massal mem. p. 66.
Ramalina calicaris. var. farinacea. Nyland. syn. p. 294. lich. Scand. p. 77. Th. Fries lich. arct. p. 32.

Exs. Körber lich. sel. 94, Anzi lich. etrur. 6.
an Weisstannen, Buchen etc. im höhern Schwarzwalde häufig (Al. Br.), an Tannen bei Müllheim und auf dem Ruhberg (B.), nicht selten an Eichen und Lerchen des Königstuhles bei Heidelberg (Zwackh enum.).

50. **R. pollinaria.** Ach. syn. p. 298, Fries lich. eur. p. 31, Schaerer enum. p. 8. Körber syst. p. 40, par. p. 17. Nyland. syn. p. 296. lich. Scand. p. 78. suppl. p. 114. Arnold in Flora 1858 p. 103. Krmplhbr. lich. Bayr. p. 123, Th. Fries lich. arct. p. 33, Anzi cat. p. 20. Müller lich. gen. p. 27. Zwackh enum. nro. 6.
Ramalina polymorpha var. pollinaria. Massal. mem. p. 66. Beltram. lich. bass. p. 68.

Exs. Crypt. bad. 320, Hepp 564, Rbh. 102.
an Eichen bei Constanz (Stzbrgr.), an Bäumen auf dem Schlossberg bei Freiburg (Sickenb.), an alten Buchen auf dem Kandel (Al. Br.), an Tannen auf dem Ruhberg (B.), an Eichen im Hardwald bei Carlsruhe (B.), nicht selten an Bäumen bei Heidelberg, cum apoth. sehr schön in den Castanienwäldern bei Handschuchsheim (Zwackh enum.).

β. rupestris. Flörcke. Schaerer en. p. 8. Krmplhbr. lich. Bayr. p. 123. Müller lich. gen. p. 27. Zwackh enum. nro. 6.

Exs. Crypt. bad. 769, Hepp 566, Rbh. 766.
an Granitfelsen im Schwarzwalde am Schluchsee und bei Lenzkirch (Stzbrgr.) bei Oberried (Sickenberg), an den Porphyrfelsen der Teufelskanzel bei Baden cum apoth. (B.), auf dem Bernstein (B.), an Sandsteinfelsen des Königstuhles und bei Handschuchsheim (Zwackh enum.).

9. CETRARIA. ACH.

Sect. I. EUCETRARIA. KŒRBER.

51. C. islandica. (L.) Ach. syn. p. 229. Fries lich. eur. p. 36. Schaerer enum. p. 15. Massal. mem. p. 57. sched. p. 68. Körber syst. p. 44, par. p. 17. Nyland. syn. p. 298. lich. Scand. p. 79. suppl. p. 114. Arnold in Flora 1858 p. 102. Krmplhbr. lich. Bayr. p. 121. Th. Fries lich. arct. p. 35. Anzi cat. p. 20. Müller lich. genev. p. 27. Zwackh enum. nro. 10.

α. vulgaris. Schaer.

Exs. Crypt. bad. 254. Hepp 361. Rbh. 132.
an sonnigen Stellen und auf Haidenplätzen bei Villingen (Stzbrgr.), auf dem Feldberg, Belchen, Kandel c. fruct. (B.), auf dem Schauinsland (de Bary), bei Freiburg (Stzbrgr.), auf der Herrenwiese, und auf dem Kaltenbrunn (B.). Am Relaishaus zwischen Schwetzingen und Mannheim eine kleine Form, die manchmal Soredien hat (Dr. C. Schimper und Al. Br.).

b. platyna. Ach.

Exs. Hepp 169, Rbh. 208.
am Seekopf bei der Herrenwiese, und am wilden Hornsee beim Kaltenbrunn (B.).

β. crispa. Ach.

Exs. Hepp 170, Schaerer 23, Anzi lich. lang. 21.
unter Moos am Mummelsee auf den Hornissgrinden (B.);

annähernde, jedoch nicht ganz charakteristische Formen fand Al. Braun auf der Herrenwiese.

52. C. cucullata. (Bellard.) Ach. syn. p. 228. Fries lich. eur. p. 37. Schaerer enum. p. 14. Körber syst. p. 45. par. p. 18. Krmplhbr. lich. Bayr. p. 122. Th. Fries lich. arct. p. 36. Anzi cat. p. 21. Müller lich. gen. p. 28.
Platysma cucullatum. Nyland. syn. p. 302. lich. Scand. p. 81. suppl. p. 114.

Exs. Crypt. bad. 539, Hepp 844, Rbh. 50. Schaerer 18.

auf dem Feldberg gegen die Baldenweger Hütte zuerst 1850 von Al. Braun gefunden, später von Seubert und Dr. Thiry.

Sect. II. PLATISMA. HOFFM.

53. C. pinastri. (Scop.) Fries lich. eur. p. 40, Massal. mem. p. 60. Körber syst. p. 48. par. p. 18. Arnold in Flora 1858 p. 103. Krmplhbr. lich. Bayr. p. 121.
Cetraria juniperina var. pinastri. Ach. syn. p. 226. Schaerer enum. p. 13. Th. Fries lich. arct. p. 38. Anzi cat. p. 21. Müller lich. gen. p. 28. Zwackh enum. nro. 12.
Platysma pinastri. Nyland. syn. p. 312. lich. Scand. p. 84. suppl. p. 115.

Exs. Hepp 841. Rbh. 369. Schaerer 21.

an Tannen am Schluchsee (Stzbrgr.), auf dem Schauinsland (Spenner, Al. Br.), auf dem Kandel und auf der Deschek (Wasserscheide zwischen Donau und Rhein) (B.), sowie auf der Herrenwiese (Al. Br.) und auf der Badener Höhe (B.); an einem Felsblocke auf dem Hochkopf (Seubert); an alten Kastanienstrünken bei Handschuchsheim, Neuenheim, auf dem Geisberge etc., auch einmal an einer Birke in dem Felsenmeere nächst dem Kohlhofe (Zwackh enum.) — überall steril.

54. C. glauca. (L.) Ach. syn. p. 227. Fries lich. eur. p. 38. Schaerer enum. p. 12. Massal. mem. p. 58. Körber syst. p. 46, par. p. 19. Arnold in Flora 1858 p. 102. Krmplhbr. lich. Bayr. p. 120. Th. Fries lich. arct. p. 39. Anzi cat. p. 22. Müller lich. gen. p. 28. Zwackh enum. nro. 11.
Platysma glaucum. Nyland. syn. p. 113. lich. Scand. p. 84. suppl. p. 115.

Exs. Rbh. 48, 659. Schaerer 252, Th. Fries 30.

an Tannen beim Schluchsee (Stzbrgr.) im obern Schwarzwald reichlich fructificirend (de Bary), auf den Hornissgrinden, der Herrenwiese, der Badener Höhe und auf dem Kaltenbrunn (B.), an diesen Orten häufig fructificirend; steril an alten

Birken in den Felsenmeeren des Königstuhles (Zwackh enum.).
An Felsen bei Baden und Gernsbach (Al. Br.).

55. C. fallax. Ach. method. p. 296. Körber syst. p. 47, par. p. 19.
Cetraria glauca var. fallax. Ach. syn. p. 227. Schaerer
enum. p. 13. Krmplhbr. lich. Bayr. p. 120. Anzi cat. p. 22.
Müller lich. gen. p. 28.
Platysma glaucum form. fallax. Nyland. lich. Scand. p. 84.
Exs. Crypt. bad. 460. Schaerer 253.

an Nadelholzstämmen beim Schluchsee (Stzbrgr.), im obern Zastler am Feldberg (de Bary), auf dem Kniebis, auf den Hornissgrinden (B.), in der Hundsbach (Seubert), sehr schön und fructificirend bei der Herrenwiese (Al. Br.), auf der Badener Höhe, auf dem Ruhberg und beim Kaltenbrunn (B.).

56. C. saepincola. (Ehrh.) Ach. syn. p. 226. Schaerer enum. p. 14.
Massal. mem. p. 58, Körber syst. p. 47, par. p. 19; Arnold
in Flora 1858 p. 108, Krmplhb. lich. Bayr. p. 121; Th. Fries
lich. arct. p. 40. Anzi cat. p. 22, Müller lich. gen. p. 28.
Platysma saepincola. Nyland. syn. p. 308. lich. Scand. p.
82. suppl. p. 114.
Exs. Hepp 843, Rbh. 192, 741. Schaerer 297. Crypt. helv. 555.

an Birkenzweigen bei Schönwald (B.). Die sterile Form chlorophylla fand Al. Braun im Jahr 1839 an den Zweigen von Rothtannen in der Gegend des Kaltenbrunn.

Fam. IV. ANAPTYCHIEAE. MASS.

10. ANAPTYCHIA. KŒRBER.

57. A. ciliaris. (L.) Massal. mem. p. 35. sched. p. 44. Körber syst. p.
53. par. p. 19. Beltram. lich. bass. p. 108. Arnold in Flora
1858 p. 309. Krmplhb. lich. Bayr. p. 137; Müller lich. gen.
p. 27.
Physcia ciliaris. DCand. fl. franç. II. p. 396. Schaerer enum.
p. 10. Nyland. syn. p. 414. lich. Scand. p. 108. Th. Fries
lich. arct. p. 61. Zwackh enum. nro. 42.
Parmelia ciliaris. Fries lich. eur. p. 77, Anzi cat. p. 31.
Borrera ciliaris. Ach. syn. p. 221.
Hagenia ciliaris. Rbhrst. Cr. fl. p. 115.
Exs. Crypt. bad. 30. Hepp 168. Rbh. 63. Anzi lich. lang. 258. A.

an verschiedenen Bäumen bei Salem, Meersburg, Constanz, Bonndorf, Unadingen, Freiburg, Carlsruhe, Heidelberg, Mannheim und an anderen Orten meistens reichlich fructificirend.

58. A. leucomelas. (L.) Körber par. p. 20.
Parmelia leucomelas. Ach. meth. p. 256. Fries lich. eur.
p. 76.

Borrera leucomelas. Ach. syn. p. 222.
Physcia leucomelas. Schaerer enum. p. 11. Massal. mem.
p. 35. Nyland. prodr. p. 61.

Exs. Hepp 673. Schimper iter abyss. II. 428.

an Zweigen von Weisstannen am Schlossberg bei Baden am Wege nach dem alten Schlosse (zuerst 1819 Al. Braun, damals häufig, später durch verbesserte Waldcultur immer seltener) steril.

11. TORNABENIA. MASS.

59. T. chrysophthalma. (L.) Massal. mem. p. 42, sched. p. 49. Beltram.
lich. bass. p. 109. Körber par. p. 21.
Borrera chrysophthalma Ach. syn. p. 224.
Physcia chrysophthalma Schaerer enum. p. 12. Nyland.
syn. p. 410.
Hagenia chrysophthalma Rabenh. fl. crypt. II. 1. p. 115.
Blasteniospora chrysophthalma Trevisan.
Thelochistes chrysophthalmus. Th. Fries gen. p. 51. Zwackh
enum. pro. 7.

Exs. Crypt. bad. 131, Hepp 569, Rbh. 62, Körber lich. sel. 153.

an Pappeln bei Oberschaffhausen am Kaiserstuhl (Sickenb.), an Prunus domestica bei Hechtsberg im Kinzigthal (Zwackh), in der Umgegend von Carlsruhe an Weiss- und Schwarzdornhecken, Ahornstämmen, Linden, Eichen, Obstbäumen, Hainbuchen, Pappeln, Lerchen, alten Bretterzäunen etc. (B.), nicht selten an Baumästen und Sträuchern bei Handschuchsheim (Zwackh), an Apfelbäumen im Klingenthal bei Heidelberg (Bischoff), an Linden im Schwetzinger Garten (Dr. C. Schimper), an Pinus sylv. und Juniperus am Relaishause (C. Schimper), an Prunus domestica bei Altenbach hinter Schriesheim (Zwackh enum.).

B. PYRENOCARPI.

Fam. V. SPHAEROPHOREAE. Fr.

12. SPHAEROPHORON. PERS.

60. Sph. fragile. (L.) Persoon in Usteri annal. I. p. 28. Fries lich. eur.
p. 405. Schaer. enum. p. 176, Massal. mem. p. 72, Körber
syst. p. 51, par. p. 21. Nyland. syn. p. 172. lich. Scand. p.
47, suppl. p. 108. Krmplhbr. lich. Bayr. p. 228. Th. Fries
lich. arct. p. 244. Anzi cat. p. 101.

Exs. Hepp 664, Rbh. 194. Schaerer 15.
auf der Höhe des Belchen an Felsblöcken (Al. Br.).

61. Sph. coralloides. Pers. in Usteri ann. VIII. p. 23. Ach. syn. p. 387.
Fries lich. eur. p. 405. Schaerer enum. p. 177. Körber syst.
p. 52, par. p. 22. Nyland. syn. p. 171. lich. Scand. p. 47.
suppl. p. 108. Krmplhbr. lich. Bayr. p. 228. Th. Fries lich.
arct. p. 244. Anzi cat. p. 102.
Exs. Crypt. bad. 847. Hepp 217. Rbh. 234. Körber lich. sel. 123.
an Felsblöcken und Baumstämmen auf dem Feldberg und auf
dem Schauinsland (Al. Br.), an Bäumen auf den Hornissgrinden (Seubert), an Felsstücken an der Herrenwiese gegen die
Badener Höhe hinauf (Al. Br.), an Felsen und Bäumen bei
Forbach, auf dem Dobel und auf dem Kaltenbrunn (Al. Br.)
überall reichlich fructificirend.

Ord. II. LICHENES PHYLLOBLASTI. KŒRBER.

A. DISCOCARPI.

Fam. VI. PELTIDEACEAE. FLOTOW.

13. NEPHROMA. ACH.

62. N. laevigatum. Ach. syn. p. 242. Mass. mem. p. 23. Körber syst.
p. 55. par. p. 23. Arnold in Flora 1858 p. 110. Krmplhbr.
lich. Bayr. p. 127. Anzi catal. p. 22. manip. p. 7. Müller lich.
gen. p. 29.
Nephroma resupinatum β. laevigatum. Schaerer enum. p. 18.
Nephroma papyraceum. Th. Fries lich. arct. p. 42.
Nephromium laevigatum. Nyland. syn. p. 320. lich. Scand.
p. 87. suppl. p. 116.
Exs. Hepp 363. Rbh. 351. Arnold 320. Anzi lich. etrur. 8.
an Felsen am Feldberg und im Zastlerthal (de Bary), auf dem
Schlossberg bei Freiburg (Al. Br.), auf dem Rosskopf (Thiry),
auf dem Kandel (de Bary), auf den Hornissgrinden (Seubert),
auf der Badener Höhe, bei der Yburg und bei Geroldsau (B.),
am Haarlass bei Heidelberg und bei Neckargemünd (Al. Br.)
überall mit Früchten.

b. sorediatum. Schaerer, Zwackh enum. nro. 13.
Exs. Crypt. bad. 318. Hepp 364. Rbh. 367, Anzi lich. lang. 252.
an Baumstämmen auf den Hornissgrinden (Seubert), an Felsen

bei der Yburg und auf Waldboden bei Ettlingen (B.), an Felsen und Bäumen bei Heidelberg auf dem Königstuhle, in der Hirschgasse (Zwackh enum.).

63. N. tomentosum. (Hoffm.) Körber syst. p. 56, par. p. 23. Krmplhbr. lich. Bayr. p. 127, Th. Fries lich. arct. p. 41, Anzi cat. p. 23. Müller lich. gen. p. 30.
 Nephroma resupinatum et tomentosum. Schaerer enum. p. 18. Nephroma resupinata. Ach. syn. p. 241. Massal. mem. p. 23. sched. p. 57. Beltram. lich. bass. p. 96.
 Nephromium tomentosum. Nyland. syn. p. 319. lich. Scand. p. 86. suppl. p. 116.
 Exs. Rbh. 69. Zwackh 179, Schaer. 259. Crypt. helv. 353.

an Acer pseudoplatanus auf dem Feldberg (Al. Br.), auf Baumstämmen und auf Lonicera nigra am Schauinsland (Al. Br.), an Buchen am Blauen und auf dem Kandel (B.), an Weisstannen bei der Herrenwiese (Al. Br.), an Bäumen und Felsen bei Allerheiligen, bei Baden und im Murgthale (Al. Br.).

14. PELTIGERA. WILLD.

64. P. malacea. (Ach.) Fries lich. eur. p. 64; Schaerer enum. p. 20. Massal. mem. p. 22; Körber syst. p. 56. par. p. 23. Nyland. syn. p. 223, lich. Scand. p. 88. suppl. p. 118. Krmplhbr. lich. Bayr. p. 128. Th. Fries lich. arct. p. 44. Anzi cat. p. 23.
 Peltidea malacea Ach. syn. p. 240. pr. part.
 Exs. Hepp 50. Rbh. 765. Zwackh 223. Crypt. helv. 456.

an der Ruine Steinegg bei Bonndorf (Mozer), bei Baden und Gernsbach unter Haidekraut (Al. Br.), bei Schriesheim (Bischoff in herb. Seubert), in Kiefernwäldern bei Schwetzingen (Dr. C. Schimper).

65. P. aphthosa. (L.) Hoffmann fl. germ. III. p. 107, Fries lich. eur. p. 44, Schaerer enum. p. 19, Massal. mem. p. 22. sched. p. 31. Körber syst. p. 58, par. p. 23. Nyland. syn. p. 322, lich. Scand. p. 87; Arnold in Flora 1858 p. 109. Krmplhbr. lich. Bayr. p. 125. Th. Fries lich. arct. p. 43. Anzi cat. p. 23. Müller lich. gen. p. 30. Zwackh enum. nro. 14.
 Peltidea aphthosa. Ach. syn. p. 328. Nyland. suppl. p. 117.
 Exs. Crypt. bad. 525, Hepp 173. Rbh. 159, 420. Schaer. 29. Crypt. helv. 556.

in Wäldern bei Salem (Jack), im Wuttachthale (Jack und Leiner), im Höllenthal (Thiry), bei St. Wilhelm (Sickenb.), bei Geroldsau (B.), bei Ettlingen und Carlsruhe (Al. Br.), bei Wolfartsweier (Seubert), bei Handschuchsheim und in den Felsenmeeren des Königstuhles bei Heidelberg, hier in ausgezeichneter Grösse (Zwackh enum.).

66. P. canina. (L.)
    α. ulorrhiza (Flck.) Schaerer enum. p. 20. pr. part.
        a. vulgaris. Hepp in litt.
           Peltigera rufescens. Hoffmann fl. germ. III. p. 107. pp.
Fries lich. eur. p. 46. pp. Massal mem. p. 21. pp. Körber
syst. p. 59. par. p. 59. p. parte (sec. Hepp). Zwackh enum.
nro. 17.
           Peltigera canina β. coriacea Krmplhbr. lich. Bayr. p. 124. pp.
           Peltigera canina β. rufescens. Müller lich. gen. p. 30.
    Exs. Crypt. bad. 255. Hepp 575, Rbh. 560. Zwackh 180. Crypt·
helv. 457.

in Wäldern bei Salem, Constanz, Bonndorf, Ichenheim, Geroldsau etc., auf Lösshügeln bei Munzingen unweit Freiburg (Spenner); auf einer alten Mauer in Neuenheim; an sterilen Abhängen am Haarlasse bei Heidelberg und bei Schriesheim (Zwackh enum.).

        b. crispa. (Ach.) Hepp manuscr.
           Peltidea canina γ. crispa. Ach. syn. p. 239.
           Peltigera canina α. ulorrhiza. Schaerer enum. p. 20. pro parte.
           Peltigera canina β. coriacea, c. incusa Krmplhbr. lich. Bayerns. p. 125.
           Peltigera rufescens. Hoffm., Fries, Massal, Nylander, Körber pr. part. (sec. Hepp).
    Exs. Crypt. bad. 132, Hepp 850, Rbh. 352.

an Nagelfluefelsen bei Heiligenberg (Jack), an der Ruine Hohenhöwen (Stzbrgr.), auf der Erde im Hardwalde bei Carlsruhe (B.).

    β. membranacea. (Ach.) Schaerer enum. p. 20. Nyland. syn. p. 324. lich. Scand. p. 88. Krmplhbr. lich. Bayr. p. 124. Müller lich. gen. p. 30.
        Peltidea leucorrhiza Flörcke exs. nro. 153.
        Peltigera canina. Autt. pr. part. Zwackh enum. nro. 16.
    Exs. Crypt. bad. 523. Hepp 365, Rbh. 68.

auf Waldboden, und an Felsen durch das ganze Land verbreitet.

67. P. pusilla. (Dill.) Körber syst. p. 59, par. p. 23. Krmplhbr. p. 127.
    Peltigera canina. b. pusilla. Fries lich. eur. p. 45. Arnold in Flora 1866 p. 529.
    Peltigera canina γ. spuria. Schaerer enum. p. 21.
    Peltigera spuria. DCand. fl. franç. II. p. 406. Nyland. syn. p. 325, lich. Scand. p. 89. suppl. p. 118. Anzi manip. p. 7. neosymb. p. 5.
    Exs. Crypt. bad. 319, Hepp 576, Rbh. 421. Arnold 321.

auf Sand im Hardwalde unterhalb Carlsruhe bei Stutensee (B.).

Nota. Nach Dr. C. Schimper in Zwackh enum. soll Pelt. pusilla nur eine jugendliche Form der Peltigera canina sein; vergl. dagegen Körber in syst. p. 59, der niemals Uebergänge in die auch oft in der Nähe wachsende Peltigera canina gesehen.

68. P. polydactyla. Hoffmann fl. germ. III. p. 106. Fries lich. eur. p. 46.
Schaerer enum. p. 21. Massal. mem. p. 20. sched. p. 145.
Körber syst. p. 61. par. p. 25. Nylander syn. p. 326. lich.
Scand. p. 90. suppl. p. 118. Arnold in Flora 1858 p. 109.
Krmplhbr. lich. Bayr. p. 126. Th. Fries lich. arct. p. 46.
Anzi cat. p. 23. Müller lich. gen. p. 30. Zwackh enum. nro. 18.
Peltidea polydactyla Ach. syn. p. 240.

Exs. Rbh. 559.

in Gebirgsgegenden nicht selten; bei Bürglen am Blauen (B.), am Schauinsland und auf dem Rosskopf (Thiry), bei Geroldsau (B.); in Laubwäldern des Königstuhles und zwischen den Granitfelsen bei Schlierbach (Zwackh enum.). Die Normalform mit dunkelbraunen Netzadern bei Mühlburg unweit Carlsruhe und besonders schön am Wege von Baden gegen die Herrenwiese (Al. Br.); Formen mit bleichen Adern bei Freiburg und bei der Herrenwiese (Al. Br.). Eine Form mit bleichen Adern und kurzen büscheligen Fibrillen fand Al. Braun an Grabenrändern zwischen Theningen und Riegel.

β. microcarpa. Schaerer.

Exs. Crypt. bad. 524. Schaerer 30.

an einem Waldrande unweit des Geroldsauer Wasserfalls, an Felsen zwischen Baden und der Yburg, und an alten Mauern auf der Seelach bei Lichtenthal (B.).

69. P. horizontalis. (L.) Hoffmann flor. germ. III. p. 107. Fries lich.
eur. p. 47. Schaerer enum. p. 21. Massal. mem. p. 20. Körber
syst. p. 61, par. p. 25. Nyland. syn. p. 327. lich. Scand.
p. 90. Krmplhbr. lich. Bayr. p. 125. Anzi cat. p. 24. Müller
lich. gen. p. 31. Zwackh enum. nro. 19.
Peltidea horizontalis Ach. syn. p. 238.

Exs. Crypt. bad. 256, Hepp 852, Rbh. 689, Schaer. 27.

in Wäldern allenthalben ziemlich häufig, z. B. bei Salem und Constanz (Jack, Stzb., Leiner), bei Oberried (Sickenb.), bei Freiburg (Al. Br.), bei Geroldsau (B.), im Hardwald bei Carlsruhe (Al. Br.), am Eichelberg bei Bruchsal (B.), in der Heidelberger Gegend bei Handschuchsheim, Schriesheim und in den Wäldern des Königstuhles (Zwackh enum.).

70. P. venosa. (L.) Hoffmann fl. germ. III. p. 107; Fries lich. eur. p.
48. Schaerer enum. p. 19. Körber syst. p. 62. par. p. 25.
Nyland. syn. p. 328. lich. Scand. p. 91. Krmplhbr. lich. Bayr.
p. 127. Th. Fries lich. arct. p. 47. Anzi cat. p. 24. Müller
lich. gen. p. 34. Zwackh enum. nro. 20.
  Peltidea venosa. Ach. syn. p. 237. Nyland. lich. Scand.
suppl. p. 118.
Exs. Crypt. bad. 32, Hepp 172, Rbh. 44, 814, Schaerer 26, Crypt.
helv. 354.

in Hohlwegen und auf lehmigem Waldboden bei Heiligenberg
und Salem (Jack), Constanz (Stzbrgr.), am Kaiserstuhl (Goll),
am Hebsack bei Freiburg (Thiry), bei Ettlingen (B.), Durlach
und Hohenwettersbach (Al. Br.), am Eichelberg bei Bruchsal
(B.), bei Maischbach und Leimen (Dr. C. Schmpr.).

15. SOLORINA. ACH.

71. S. saccata. (L.) Ach. syn. p. 8, Schaerer enum. p. 22, Massal. mem.
p. 26. sched. p. 81, Körber syst. p. 63, par. p. 25, Nyland.
syn. p. 330. lich. Scand. p. 92. suppl. p. 119. Arnold in
Flora 1858 p. 110. Krmplhbr. lich. Bayr. p. 127. Th. Fries
lich. arct. p. 48. Anzi cat. p. 24. Müller lich. gen. p. 31.
  Peltigera saccata. DC. fl. fr. II. p. 408. Fries lich. eur.
p. 49.
Exs. Crypt. bad. 31, Hepp 171, Rbh. 56, Körb. lich. sel. 211,
Schaerer 25.

in Hohlwegen bei Heiligenberg und Salem (Jack), an Molasse-
felsen bei Constanz (Leiner); auf Löss in Hohlwegen des
Kaiserstuhls (de Bary), an der Schlossgartenmauer zu Carls-
ruhe (Al. Br.) — die genannte Mauer ist im J. 1866 neu
verputzt und dabei diese Flechte wahrscheinlich vertilgt worden.

16. HEPPIA. NÆGELE.

72. H. adglutinata. (Krmplhbr.) Massal. geneac. p. 8, sched. p. 98.
Arnold in Flora 1858 p. 110. Krmplhbr. lich. Bayr. p. 128.
Körber par. p. 26. Zwackh enum. nro. 21.
  Lecanora adglutinata. Krmplhbr. in Flora 1851 p. 675.
  Heppia virescens. Nyland. enum. p. 110.
  Heppia urceolata. Nägele manuscr.
Exs. Crypt. bad. 854. Hepp 49, Rbh. 462, 610. Krbr. lich. sel. 67.
Zwackh 255.

über Granitgerölle bei Schriesheim, am Haarlasse bei Heidel-
berg, auf einer Porphyrkuppe zwischen Handschuchsheim und
Dossenheim (Zwackh enum.).

17. SOLORINELLA. ANZI.

73. S. asteriscus. Anzi cat. p. 37. Zwackh enum. nro. 22.
>Actinopelte Theobaldi. Stizenberger in Flora 1861 p. 1. et p. 94.

Exs. Crypt. bad. 855. Hepp 848.

auf Löss bei Oberschaffhausen am Kaiserstuhl (Millardet 1866), sehr schön auf Löss am Schutterlindenberg bei Lahr (B. 1866) und zwischen Weingarten und Jöhlingen (B. 1863); im Ludwigsthale bei Schriesheim einmal gefunden (Zwackh enum.).

Fam. VII. PARMELIACEAE. HOOK.

18. STICTA. SCHREBER.

74. St. sylvatica. (L.) Ach. syn. p. 236. Fries lich. eur. p. 51. Körber syst. p. 65. par. p. 27. Arnold in Flora 1861 p. 442. Krmplhbr. lich. Bayr. p. 129. Anzi cat. p. 24. Müller lich. gen. p. 32. Zwackh enum. nro. 25.
>Peltigera sylvatica. Hoffm. fl. germ. III. p. 109. Schaerer enum. p. 22.
>Stictina sylvatica Nyland. syn. p. 348. lich. Scand. p. 94.

Exs. Hepp 868. Schaerer 258.

an Felsen in den Wäldern bei Villingen (Nabholz in herb. Stzbrgr.), an Bäumen bei Sehringen (Vulpius), an feuchten schattigen Felsen am Schauinsland, sowie bei Baden, Gernsbach und Forbach (Al. Br.), an Bäumen am Ruhberg, am Kaltenbrunn und auf dem Dobel (B.); an Felsen und Bäumen bei Ziegelhausen und in den Wäldern des Königstuhls bei Heidelberg (Zwackh enum.) überall steril.

75. St. fuliginosa. (Dicks). Ach. lich. un. p. 454. Fries lich. eur. p. 52. Schaerer enum. p. 32. Körber syst. p. 66. par. p. 27. Arnold in Flora 1861 p. 442. Krmplhbr. lich. Bayr. p. 129. Anzi cat. p. 24. Müller lich. gen. p. 32.
>Stictina fuliginosa. Nyland. syn. p. 347. lich. Scand. p. 93.

Exs. Crypt. bad. 317. Hepp 371. Rbh. 70. Zwackh 224.

an Felsen auf dem Blauen (de Bary), bei Kirchzarten (Sickenb.), bei Allerheiligen (Seubert), am Geroldsauer Wasserfall (B.), an feuchten Steinen bei Ettlingen (Al. Br.), an der Molkenkur bei Heidelberg (Dr. Ahles), an diesen Orten steril; dagegen schön fructificirend bei Neustadt im Schwarzwalde (Spenner teste Al. Br.).

76. St. scrobiculata. (Scop.) Ach. syn. p. 234. Fries lich. eur. p. 53.

Schaerer enum. p. 31, Massal. mem. p. 30. Körber syst. p. 66.
par. p. 28. Arnold in Flora 1858 p. 109, et in Flora 1865
p. 596. Th. Fries lich. arct. p. 50. Krmplhbr. lich. Bayr.
p. 128, Anzi cat. p. 25. manip. p. 7. Zwackh enum. nro. 24.
Stictina scrobiculata. Nyland. syn. p. 94. lich. Scand. p.
94. suppl. p. 119.

Exs. Hepp 592, Anzi lich. etrur. 47.

an Felsen bei Neustadt (Spenner), bei Sehringen (Vulpius), an Tannen am Belchen (Al. Br.) und auf den Hornissgrinden (Seubert); besonders schön und fructificirend an Felsblöcken, Tannen und Buchen bei Kaltenbrunn (Al. Br.); an Buchen und Eichen des Königstuhles (Dr. C. Schimper) und in Wäldern bei Heidelberg (Dr. Ahles).

77. **St. pulmonaria.** (L.) Schaerer enum. p. 30. Körber syst. p. 67. par. p. 28. Arnold in Flora 1858 p. 108. Krmplhbr. lich. Bayr. p. 128. Th. Fries lich. arct. p. 49. Anzi cat. p. 25. Zwackh enum. nro. 23.

Sticta pulmonacea. Ach. syn. p. 233. Fries lich. eur. p. 53. Massal. mem. p. 28. Nyland. syn. p. 351. lich. Scand. p. 95, suppl. p. 119. Müller lich. gen. p. 31.

Exs. Crypt. bad. 258, Hepp 591, Rbh. 54, Crypt. helv. 558.

an Waldbäumen häufig fructificirend bei Constanz, Villingen, Bonndorf, Freiburg, auf dem Kandel, auf dem Ruhberg, auf der Herrenwiese, bei Carlsruhe, Wolfartsweier, Graben, Heidelberg u. a. a. Orten.

78. **St. limita.** Ach. syn. p. 234, Schaerer enum. p. 57. Körber syst. p. 67. par. p. 28. Nyland. syn. p. 353. lich. Scand. p. 96. Th. Fries lich. arct. p. 50. Krmplhbr. lich. Bayr. p. 139. Anzi cat. p. 25.

Exs. Hepp 368, Rbh. 207. Anzi lich. lang. 47.

an einer alten Buche bei Kaltenbrunn (Al. Br. 1823).

79. **St. amplissima.** (Scop.) Rabenh. Cr. fl. II. 1. p. 64. Massal. mem. p. 28. Körber syst. p. 68, par. p. 28. Th. Fries lich. arct. p. 51. Krmplhbr. lich. Bayr. p. 129. Anzi cat. p. 25.

Parmelia amplissima. Schaerer enum. p. 33.
Sticta glomerulifera. Fries lich. eur. p. 54.
Parmelia glomulifera. Ach. syn. p. 195.
Ricasolia glomulifera. de Nolaris. Nylander syn. p. 368. lich. Scand. p. 96.

Exs. Hepp 594, Rbh. 189.

an Buchen auf dem Blauen (Vulpius); an Acer pseudoplatanus auf dem Feldberg und am Schauinsland (Al. Br.); an alten Buchen auf dem Mercur bei Baden, bei Forbach und am Kaltenbrunn (Al. Br.).

19. IMBRICARIA. (SCHREB.) KRBR.

80. I. perlata. (L.) Körber syst. p. 69. par. p. 28. Arnold in Flora 1858 p. 104. Anzi cat. p. 26.

Parmelia perlata. Ach. syn. p. 198. Fries lich. eur. p. 59. Schaerer enum. p. 34. Massal. mem. p. 54. Nylander syn. p. 379. lich. Scand. p. 98. suppl. p. 180. Krmplhbr. lich. Bayr. p. 130. Zwackh enum. nro. 26.

α. innocua. Wallr. Krb.

Exs. Crypt. bad. 707, Hepp 578, Rbh. 67. Zwackh 185, Anzi lich. lang. 48.

überall gemein an Bäumen und auch an Felsen, aber meistens steril, jedoch schön entwickelt und mit Apothecien an Buchen bei Säckingen und auf dem Schauinsland (Spenner), an Eichen im Hardwald bei Carlsruhe (Al. Br.), an Felsen bei Gernsbach (Al. Br.) und an verschiedenen Bäumen in den Wäldern bei Heidelberg (Zwackh, Dr. Ahles).

β. ciliata. D.C. (Parmelia perforata Antt. et Zwackh enum. nro. 27).

Exs. Hepp 579. Arnold 136, Zwackh 56 A—C.

an Eichen bei Güntersthal (Spenner), an Weisstannen bei Baden und Forbach sehr selten mit Apothecien (Al. Br.); an einer Eiche auf dem Mercur bei Baden (B.); an Eichen und Buchen in der Gegend von Heidelberg (Zwackh enum.).

γ. olivetorum. Ach. syn. p. 198.

Parmelia perlata var. ulophylla. Körber par. p. 28, Anzi cat. p. 26.
Parmelia perforata var. olivetorum. Zwackh enum. nro. 27. var.
Parmelia revoluta. Massal sched. p. 173. (non Floke.).
Parmelia olivetorum. Nyland. suppl. p. 180.

Exs. Hepp 580. Zwackh 181. bis A.

an Bäumen namentlich Buchen bei Heidelberg und besonders schön bei Petersthal (Zwackh enum.).

81. I. tiliacea. (Ehrh.) Körber syst. p. 70, par. p. 30. Anzi cat. p. 26.

Parmelia tiliacea. Ach. lich. un. p. 460. Fries lich. eur. p. 59. Massal. mem. p. 50. Nyland. syn. p. 390. lich. Scand. p. 98. Th. Fries lich. arct. p. 52. Müller lich. gen. p. 32. Zwackh enum. nro. 29.
Parmelia quercifolia. Ach. syn. p. 299. Schaerer enum. p. 44. Massal sched. p. 174. Arnold in Flora 1858 p. 104. Krmplhbr. lich. Bayr. p. 131.

Exs. Crypt. bad. 538, Hepp 855, Rbh. 99. Zwackh 53.
an verschiedenen Bäumen bei Salem (Jack), Constanz und Hüfingen (Stzbrgr.), an Ahornbäumen am Wege von Freiburg nach Güntersthal (de Bary), an Prunus domestica bei Badenweiler und Gernsbach (Al. Br.); an Eichen bei Geroldsau (B.), an Ahorn in der Lichtenthaler Allee bei Baden (B.), an alten Eichen bei Gütenbach (B.), an Castanien beim Erlenbad und bei Gernsbach (B.), an Linden bei Carlsruhe (B.), an Eichen, Kirschbäumen und Castanien bei Heidelberg (Zwackh enum.) grösstentheils reich fructificirend.

β. scortea. Ach.

Exs. Rbh. 237.
an Bäumen bei Salem (Jack), an Felsen bei Baden (Al. Br.), an Eichen in der Beiertheimer Allee bei Carlsruhe (B.), an Buchen bei Heidelberg (Dr. Ahles) überall steril, an Eschen bei Gütenbach cum frct. (B.).

82. l. revoluta. (Flck.) Fltw. lich. Fl. Siles. II. p. 15. Körber syst. p. 71. par. p. 30. Anzi cat. p. 26. Arnold in Flora 1863 p. 589.
Parmelia revoluta. Flörcke. Beltram. lich. bass. p. 77.
Parmelia quercifolia var. revoluta. Schaerer enum. p. 44, Krmplhbr. lich. Bayr. p. 131.
Parmelia sinuosa var. revoluta Rabenh. Cr. fl. II. 1. p. 59. Zwackh enum. nro. 28 var.

Exs. Crypt. bad. 33, Körber lich. sel. 125, Anzi lich. lang. 49.
an Pinus sylvestris am Hardhof oberhalb Carlsruhe (Al. Br. 1823 cum apoth.), an Hainbuchen im Rüppurrer Wald bei Carlsruhe (B.); an Pinus sylvestris auf dem heiligen Berge und an Birken über der Hirschgasse und auf dem Königstuhle bei Heidelberg (Zwackh enum.).

83. l. sinuosa. (Sm.) Körber syst. p. 84. par. p. 30, Anzi cat. p. 26. Arnold in Flora 1863 p. 588.
Parmelia sinuosa. Fries lich. eur. p. 63. Krmplhbr. lich. Bayr. p. 131, Zwackh enum. nro. 28.
Parmelia sinuosa α. laevigata. Schaerer enum. p. 43.

Exs. Hepp 581. Arnold 137, 221; Zwackh 181 B. Körb. 332.
an Bäumen auf dem Schauinsland (Sickenb.), an Buchen des Königstuhles bei Heidelberg und der Wälder bei Ziegelhausen, und einmal mit Apothecien hinter dem Stifte bei Heidelberg (Zwackh enum.).

84. l. Borreri. (Turn.) Körber syst. p. 71. par. p. 30. Anzi cat. p. 26.

Parmelia Borreri Ach. syn. p. 197. Fries lich. eur. p. 60.
Nylander prodr. p. 55, Krmplhbr. lich. Bayr. p. 134. Müller
lich. gen. p. 32, Zwackh enum. nro. 30.
Parmelia dubia. Schaerer enum. p. 45. Massal. mem. p. 51.
sched. p. 74.
Imbricaria dubia Arnold in Flora 1858 p. 104.
Exs. Crypt. bad. 134, Hepp 582, Rbh. 184, Körber lich. sel. 95.
Zwackh 251 (cum apoth.), Anzi lich. lang. 374.
an Steinobstbäumen bei Salem, Heiligenberg, Constanz (Stzbrgr.),
an Obstbäumen bei Freiburg (Al. Br.), sehr schön mit Früchten
bei Hechtsberg im Kinzigthal an Prunus domestica (Zwackh);
an Kiefern im Hardwald bei Carlsruhe (Al. Br.), an Eichen
in der Beiertheimer Allee bei Carlsruhe (B.); in der Heidelberger Gegend häufig an Obstbäumen, Castanien und Buchen —
mit Apothecien zuerst von Dr. Ahles auf dem Mühlhange und
dem Königstuhle gefunden (Zwackh enum.).

85. l. saxatilis. (L.) Körber syst. p. 72, par. p. 70. Arnold in Flora
1858 p. 105, Anzi cat. p. 27.
Parmelia saxatilis. Ach. syn. p. 203, Fries lich. eur. p. 61.
Schaerer enum. p. 44. Massal. mem. p. 49. Nylander syn. p.
396, lich. Scand. p. 99. Krmplhbr. lich. Bayr. p. 134, Th. Fries
lich. arct. p. 52. Müller lich. gen. p. 32. Zwackh enum. nro. 31.

α. leucochroa. Wallr.

a. corticola.

Exs. Hepp 860. Rbh. 429. a.
an Bäumen und altem Bretterwerk allenthalben gemein, aber
selten fructificirend; mit Apothecien an Tannen auf dem Ruhberg, an Buchen am Jagdhaus bei Baden und an Birken im
Hardwald unterhalb Carlsruhe (B.), an Waldbäumen bei Heidelberg (Dr. Ahles).

b. isidiosa.

an Bäumen bei Constanz steril (Stzbrgr.).

c. saxicola.

Exs. Rbh. 429 b et c. Crypt. helv. 355.
häufig fructificirend an Felsen, z. B. bei Sanct Blasien, bei
Badenweiler, bei Oberried, auf dem Belchen, dem Kandel, und
den Hornissgrinden, bei der Herrenwiese, auf der Badener
Höhe, dem Ruhberg, bei Heidelberg u. a. a. Orten.

β. omphalodes. (L.) Ach.

Exs. Zwackh 182.
an Sandsteinblöcken bei der Herrenwiese (Al. Br.), und in

den Felsenmeeren des Königstuhles bei Heidelberg (Zwackh enum.).

γ. panniformis, Ach.

Exs. Hepp 864, Rbh. 407, Körber lich. sel. 243, Arnold 339. Anzi lich. lang. 294.

an Felsen bei dem Schluchsee (Stzbrgr.), an Felsen hinter dem alten Schlosse zu Baden (Al. Br. in herb. Döll).

δ. sulcata. (Thayl) Nyland. syn. p. 897. lich. Scand. p. 99, suppl. p. 119. Anzi neosymb. p. 5.

Exs. Rbh. 349. 428.

an Bäumen bei Meersburg und Constanz (Stzbrgr.); auf dem Feldberg (Sickenb.), an Buchen am Jagdhaus bei Baden und an Pinus sylvestris bei Knielingen (B.).

86. l. aleurites. (Ach.) D.Cand. fl. franç. p. 188. Körber syst. p. 73. par. p. 30. Arnold in Florâ 1858 p. 105. Anzi cat. p. 28.
Parmelia aleurites. Ach. syn. p. 208. Fries lich. eur. p. 62. Schaerer enum. p. 44. Massal. mem. p. 54. Krmplhbr. lich. Bayr. p. 137. Zwackh enum. nro. 32.
Parmelia placorodia Ach. syn. p. 196. secund. Nyland. lich. Scand. p. 106.

Exs. Hepp 859. Rbh. 427. Zwackh 54. Anzi lich. lang. 50.

an Pinus sylvestris auf der Badener Höhe cum apoth. (B.); an alten Kiefern im Hardwald bei Carlsruhe (Al. Br.), in der Heidelberger Gegend steril an Kastanienstrünken über dem Schlosse, auf dem Gaisberge, bei Handschuchsheim (Zwackh enum.); an Pinus sylvestris bei Schwetzingen (Dr. C. Schimper) und im Friedrichsfelder Walde (Dr. Ahles).

87. l. hyperopta. (Ach.) Körber syst. p. 73, par. p. 30. Anzi cat. p. 28. Arnold in Flora 1862 p. 388.
Parmelia hyperopta. Ach. syn. p. 208. Th. Fries lich. arct p. 54. Müller lich. genev. p. 33.
Parmelia aleurites. Nyland. lich. Scand. p. 105.
Parmelia ambigua β. albescens. Schaerer enum. p. 47. Krmplhbr. lich. Bayr. p. 133.
Parmeliopsis aleurites. Nyland. suppl. p. 121.

Exs. Körber 32. Anzi lich. lang. 51.

an altem Holze auf dem Feldberge (de Bary).

88. l. physodes. (L.) D.Cand. fl. franç. II. p. 393. Körber syst. p. 75, par. p. 30. Arnold in Flora 1858 p. 105. Anzi cat. p. 28.
Parmelia physodes. Ach. syn. p. 218, Fries lich. eur. p. 64. Massal. mem. p. 51. sched. p. 153. Nyland. syn. p. 408. lich.

Scand. p. 103. Th. Fries lich. arct. p. 53. Müller lich. gen. p. 33. Zwackh enum. nro. 33.
Parmelia ceratophylla var. physodes. Schaerer enum. p. 42. Krmplhbr. lich. Bayr. p. 131.

α. **vulgaris**. Krbr.

Exs. Hepp 584. Rbh. 186, Anzi lich. lang. 257. A.
häufig an Bäumen und an Felsen; in der Ebene selten fructificirend; mit Früchten an Tannen bei Triberg (Stzbrgr.), an Kiefern bei der Herrenwiese und an Felsen auf den Hornissgrinden (Al. Br.), an Tannen auf dem Ruhberg (B.), an Birken hinter der Seelach bei Baden (B.), an Pinus sylvestris im Hardwald bei Carlsruhe (Al. Br.), an eichenen Planken am Parkzaun bei Carlsruhe (B.); an Birken am Königstuhle bei Heidelberg und an Sandsteinblöcken in den Felsenmeeren daselbst (Zwackh enum.).

β. **vittata**. Ach.

Exs. Rbh. 313, 430. Anzi lich. lang. 257. C.
an Bäumen bei Villingen (Stzbrgr.); an Felsen bei Badenweiler (Al. Br.); an Rothtannen am Feldberge und bei der Herrenwiese (Al. Br.).

γ. **tubulosa**. Schaerer enum. p. 42, Zwackh enum. nro. 33. var.

Parmelia physodes var. labrosa. Nyland. syn. p. 401. lich. Scand. p. 104. Arnold in Flora 1863 p. 589.

Exs. Crypt. bad. 865. Hepp 856, Arnold 297. Rbh. 793.
an eichenen Planken am Parkzaun bei Carlsruhe (B.), häufig an Lerchen bei Handschuchsheim und auf dem Königstuhle bei Heidelberg (hier einmal fructificirend (Zwackh enum.); bei Schwetzingen (Dr. C. Schimper).

89. I. encausta. (Sm.) Körber syst. p. 76, par. p. 31. Anzi cat. p. 27.
Parmelia physodes. var. encausta. Fries lich. eur. p. 64.
Parmelia encausta. Massal. mem. p. 50. Nyland. syn. p. 406. lich. Scand. p. 104. Th. Fries lich. arct. p. 54. Krmplhbr. lich. Bayr. p. 132.
Parmelia ceratophylla var. candefacta. Schaerer enum. p. 42.

Exs. Hepp 52, Rbh. 315, Zwackh 183.
an Sandsteinblöcken auf den Hornissgrinden häufig und in mannigfaltigen Formen, auch mit Apothecien, seltener auf der Badener Höhe (Al. Br.), auf der Teufelsmühle bei Gernsbach (B.).

90. I. acetabulum. (Neck.) D.Cand. fl. franç. II. p. 392. Körber syst.

p. 77, par. p. 31. Arnold in Flora 1858 p. 105. Anzi manip.
p. 8, neosymb. p. 5.
Parmelia acetabulum. Fries lich. eur. p. 65. Schaerer
enum. p. 35. Massal. mem. p. 49. sched. p. 37. Nyland. syn.
p. 402. lich. Scand. p. 101. Krmplhbr. lich. Bayr. p. 135;
Müller lich. gen. p. 33. Zwackh enum. nro. 34.
Parmelia corrugata. Ach. syn. p. 199.

Exs. Crypt. bad. 256. Hepp 865. Rbh. 64, Zwackh 55.

an Nussbäumen bei Freiburg (de Bary), in der Umgegend von
Carlsruhe nicht selten und schön fructificirend an Linden,
Eichen, Ahorn, Pappeln, Obstbäumen etc. (B.); in der Heidelberger Gegend an Nussbäumen bei Handschuchsheim, an Kirschbäumen am Kohlhofe und an Linden bei Schwetzingen (Zwackh enum.).

91. I. olivacea. (L.) D.Cand. fl. franç. II. p. 392. Körber syst. p. 77. par.
p. 31. Arnold in Flora 1858 p. 105. Anzi cat. p. 28.
Parmelia olivacea. Ach. syn. p. 200. Fries lich. eur. p. 66.
p.p. Schaerer enum. p. 47. p.p. Massal. mem. p. 52. sched.
p. 102. Nyland. syn. p. 403. lich. Scand. p. 101. Th. Fries
lich. arct. p. 55. Krmplhbr. lich. Bayr. p. 135. Müller lich.
gen. p. 33. Zwackh enum. nro. 35.

Exs. Hepp 866. Rbh. 447.

an Bäumen durch das ganze Land.

β. laetevirens. Flotow. Krmplhbr. lich. Bayr. p. 135. Müller
lich. gen. p. 33.

Parmelia olivacea. c. abortiva. Schaerer enum. p. 47. secund.
Hepp lich. exs.

Exs. Hepp 867.

an verschiedenen Bäumen auf dem Feldberg (Sickenb.), an
Buchen auf dem Ruhberg und an Tannen auf dem Mercur bei
Baden (B.) steril; an Weisstannen am Kaltenbrunn cum apotheciis (B.).

γ. prolixa. Nyland. syn. p. 404. lich. Scand. p. 102. suppl.
p. 120.

auf Granit am Schluchsee (Stzbrgr.), auf Granitblöcken in dem
Bache bei Lauf (B.).

92. I. aspera. (Mass.) Körber syst. p. 78. par. p. 31. Arnold in Flora
1858 p. 106.
Imbricaria olivacea *β*. collematiformis (Schleicher). Hepp
lich. exs. Anzi cat. p. 29.
Parmelia olivacea var. exasperata. Nyland. syn. p. 404.
lich. Scand. p. 102. suppl. p. 180.

Parmelia aspera. Massal. mem. p. 53. sched. p. 32. Beltramini lich. bass. p. 71. Krmplhbr. lich. Bayr. p. 136.
Parmelia olivacea d. collematiformis. Müller lich. gen. p. 33.
Parmelia olivacea var. aspidota. (Ach.) Zwackh enum. nro. 35.
Exs. Crypt. bad. 537. Hepp 367. Rbh. 66, 613.

an Linden bei Salem (Jack), an verschiedenen Bäumen bei Constanz (Stzbrgr.), bei Kirchzarten (Sickenb.), bei Freiburg (de Bary), an Nussbäumen bei Lichtenthal (B.), an Prunus domestica bei Darmsbach (B), an Kirschbäumen bei Carlsruhe (B.), an Obstbäumen und Birken bei Heidelberg (Zwackh enum.).

b. furfuracea. Schaer.

auf einem Sandsteinpfosten bei Carlsruhe nach Hepp in litt. (B.).

93. l. dendritica. (Pers.) Flotow lich. fl. siles. nro. 93, Anzi cat. p. 29.
Parmelia dendritica. Schaerer enum. p. 48. Massal. mem. p. 52. Müller lich. gen. p. 34.
Imbricaria Sprengelii. Körber syst. p. 80. par. p. 31. Arnold in Flora 1868 p. 242.
Parmelia Sprengelii. Flcke., Krmplhbr. lich. Bayr. p. 136.
Parmelia olivacea var. saxicola. Schaerer spicil. p. 466. Zwackh enum. nro. 35.
Parmelia pulla. Ach. syn. p. 206. secund. Nyland. lich. Scand. p. 102.
Exs. Rbh. 448. Anzi lich. ven. 20.

an Granitfelsen bei Geroldsau (B.), an Felsen bei Heidelberg und Neuenheim (Zwackh enum).

94. l. fahlunensis. (L.) D.Cand. fl. franç. II. p. 393. Körber syst. p. 78. par. p. 31. Anzi cat. p. 29.
Parmelia fahlunensis. Ach. syn. p. 204. Fries lich. eur. p. 66. Schaerer enum. (α) p. 48, Th. Fries lich. arct. p. 57. Krmplhbr. lich. Bayr. p. 136.
Platysma fahlunense. Nyland. syn. p. 309. lich. Scand. p. 82. suppl. p. 115.
Exs. Hepp 586. Zwackh 184.

an Felsen auf dem Belchen und auf dem Kandel (Gmelin); an Sandsteinblöcken auf den Hornissgrinden und auf der Badener Höhe (Al. Br.).

95. l. stygia. (L.) Körber syst. p. 79. par. p. 31. Anzi cat. p. 29.
Parmelia stygia. Ach. syn. p. 205. Fries lich. eur. p. 67. Nyland. syn. p. 405. lich. Scand. p. 403. suppl. p. 120. Th. Fries lich. arct. p. 57. Krmplhbr. lich. Bayr. p. 137. Müller lich. gen. p. 34.
Parmelia fahlunensis β. stygia. Schaerer enum. p. 48. Massal. mem. p. 54.

Exs. Hepp 587. Rbh. 314. Schaerer 255.
an Felsen auf dem Belchen (Vulpius), am Feldsee (de Bary), an Sandsteinblöcken auf den Hornissgrinden und auf der Badener Höhe (Al. Br.), an Sandsteinfelsen auf dem Ruhberg, an der Teufelsmühle und auf dem Kaltenbrunn (cum fruct. B.).

β. lanata. (L.) Krbr. syst. p. 79, par. p. 31. Anzi cat. p. 29.
Parmelia lanata. Wallroth. Nyland. syn. p. 406. lich. Scand. p. 103. suppl. p. 120. Krmplhbr. lich. Bayr. p. 137.
Parmelia stygia var. lanata. Fries lich. eur. p. 68.
Parmelia fahlunensis var. lanata. Schaerer enum. p. 49.
Exs. Hepp 588. Rbh. 688. Schaerer 257. Anzi lich. lang. 53.
an Granitfelsen auf dem Belchen (B.); an Sandsteinblöcken auf den Hornissgrinden und auf der Badener Höhe (Al. Br.).

96. l. caperata. (Dill.) D.Cand. fl. franç. II. p. 392. Körber syst. p. 81. par. p. 31. Arnold in Flora 1858 p. 106. Anzi cat. p. 28.
Parmelia caperata. Ach. syn. p. 196. Fries lich. eur. p. 69. Schaerer enum. p. 34. Massal. mem. p. 49. sched. p. 35. Nyland. syn. p. 376. lich. Scand. p. 98. Krmplhbr. lich. Bayr. p. 130. Müller lich. gen. p. 33. Zwackh enum. nro. 37.
Exs. Crypt. bad. 257. Hepp 854. Rbh. 98. Crypt. helv. 558.
häufig an Bäumen und Felsen meistens steril; mit Apothecien an Eichen bei Constanz (Stzbrgr.), an feuchten Felsen bei Badenweiler (Al. Br.), und bei Kirchzarten (Sickenb.), an alten Castanien bei Lauf (Seubert), an Granitfelsen bei Geroldsau (B.) und bei Gernsbach (Al. Br.), an Birken im Durlacher Wald (B.), an Porphyr bei Handschuchsheim (Zwackh enum.).

97. l. conspersa. (Ehrh.) D.Cand. fl. franç. II. p. 393. Körber syst. p. 81. par. p. 31. Arnold in Flora 1858 p. 106. Anzi cat. p. 28.
Parmelia conspersa. Ach. syn. p. 209. Fries lich. eur. p. 70. Schaerer enum. p. 46. Massal. mem. p. 50. sched. p. 167. Nyland. syn. p. 391. lich. Scand. p. 100. suppl. p. 119. Th. Fries lich. arct. p. 59. Krmplhbr. lich. Bayr. p. 134. Müller lich. gen. p. 33. Zwackh enum. nro. 38.
Exs. Crypt. bad. 459, Rbh. 65.
nicht selten und meistens schön fructificirend auf Granit, Gneiss, Sandstein, Porphyr im Schwarzwald, z. B. auf dem Feldberge (Sickenb.), im Höllenthale (de Bary), bei Badenweiler (Al. Br.), im Güntersthale bei Freiburg (Seubert), in dem Bache bei Lauf (B.), bei Baden (Al. Br.), auf dem Krockenfelsen und im Geroldsauer Thal, sowie im Murgthale (B.); bei Heidelberg gemein an Steinen und Felsen, sowie über Granitgerölle im

Ludwigsthale bei Schriesheim (Zwackh enum.); einmal auch an einem Sandsteinpfosten bei Carlsruhe (B.).

98. L incurva. (Pers.) Körber syst. p. 82, par. p. 31.
Parmelia incurva. Fries lich. eur. p. 70. Schaerer enum. p. 47. Nyland. syn. p. 402. lich. Scand. p. 101. suppl. p. 120. Th. Fries lich. arct. p. 60. Krmplhbr. lich. Bayr. p. 135.

Exs. Rbh. 668.

an Sandsteinblöcken auf der Badener Höhe gegen die Herrenwiese (Al. Br.) und auf der Teufelsmühle im Murgthale (B.) cum frct.

99. I. diffusa. (Web.) Körber syst. p. 83. par. p. 31. Arnold in Flora 1858 p. 106. Anzi cat. p. 28.
Parmelia diffusa. Th. Fries lich. arct. p. 60. Müller lich. gen. p. 33. Zwackh enum. nro. 40.
Parmelia ambigua. Ach. syn. p. 208. Fries lich. eur. p. 71 (exl. var.). Massal. mem. p. 53. Krmplhbr. lich. Bayr. p. 133. Nyland. lich. Scand. p. 105.
Parmeliopsis ambigua. Nyland. suppl. p. 121.
Parmelia ambigua α. diffusa. Schaerer enum. p. 47.
Imbricaria ambigua α. ochromatica. (Wallr.) Hepp lich. exs.

Exs. Hepp 858. Rbh. 316. Anzi lich. lang. 52.

an Bäumen am Schluchsee (Stzbrgr.); an Fichten und altem Holze auf dem Feldberge (de Bary), an Pinus sylvestris bei der Herrenwiese (Al. Br.); an entrindeten Tannenästen auf dem Kaltenbrunn cum apoth. (B.); an Castanienstrünken bei Heidelberg steril (Zwackh enum.).

100. I. Mougeotii. (Schaer.) Flotow lich. fl. siles. nro. 99. Körber par. p. 32.
Parmelia Mougeotii. Schaerer enum. p. 46. Nyland. syn. p. 400. lich. Scand. p. 100. Zwackh enum. nro. 39.
Parmelia conspersa var. quarzicola. Mougeot.

Exs. Crypt. bad. 708.

an Granit am Haarlasse bei Heidelberg und im Ludwigsthale bei Schriesheim (Dr. Ahles, Zwackh enum.).

20. MENEGAZZIA. MASSAL.

101. M. terebrata. (Hoffm.) Massal. mem. p. 54. neag. p. 3. Arnold in Flora 1858 p. 106. Beltramini lich. bass. p. 80. Körber par. p. 32.
Imbricaria terebrata. Körber syst. p. 74. Anzi cat. p. 25.
Parmelia terebrata. Krmplhbr. lich. Bayr. p. 132. Zwackh enum. nro. 41.

Parmelia pertusa. Schaerer enum. p. 43. Nyland. syn. p. 410. lich. Scand. p. 104. Müller lich. gen. p. 34.
Parmelia diatrypa. Ach. syn. p. 219.

Exs. Crypt. bad. 315, Hepp 857, Rbh. 312, Körber lich. sel. 161, Zwackh 252.

an Weisstannen bei Constanz und an verschiedenen Bäumen bei Triberg (Stzbrgr.), am Feldberge und auf dem Schlossberge bei Freiburg (Sickenb.), an Weisstannen bei der Herrenwiese und bei Baden (Al. Br.), ebenso auf dem Ruhberg (B.); an Buchen am Jagdhause bei Baden (B.); an Birken bei Carlsruhe (Al. Br.); an Lerchen, Buchen und Birken bei Heidelberg (Zwackk enum.) hier überall steril, dagegen mit Apothecien an Sandsteinblöcken in einem Felsenmeer des Königstuhls bei Heidelberg (Zwackh enum. et exsicc.).

21. PARMELIA. (ACH.) Krbr.

102. P. stellaris. (L.) Ach. syn. p. 216. Fries lich. eur. p. 82. Schaerer enum. p. 39. Körber syst. p. 85. par. p. 32. Arnold in Flora 1858 p. 107. Anzi cat. p. 29.

Lobaria stellaris. Hoffm. fl. germ. III. p. 152. Hepp lich. exs. Müller lich. gen. p. 35.

Anaptychia stellaris. Massal. mem. p. 37. Krmplhbr. lich. Bayr. p. 139.

Squamaria stellaris et aipolia. Massal sched. p. 169. Beltramini lich. bass. p. 86. seq.

Physcia stellaris. Nyland. syn. p. 424. lich. Scand. p. 111. suppl. p. 121. Th. Fries lich. arct. p. 63. Zwackh enum. nro. 46.

α. aipolia. Schaer.

Exs. Hepp 877. Rbh. 185.

überall häufig an Bäumen und Sträuchern.

β. ambigua. (Ehrh.) Schaer.

Exs. Hepp 878.

auf Brettern und an Crataegus bei Constanz (Stzbrgr.); an Nussbäumen bei Heidelberg (Zwackh enum.).

γ. hispida. Schaer.

an Eschen bei Handschuchsheim (Zwackh enum.).

δ. tenella. Schaer.

Exs. Crypt. bad. 536, Hepp 879, Rbh. 378, Crypt. helv. 560.

häufig an Bäumen und Sträuchern.

103. P. caesia. (Hoffm.) Ach. syn. p. 216. Fries lich. eur. p. 83. Körber

syst. p. 86., par. p. 33, Arnold in Flora 1858 p. 107. Anzi cat. p. 30.
> Lobaria caesia. Hoffm. fl. germ. III. p. 156. Müller lich. gen. p. 35.
> Parmelia pulchella var. caesia. Schaerer enum. p. 41. Krmplhbr. lich. Bayr. p. 133.
> Anaptychia stellaris var. caesia. Massal. mem. p. 57.
> Squamaria caesia. Beltramini lich. bass. p. 86.
> Physcia caesia. Nyland. syn. p. 426. lich. Scand. p. 112. suppl. p. 122. Th. Fries lich. arct. p. 64. Zwackh enum. nro. 45.

Exs. Anzi lich. lang. 312.

auf Ziegeldächern zu Carlsruhe (B.); an Bretterwänden bei Spöck (Dr. Schmidt in herb. Seubert); an Granitfelsen und Bäumen am Haarlasse bei Heidelberg; an Steinen im Ludwigsthale bei Schriesheim; an Nussbäumen bei Ziegelhausen (Dr. Ahles); an Sandsteinbrüstungen um Mannheim (Zwackh enum.).

> β. semipinnata. Schaer. (adscendens. Krb.)

an Sandsteinpfosten bei Carlsruhe (Gmelin in herb. Bausch).

104. P. erosa. Borrer. Engl. Bot. suppl. t. 2807. Arnold in Flora 1863 p. 326.
> Parmelia tribacia. Schaerer enum. p. 39.
> Lecanora tribaccia. Ach. lich. un. p. 415.
> Physcia erosa. Zwackh enum. nro. 44.

Exs. Crypt. bad. 864. Arnold 248.

an Pappeln und Birnbäumen bei Constanz (Stzbrgr.); an Granitfelsen am Haarlasse bei Heidelberg und im Ludwigsthale bei Schriesheim ganze Wände überziehend; an alten Linden im Stückgarten auf dem Heidelberger Schlosse — steril (Zwackh enum.).

105. P. speciosa. (Wulf.) Ach. syn. p. 211. Fries lich. eur. p. 80. Schaerer enum. p. 39. Körber syst. p. 89. par. p. 34. Anzi cat. p. 31.
> Anaptychia speciosa. Massal. mem. p. 36. Krmplhbr. lich. Bayr. p. 138.
> Physcia speciosa. Nyland. syn. p. 416. lich. Scand. p. 109. suppl. p. 180. Zwackh enum. nro. 43.

Exs. Crypt. bad. 34, Rbh. 426, Körber lich. sel. 156, Anzi lich. lang. 56.

am Grunde eines Baumes an einem Waldrande bei Constanz (Stzbrgr.), an Buchen am Jagdhause bei Baden (B.), an Buchen am rothen Läppchen bei Heidelberg (Al. Br. 1827); an alten

Buchen des Mühlhanges und des Königstuhles bei Heidelberg (Zwackh enum.).

106. P. pulverulenta. (Schreb.) Ach. syn. p. 214. Fries lich. eur. p. 79. Schaerer enum. p. 38. Körber syst. p. 86. par. p. 34. Arnold in Flora 1858 p. 107, Anzi cat. p. 30.
Lobaria pulverulenta. Hoffm. fl. germ. III. p. 152. Müller lich. gen. p. 35. Hepp lich. exsicc.
Squamaria pulverulenta. Massal. symm. Beltramini lich. bass. p. 80.
Anaptychia pulverulenta. Massal. mem. p. 36. Krmplhbr. lich. Bayr. p. 138.
Physcia pulverulenta. Nyland. syn. p. 419. lich. Scand. p. 109. suppl. p. 121 et 180. Th. Fries lich. arct. p. 62. Zwackh enum. nro. 48.

α. vulgaris. Krbr. (allochroa. Ehrh.)

Exs. Hepp 874, Rbh. 96, 187.

häufig an Laubbäumen bei Salem, Constanz, Freiburg, Carlsruhe, Heidelberg und an andern Orten.

β. angustata. (Hoffm.) Schaer.

Exs. Crypt. bad. 534.

an Bäumen bei Salem (Jack), Constanz (Stzbrgr.), Carlsruhe (B.) und an andern Orten.

b. muscigena. Ach.

Exs. Hepp. 875. Arnold 64, Anzi lich. lang. 54, lich. ven. 21.

an moosigen Felsen bei Badenweiler (Al. Br.); zwischen Schriesheim und Leutershausen (Zwackh enum.).

γ. grisea. (Lamrk.) Schaer.

Exs. Crypt. bad. 535. Hepp 876, Rbh. 587. Zwackh 186, Crypt. helv. 58. Anzi lich. lang. 508.

an Pappeln bei Constanz (Stzbrgr.), an Linden an der Schwimmschule bei Carlsruhe (B.); an Linden im Stückgarten des Heidelberger Schlosses und an Eichen bei Handschuchsheim (Zwackh enum.); steril auch an Syenit in der Weschnitz bei Weinheim (Dr. Ahles).

107. P. obscura. (Ehrh.) Fries lich. eur. p. 84. Schaerer enum. p. 36. Körber syst. p. 88. par. p. 34. Arnold in Flora 1858 p. 108. Anzi cat. p. 31.
Lobaria obscura. Hepp lich. exs. Müller lich. gen. p. 36.
Squamaria obscura. Massal. symm. Beltramini lich. bass. p. 82.

Anaptychia obscura. Massal. mem. p. 88, Krmplhbr. lich. Bayr. p. 140.
Physcia obscura. Nyland. syn. p. 427. lich. Scand. p. 112. suppl. p. 122. Th. Fries lich. arct. p. 65. Zwackh enum. nro. 47.

α. chloantha. (Ach.) Schaerer.
Exs. Hepp 596. Anzi lich. ven. 22.
an Bäumen auf dem Schlossberge bei Freiburg (Spenner), sowie bei Carlsruhe (B.).

β. orbicularis. (Neck.) Schaerer.
Exs. Anzi lich. lang. 293.
an Kirschbäumen bei Lichtenthal (B.); an verschiedenen Bäumen bei Carlsruhe (B.) und bei Heidelberg, sowie auch an Felsen im Neckar daselbst (Zwackh enum.).

γ. cyclose lis. (Ach.) Schaerer.
Exs. Hepp 597. Rbh. 461.
an Pappeln bei Constanz (Stzbrgr.), an Linden bei Carlsruhe (B.), an Eschen im Durlacher Walde (B.).

b. ulothrix. (Ach.)
an Bäumen bei Wiesloch (Märklin), an Bäumen und Bretterwänden bei Heidelberg (Zwackh enum.).

δ. virella. (Ach.) Schaerer.
Exs. Hepp 599.
an Crataegus bei Constanz (Stzbrgr.); an Bäumen namentlich an Robinien bei Heidelberg (Zwackh enum.).

108. P. elaeina. (Whlb.) Fries lich. eur. p. 86. Arnold in Flora 1862 p. 388.
Squamaria elaeina et var. adglutinata. Massal. sched. p. 136 et 137. Beltramini lich. bass. p. 84 et 85.
Lecanora adglutinata. Flörcke Deutschl. lich. IV. p. 7.
Parmelia obscura var. adglutinata. Schaerer enum. p. 37. Körber syst. p. 88. par. p. 35. Anzi cat. p. 31.
Lobaria obscura var. adglutinata Hepp lich. exs. et Müller lich. gen. p. 36.
Physcia obscura var. adglutinata. Zwackh enum. nro. 47.
Exs. Hepp 374. Rbh. 687. Crypt. helv. 259.
an Taxus und an Obstbäumen bei Constanz (Stzbrgr.), an Populus nigra im Schlossgarten und an Carpinus im Sallenwäldchen zu Carlsruhe (B.); an Nussbäumen bei Heidelberg,

an Cytisus bei Handschuchsheim und auch an Felsen am Haarlasse bei Heidelberg (Zwackh enum.).

22. PHYSCIA. SCHREB.

109. Ph. parietina. (L.) de Notaris nuov. carat. Parmel. p. 22. Massal. mon. Blast. p. 31, mem. p. 44, sched. p. 41. Körber syst. p. 91. pp. par. p. 37. Arnold in Flora 1858 p. 306. Krmplhbr. lich. Bayr. p. 140. Nyland. syn. p. 410. lich. Scand. p. 107. suppl. p. 121. Anzi cat. p. 32. Müller lich. gen. p. 34. Parmelia parietina. Autt. pro parte. Xanthoria parietina. Th. Fries lich. arct. p. 67. gen. p. 61. Zwackh enum. nro. 49.

α. vulgaris. Schaerer.

Exs. Kneiff et Hartm. 33. Crypt. bad. 316. Hepp 870. Rbh. 97, 318. Crypt. helv. 59.

an Baumrinden, hölzernen Geländern etc. überall, seltener an Steinen.

β. aureola. Schaerer.

Exs. Rbh. 773. Arnold 65.

auf Porphyrfelsen am Schlosse Hohengeroldseck (B.).

γ. polycarpa. (Ehrh.) Flck.

Exs. Hepp 54, Rbh. 554, 662.

an Birken bei Heidelberg (Dr. Ahles); an Bretterwänden der Kaisershütte bei Mannheim (Zwackh enum.).

110. Ph. controversa. Massal. sched. p. 42. Arnold in Flora 1858 p. 307. Beltramini lich. bass. p. 103. Krmplhbr. lich. Bayr. p. 143. Körber par. p. 38. Anzi cat. p. 32. Müller lich. gen. p. 34. Xanthoria controversa. Th. Fries lich. arct. p. 68. Zwackh enum. nro. 50.

α. stenophylla. (Wallr.) Mass. sched. p. 43.

Parmelia parietina. var. laciniosa, fulva et fibrillosa. Autt.

Exs. Hepp 872, 873. Rbh. 161, Anzi lich. lang. 255. 296.

an Bäumen bei Constanz (Stzbrgr.); an Nussbäumen bei Heidelberg (Dr. Ahles) und bei Schlierbach (Zwackh enum.).

β. lychnea. Ach.

Physcia parietina var. lychnea Nyland. lich. Scand. p. 107.

Exs. Crypt. bad. 135, Hepp 871, Rbh. 372, Crypt. helv. 154. Anzi lich. lang. 58.

an Obstbäumen bei Constanz und Werrenwag (Stzbrgr.) steril, dagegen sehr schön fructificirend an Linden im Schlossgarten zu Donaueschingen (Stzbrgr. et B.).

111. Ph. fallax. (Hepp.) Arnold in Flora 1858 p. 307 et 1859 p. 146. Krmplhbr. lich. Bayr. p. 143.
    Placodium fallax. Hepp lich. exs.
    Physcia parietina var. ectanea. Körber syst. p. 91. par. p. 37.
    Xanthoria controversa var. ulophylla. (Wallr.) Zwackh enum. nro. 50. var.

a. saxicola.

Exs. Hepp 633. Zwackh 57.
an Sandsteinen des Thurmes auf dem Thurmberge bei Durlach (B.), an Granitwänden bei Ziegelhausen und Schriesheim und an Sandsteinbrüstungen im englischen Bau des Heidelberger Schlosses (Zwackh enum.) steril.

b. corticola.

Exs. Zwackh 385.
an Linden und Aesculus (cum apoth.) im Heidelberger Schlossgarten (Zwackh enum.).

112. Ph. elegans. (Lk.) Massal. monogr. Blast. p. 50. Arnold in Flora 1858 p. 309. Krmplhbr. lich. Bayr. p. 141.
    Parmelia elegans. Fries lich. eur. p. 114. Schaerer enum. p. 51.
    Lecanora elegans. Ach. syn. p. 182. Nyland. supplem. p. 126.
    Placodium elegans. D.Cand. fl. fr. II. p. 379. Nyland. prodr. p. 74. lich. Scand. p. 136. Anzi cat. p. 39.
    Physcia miniata. Massal. sched. p. 68. Beltr. lich. bass. p. 106.
    Amphiloma elegans. Körber syst. p. 110. par. p. 48. Müller lich. gen. p. 39.
    Xanthoria elegans. Th. Fries lich. arct. p. 69. Zwackh enum. nro. 53.

Exs. Hepp 195. Rbh. 487. Crypt. helv. 460.
auf Mauern bei Constanz (Stzbrgr.), auf Muschelkalk bei Donaueschingen (B.), bei Villingen (Nabholtz in herb. Al. Br.), bei Badenweiler (B.), am Schönberg bei Freiburg (Thiry), an den Festungsmauern zu Rastatt (B.), bei Bruchsal (Schmidt in herb. Seubert); an Granitfelsen am Haarlasse und vereinzelt an Sandstein bei Heidelberg (Zwackh enum.).

113. Ph. murorum. (Hoffm.) Massal. monogr. Blast. p. 54. sched. p. 65. symm. p. 13. Arnold in Flora 1858 p. 307. Krmplhbr. lich. Bayr. p. 141.
    Parmelia murorum. Fries lich. eur. p. 115.

Lecanora murorum. Ach. syn. p. 181. Schaerer enum. p. 63. Nyland. supplem. p. 126.
Placodium murorum. D.Cand. fl. franç. II. p. 378. Nyland. lich. Scand. p. 136. Anzi cat. p. 40.
Amphiloma murorum. Körber syst. p. 111. par. p 48. Müller lich. gen. p. 39.
Xanthoria murorum. Th. Fries lich. arct. p. 69. Zwackh enum. nro. 52.

α. vulgaris. Körber par. l. c.

an Mauern bei Constanz (Stzbrgr.), an Mauern bei Heidelberg, auf der Brüstung der Neckarbrücke daselbst; an Bretterwänden bei Mannheim; an alten Nussbäumen bei Schwetzingen (Dr. C. Schimper). (Zwackh enum.).

b. sorediata. (Stzbrgr.)

auf Kalk im Donauthale bei Werrenwag (Stzbrgr.).

β. pulvinata. Mass. symm. p. 13.

Exs. Hepp 196.

auf Muschelkalk bei Donaueschingen (B.); auf Kalk auf dem Thurmberg bei Durlach (B.); an alten Mauern bei Heidelberg (Zwackh enum.).

γ. lobulata. (Flck.) Schaerer enum. p. 64.

Exs. Hepp 71. Rbh. 141. Anzi langob. 275.

an den Mauern der Ruine Neuwindeck bei Lauf (B.), auf Porphyr bei Lichtenthal (B.); an Sandstein auf dem Mercur bei Baden (B.); an Sandsteinfelsen über Neuenheim; an Granit bei Schlierbach; an Porphyr bei Handschuchsheim (Zwackh enum.).

δ. obliterata. (Pers).

Lichen obliteratus Persoon in Usteri annal. 11. p. 15.
Lecanora miniata. β obliterata. Ach. lich. univ. p. 454. syn. p. 182.
Placodium murorum var. obliteratum. Nyland. lich. Scand. p. 136.
Amphiloma murorum β lobulatum ** obliteratum. Körber par. p. 48.

an Porphyrfelsen an der Ruine Hohengeroldseck bei Lahr (B.).

114. **Ph. medians.** (Nyland.) Arnold in Flora 1863 p. 237 et p. 589.

Placodium medians. Nyland. in Bullet. de la societ. bot. de 1862.
Physcia murorum var. citrina. Arnold in Flora 1860 p. 67.

Xanthoria murorum var. citrina. Zwackh enum. nro. 52. var.
Xanthoria medians. Zwackh in Flora 1864 nro. 6. p. 81.
Exs. Hepp 72. Rbh. 796. Zwackh 59, Arnold 222.
an Mauern längs des Neckars bei Heidelberg (Zwackh enum.).

115. **Ph. callopisma.** (Ach.) Massal. monogr. Blast. p. 57, mem. p. 45, sched. p. 68. Arnold in Flora 1858 p. 307. 1868 p. 520. Krmplhbr. lich. Bayr. p. 142. Beltr. lich. bass. p. 105.
Lecanora callopisma. Ach. syn. p. 184. Schaerer enum. p. 63.
Parmelia murorum γ callopisma. Fries lich. eur. p. 116.
Amphiloma callopismum. Körber syst. p. 112. par. p. 49 pro parte. Müller lich. gen. p. 39.
Placodium callopismum. Merat. Nyland. prodr. p. 74. Anzi cat. p. 40.

Exs. Crypt. bad. 533. Hepp 907. Rbh. 228. Körber 305.
an alten Mauern bei Freiburg (Spenner), und am Thurmberg bei Durlach (B.).

116. **Ph. Heppiana.** (Müller.) Arnold in Flora 1868 p. 520.
Amphiloma Heppianum. Müller lich. genev. p. 39.
Xanthoria callopisma. Zwackh enum. nro. 51.
Amphiloma callopismum. Körber syst. p. 112 et par. p. 49 pro parte.

Exs. Hepp 197. Rbh. 198, 671. Zwackh 58. Arnold 380.
auf Jurakalk am Isteiner Klotz (B.), an Sandstein am Freiburger Münster (Al. Braun), an Sandsteinmauern des Stifts Neuburg und an andern gleichen Localitäten bei Heidelberg (Zwackh enum.).

117. **Ph. cirrhochroa.** (Ach.) Arnold in Flora 1858 p. 308. Krmplhbr. lich. Bayr. p. 142.
Physcia callopisma var. cirrhochroa. Massal. monogr. Blast. p. 58.
Lecanora cirrhochroa. Ach. syn. p. 181. Nyland. supplem. p. 126.
Lecanora murorum β cirrhochroa. Schaerer enum. p. 64.
Amphiloma murorum γ cirrhochroum. Körber syst. p. 111.
Amphiloma cirrhochroum. Körber par. p. 49. Müller lich. gen. p. 40.
Placodium cirrhochroum. Hepp lich. exs. Anzi cat. p. 41. Nyland. lich. Scand. p. 137.
Xanthoria cirrhochroa. Zwackh in Flora 1864 p. 84.

Exs. Hepp 398. Rbh. 142. Arnold 160. Anzi lang. 31.
steril und selten auf altem Mörtel einer Mauer in Handschuchsheim (Zwackh).

Fam. VIII. UMBILICARIEAE. FÉE.

23. UMBILICARIA. HOFFM.

118. U. pustulata. (L.) Hoffm. flor. germ. III. p. 111. Fries lich. eur. p. 350. Schaerer enum. p. 25. Körber syst. p. 93. par. p. 39. Th. Fries lich. arct. p. 168. Anzi cat. p. 33. Nyland. lich. Scand. p. 113. Müller lich. genev. p. 29.
Gyrophora pustulata. Ach. syn. p. 66.
Macrodictya pustulata Massal. ricer. p. 59.
Lasallia pustulata. Massal. mem. p. 118. Krmplhbr. lich. Bayr. p. 180.

Exs. Crypt. bad. 251, Hepp 118, Rbh. 45 et 45 b (fasc. XXIV). Schaerer 156. Anzi lang. 297.

auf Granit, Gneiss, Porphyr oder Sandstein häufig schön fructificirend bei Neustadt (B.), bei St. Blasien und am Schluchsee (Stzbrgr.), an der Ruine Weissenfels bei Bonndorf (Mozer), bei Menzenschwand und im Bohrer bei Freiburg (de Bary), bei Horben (Thiry), bei Wolfach (Zwackh), im Geroldsauer Thal (B.), bei Weissenbach und unterhalb des Schlosses Eberstein im Murgthal (B.), am Falkenstein bei Herrenalb (B.), und bei Pforzheim (Nöllner in herb. Al. Braun).

24. GYROPHORA. ACH.

119. G. polyphylla. (L.) Ach. syn. p. 68. Körber syst. p. 95. par. p. 40. Anzi cat. p. 33. Th. Fries lich. arct. p. 163. Müller lich. gen. p. 29. Arnold in Flora 1863 p. 591.
Umbilicaria polyphylla. Hoffm. fl. germ. III. p. 109, Fries lich. eur. p. 352 (a), Krmplhbr. lich. Bayr. p. 182. Nyland. lich. Scand. p. 119. suppl. p. 123.
Umbilicaria polyphylla α glabra. Schaerer enum. p. 28.

Exs. Hepp 717, Rbh. 11, Schaerer 149.

auf Granit bei St. Blasien (Al. Braun), und am Feldsee (de Bary), auf Sandsteinblöcken am Kniebis (Hochstetter in herb. Al. Braun), auf den Hornissgrinden (Gmelin, Seubert), auf dem Ruhberg bei Baden (B.), auf der Herrenwiese und am Kaltenbronn (Al. Braun).

120. G. flocculosa. (Hoffm.) Turn. et Borr. Körber syst. p. 95, par. p. 40. Anzi cat. p. 33. Müller lich. genev. p. 29.
Umbilicaria flocculosa. Hoffm. flor. germ. III. p. 110. Krmplhbr. lich. Bayr. p. 182. Nyland. lich. Scand. p. 119. suppl. p. 123.

Umbilicaria polyphylla β flocculosa. Schaer. enum. p. 28.
Umbilicaria polyphylla c. deusta. Fries lich. eur. p. 352.
Gyrophora deusta. Ach. syn. p. 66.
Exs. Hepp 115. Rbh. 357. Schaerer 152. Anzi lang. 60.
auf Granit am Schluchsee (Stzbrgr.), und im Menzenschwander Thal (de Bary), auf Gneiss am Feldsee, (de Bary), an Sandsteinblöcken auf den Hornissgrinden (Al. Braun), und auf der Badener Höhe (B.).

121. G. erosa. (Web.) Ach. syn. p. 65. Körber syst. p. 96. par. p. 40. Anzi cat. p. 34. Th. Fries lich. arct. p. 164.
Umbilicaria erosa. Hoffm. flor. germ. III. p. 111. Fries lich. eur. p. 354. Krmplhbr. lich. Bayr. p. 181. Nyland. lich. Scand. p. 118. suppl. p. 123. Schaerer enum. p. 29.

Exs. Körber 63. Schaerer 153.

auf Granit am Schluchsee (Stzbrgr.), auf Gneiss am Feldsee (de Bary), und auf dem Kandel (B.); an Sandsteinblöcken auf den Hornissgrinden (Al. Braun, Seubert), auf der Badener Höhe (Al. Braun, B.), und auf dem Kaltenbrunn (Al. Braun).

122. G. proboscidea. Ach. syn. p. 64. Körber syst. p. 96. par. p. 40. Th. Fries lich. arct. p. 166. Anzi manip. p. 9.
Umbilicaria proboscidea. Fries lich. eur. p. 384 (a), Nyland. lich. Scand. p. 118. supplem. p. 123.
Umbilicaria corrugata. Hoffm. flor. germ. III. p. 112. Massal. ricer. p. 61.
Umbilicaria polymorpha β deusta. Schaerer enum. p. 26.

Exs. Kneiff et Hartm. 28. Zwackh 206. Schaerer 148.

In saxis et rupibus sylvae nigrae (Kneiff et Hartm.), auf der Höhe des Kniebis (Hochstetter in herb. Al. Braun).

123. G. cylindrica. (L.) Ach. syn. p. 65. Körber syst. p. 97. par. p. 40. Th. Fries lich. arct. p. 166. Müller lich. genev. p. 29.
Umbilicaria crinita. Hoffm. flor. germ. III. p. 112. Massal. ricer. p. 61.
Umbilicaria cylindrica. Fries lich. eur. p. 356. Nyland. lich. Scand. p. 117. supplem. p. 123.
Umbilicaria polymorpha α cylindrica. Schaerer enum. p. 26. Krmplhbr. lich. Bayr. p. 181.
Gyrophora polymorpha α cylindrica. Anzi cat. p. 34.

Exs. Crypt. bad. 310, 818. Hepp 719. Rbh. 10, 356, 791. Schaerer 143—147. Crypt. helv. 458.

Im Schwarzwalde sehr verbreitet auf Granit, Gneiss, Porphyr und Sandstein, z. B. bei St. Blasien und auf dem Feldberg (Al. Braun), auf dem Kandel (B.), bei Triberg (Spenner), auf den

Horpissgrinden (Al. Braun, Seubert, Bausch), auf der Badener Höhe (Al. Braun, B.), auf dem Kaltenbrunn (Al. Braun).

124. G. vellea. (L.) Ach. univ. p. 228. Körber syst. p. 97. Th. Fries lich. arct. p. 167.
Gyrophora vellea α spadochroa. Körber par. p. 41.
Gyrophora spadochroa. Anzi cat. p. 34.
Umbilicaria vellea. Nyland. lich. Scand. p. 114. supplem. p. 122.
Umbilicaria vellea β spadochroa. Schaerer enum. p. 24. Krmplhbr. lich. Bayr. p. 182.

Exs. Hepp 306. Zwackh 207. Körber 304. Schaerer 141, 142, Crypt. helv. 356, Anzi lang. 61.

an Felsen am Feldsee und auf dem Schauinsland (de Bary).

125. G. depressa. (Schrad.) Anzi catal. p. 34.
Umbilicaria depressa. Schrad. in Ach. lich. univ. p. 230. Fries lich. eur. p. 357.
Umbilicaria vellea. Massal ricer. p. 60.
Umbilicaria spadochroa var. depressa. Nyland. lich. Scand. p. 115.
Gyrophora vellea β depressa. Körber syst. p. 98. par. p. 41. Th. Fries lich. arct. p. 167.

Exs. Crypt. bad. 674. Hepp 117, Rbh. 482, 790, Schaerer 137—139, Crypt. helv. 459.

an Granitfelsen am Schluchsee (Stzbrgr.).

126. G. polyrrhizos. (L.) Körber par. p. 41.
Umbilicaria polyrrhiza. Fries lich. eur. p. 358. Schaerer enum. p. 29. Nyland. lich. Scand. p. 120.
Gyrophora spadochroa β polyrrhizos. Hepp lich. exs.
Gyrophora pellita. Ach. syn. p. 67. Müller lich. genev. p. 29.

Exs. Kneiff et Hartm. 29. Hepp 307. Rbh. 811. Körber 96.

an Gneiss auf dem Belchen und dem Kandel (Gmelin in herb. Al. Braun), an Felsen auf dem Kniebis (Kneiff et Hartm.), an Sandsteinblöcken auf den Hornissgrinden (Al. Braun), auf der Badener Höhe (B.), und auf dem Kaltenbrunn (Al. Braun).

127. G. hirsuta. Ach. syn. p. 69 [1]. Körber syst. p. 98. par. p. 41. Th. Fries lich. arct. p. 167. Anzi cat. p. 34. Müller lich. genev. p. 29.
Umbilicaria hirsuta. Hoffm. flor. germ. III. p. 112. Nyland. lich. Scand. p. 115.
Umbilicaria vellea. var. hirsuta. Fries lich. eur. p. 358. Schaerer enum. p. 23. Krmplhbr. lich. Bayr. p. 182.

Exs. Rbh. 813. Zwackh 208. Anzi lich. lang. 62.

auf Gneiss am Feldsee (de Bary), in der Hölle bei Freiburg

(Al. Braun), und auf dem Kandel (Gmelin in herb. Bausch), an den Porphyrfelsen über dem alten Schlosse zu Baden (Al. Braun).

b. murina. Ach.

Exs. Anzi lich. lang. 63.

an Gneissfelsen auf dem Belchen (Gmelin in herb. Bausch), an den Porphyrfelsen über dem alten Schlosse zu Baden mit Gyrophora hirsuta, aber selten und steril, während die Stammform reichlich fructificirt (Al. Braun).

B. PYRENOCARPI.

Fam. IX. ENDOCARPEAE. FRIES.

25. ENDOCARPON. HEDW.

128. E. miniatum. (L.) Ach. syn. p. 101. Fries lich. eur. p. 408. Schaerer enum. p. 231. Massal. ricer. p. 183. sched. p. 29. Körber syst. p. 100. par. p. 42. Arnold in Flora 1858 p. 531, Beltram. lich. bassan. p. 209. Anzi cat. p. 102. Krmplhbr. lich. Bayr. p. 229. Nyland. lich. Scand. p. 264. suppl. p. 168. Müller lich. genev. p. 71.

Dermatocarpon miniatum. Th. Fries lich. arct. p. 253. Zwackh enum. nro. 292.

α. umbilicatum. Schaer. (vulgare. Körber.)

Exs. Crypt. bad. 139. a. Hepp 218. Rbh. 3. et post. 77. (fasc. III.) Schaerer 112.

an Kalkfelsen bei Donaueschingen (B.), auf Gneiss am Schlossberg bei Freiburg (Al. Braun), auf Porphyr bei Lichtenthal (B.), auf Granit bei Obertsroth im Murgthale (B.), an Granitwänden am Haarlasse bei Heidelberg, bei Ziegelhausen und bei Schriesheim (Zwackh enum.).

β. complicatum. Sw.

Exs. Crypt. bad. 139. b. Hepp 218 b, Rbh. 190, Schaerer 113.

auf Kalk bei Donaueschingen (B.), auf Gneiss in der Hölle (Spenner), und am Schlossberg bei Freiburg (Al. Braun), auf Granit am Haarlasse bei Heidelberg (Zwackh enum.).

129. E. fluviatile. (Web.) De Candolle flore franç. II. p. 413. Fries lich p. 409. Massal. ricer. p. 186. Körber syst. p. 101. par. p. 43. Anzi cat. p. 102. Krmplhbr. lich. Bayr. p. 230. Nyland. lich. Scand. p. 265. suppl. p. 168.

Endocarpon Weberi. Ach. syn. p. 103.
Endocarpon miniatum γ aquaticum. Schaerer enum. p. 232.
Dermatocarpon fluviatile. Th. Fries lich. arct. p. 253.
Zwackh enum. nro. 293.

Exs. Crypt. bad. 511. Hepp 668. Rbh. 4. Körber 33. Schaerer 114. Anzi lang. 216.

auf Steinen in Gebirgsbächen am Feldberg (Spenner), im Höllenthale (Al. Braun), bei Kirchzarten (Sickenb.), am Kandel (Al. Braun), an wassertriefenden Felsen bei Oppenau im Renchthale (Seubert), in der Büllotbach im Bühlerthal (Gmelin in herb. Bausch), in dem Bache am Wege von Geroldsau nach der Herrenwiese (B.), in Bächen bei Forbach (Al. Braun), in dem Forellenbache des Kohlhofes bei Heidelberg (Dr. Ahles), an Sandsteinen in der Hilsbach hinter dem Königstuhle (Dr. Ahles. Zwackh enum.).

26. LENORMANDIA. DELIS.

130. L. Jungermanniae. Delise. Körber par. p. 44. Müller lich. genev. p. 72. Arnold in Flora 1868 p. 242.

Lenormandia pulchella. Massal. sched. p. 178. Arnold in Flora 1858 p. 356. Krmplhbr. lich. Bayr. p. 233.

Normandina jungermanniae. Nyland. prodr. p. 173, enum. p. 135. Anzi cat. p. 104. Zwackh enum. nro. 299.

Endocarpon pulchellum. Hook Brit. fl. II. p. 158. Leight. Angioc. p. 13.

Amphiloma rubiginosa α affinis b. Jungermanniae Hepp lich. exs.

Exs. Crypt. bad. 35. A. Hepp 476. Rbh. 183. Körber 92. Zwackh 245

auf Frullania tamarisci und dilatata, an Tannen, Eichen, Buchen, Castanien etc. bei Constanz (Stzbrgr.), bei Freiburg (de Bary), im Kinzigthale (Zwackh), bei Lichtenthal, am Kaltenbronn und an der Teufelsmühle (B.), bei Handschuchsheim, am Königstuhle, und auch an Felsen bei Schlierbach (Zwackh enum.).

Ord. III. LICHENES KRYOBLASTI. KŒRBER.

A. DISCOCARPI.

Fam. X. LECANOREAE. FÉE.

Subfam. 1. PANNARINAE.

27. PANNARIA. DELISE.

131. P. rubiginosa. (Thunb.) Delise. Körber syst. p. 105. par. p. 45.
Anzi cat. p. 35. Krmplhbr. lich. Bayr. p. 145. Th. Fries lich.
arct. p. 72, Nyland. lich. Scand. p. 122.
Parmelia conoplea. Ach. syn. p. 213.
Parmelia rubiginosa b conoplea. Fries lich. eur. p. 88.
Parmelia rubiginosa β. coeruleobadia. Schaer. enum. p. 36.
Pannaria coeruleobadia Massal. ricer. 111.
Amphiloma coeruleobadium. Hepp lich. exs.
Pannaria conoplea. Zwackh enum. nro. 56.

Exs. Crypt. bad. 35, Hepp 607. Rbh. 478, 661, Zwackh 253.
an alten Buchen, Eichen, Tannen, Sorbus etc. im Bohrer am
Wege von Freiburg auf den Schauinsland (de Bary), im Elzthal (Millardet cum frct.), am Jagdhaus bei Baden (B. cum
fruct.), auf dem Ruhberg (B.), auf dem kleinen Staufenberg
bei Baden (Al. Braun cum fruct.), auf dem Kaltenbronn (Al.
Braun), auf dem Königstuhle, bei Ziegelhausen und hinter dem
Stift Neuburg bei Heidelberg cum fruct. (Zwackh enum.);
an moosigen Felsen in der Hölle bei Freiburg — steril (Al.
Braun).

132. P. lanuginosa. (Ach.) Körber syst. p. 106. par. p. 45. Anzi cat.
p. 35. Th. Fries lich. arct. p. 79. Zwackh enum. nro. 57.
Parmelia lanuginosa. Ach. syn. p. 201. Fries lich. eur. p.
88. Wallroth fl. germ. III p. 504.
Parmelia caperata β. membranacea. Schaerer enum. p. 35.
Amphiloma lanuginosum. Nyland. prodr. p. 69. lich. Scand.
p. 129. suppl. p. 181.

Exs. Rbh. 379.
an schattigen Felsen auf dem Blauen (Vulpius), bei Badenweiler und bei Geroldsau (Al. Braun); an Sandstein in den
Felsenmeeren des Königstuhls, und bei Neuenheim; an Granit
am Haarlass und bei Schlierbach; an Porphyr bei Petersthal,

bei Handschuchsheim, und auf dem Oelberge bei Heidelberg (Zwackh enum.) überall steril.

Nota. Eine sehr zweifelhafte Art, und wie Wallroth, Körber und Nylander bemerken, wahrscheinlich nur der sterile thallus einer anderen Flechte.

133. P. microphylla. (Swartz.) Massal. ricer. p. 112. Körber syst. p. 106. par. p. 45. Beltram. lich. bassan. p. 111. Anzi cat. p. 35. Th. Fries lich. arct. p. 75. Krmplhbr. lich. Bayr. p. 145. Nyland. lich. Scand. p. 124. suppl. p. 124. Zwackh enum. nro. 48. Arnold in Flora 1864 p. 594.

Lecidea microphylla. Ach. syn. p. 53. Schaerer enum. p. 98.
Parmelia microphylla. Fries lich. eur. p. 90.
Amphiloma microphyllum. Hepp lich. exs.

Exs. Hepp 608, Rbh. 79, 708, Zwackh 388, Schaerer 161.

an Gneissfelsen im Höllenthal (Thiry), und bei Oberried (Sickenb.), an Felsen und grösseren Steinblöcken bei Schriesheim, auf dem Königstuhl und am Haarlasse bei Heidelberg (Zwackh enum.).

134. P. triptophylla. (Ach.) Massal. ricer. p. 112. Körber syst. p. 107. par. p. 45. Arnold in Flora 1858 p. 310. Beltram. lich. bassan. p. 111. Anzi cat. p. 36. Krmplhbr. lich. Bayr. p. 145. Th. Fries lich. arct. p. 76. Nyland. lich. Scand. p. 125. suppl. p. 124. Zwackh enum. nro. 59.

Lecidea triptophylla. Ach. syn. p. 53. Schaerer enum. p. 98.
Parmelia triptophylla var. Schraderi. Fries lich. eur. p. 91.
Amphiloma triptophyllum. Hepp lich. exs.
Parmeliella triptophylla. Müller lich. genev. p. 36.

Exs. Hepp 610. Rbh. 431. Schaerer 159, Crypt. 562.

an Buchen auf dem Feldberg reichlich fructificirend (de Bary), eben so auf dem Kandel (B.), an Ahorn auf der Badener Höhe (B.), an Tannen im Oosthal bei Gaisbach (B.), an Eichen und Buchen in den Ziegelhauser Wäldern; cum apoth. an Sorbus am Michelsbrunnen hinter dem Königstuhle bei Heidelberg (Zwackh enum.).

135. P. brunnea. (Sw.) Massal. ricer. p. 113. Körber syst. p. 107. par. p. 46. Krmplhbr. lich. Bayr. p. 146. Th. Fries lich. arct. p. 77. Nyland. lich. Scand. p. 123. suppl. p. 124. Arnold in Flora 1864 p. 594.

Lecanora brunnea. Ach. lich. univ. p. 419.
Parmelia brunnea. Fries lich. eur. p. 93. Müller lich. genev. p. 34.
Lecidea triptophylla γ. pezizoides. Schaerer enum. p. 99.
Pannaria brunnea var. pezizoides. Massal. sched. p. 168.
Beltram. lich. bassan. p. 112. Anzi cat. p. 36.

Exs. Hepp 174. Rbh. 216, Schaerer 160.
auf Erde und feuchten moosigen Felsen auf dem Feldberge (de Bary), am Jägerhause bei Freiburg (de Bary), zwischen Elzach und Triberg und am Mummelsee (Al. Braun).

    β. **coronata**. (Hoffm.) Mass.
    Pannaria nebulosa. Nyland. prodr. p. 67. lich. Scand. p. 125. Krmplhbr. lich. Bayr. p. 146.
    Exs. Zwackh 387. Arnold 163.

Moose überziehend auf der Erde bei Freiburg (Al. Braun), am Kreuzkopf daselbst (Thiry).

136. P. Schaereri. Massal ricer. p. 114. sched. p. 148. Arnold in Flora 1858 p. 309. Anzi cat. p. 36. Körber par. p. 46.
    Biatora Schaereri. Hepp lich. exs.
Exs. Hepp 496. Zwackh 254. Anzi lang. 430.

bei Heidelberg an Granit und Sandstein im Schlossgraben und Kapuzinerhölzchen; am Friesenwege (Dr. Ahles. Zwackh enum.).

28. MASSALONGIA. KŒRBER.

137. M. carnosa. (Dicks.) Körber syst. p. 109. par. p. 47. Anzi cat. p. 37. Krmplhbr. lich. Bayr. p. 146. Th. Fries lich. arct. p. 80.
    Lecanora muscorum. Ach. syn. p. 193.
    Parmelia carnosa. Schaerer enum. p. 53.
    Parmelia muscorum. Fries lich. eur. p. 95.
    Pannaria muscorum. Nyland. lich. Scand. p. 127. suppl. p. 125.
Exs. Rbh. 655, Körber 4, Anzi lich. lang. 86.

auf Gneiss bei Hornberg cum fruct. (Millardot), auf Moosen an Granitfelsen beim Geroldsauer Wasserfall steril (B.), auf Porphyr bei Lichtenthal und auf Granit unterhalb des Schlosses Eberstein im Murgthal cum apoth. (B.); an feuchten Granitfelsen zwischen Langenbrand und Forbach im Murgthale (Al. Braun).

Subfam. 2. PLACODINAE.

29. PLACODIUM. HILLER.

138. Pl. circinatum. (Pers.) Körber syst. p. 114. par. p. 53. Zwackh enum. nro. 63.
    Lecanora circinata. Ach. syn. p. 185. Nyland. lich. Scand. p. 152.
    Parmelia circinata. Ach. meth. p. 189.
    Parmelia circinata a. radiosa. Fries lich. eur. p. 123.
    Squamaria circinata. Anzi cat. p. 47.
    Placodium radiosum. De Cand. flore franç. II. p. 380.

Massal. ricer. p. 22. Beltram. lich. bassan. p. 99. Arnold in
Flora 1858 p. 305. Krmplhbr. lich. Bayr. p. 143. Müller
lich. genev. p. 38.
    Lecanora radiósa α circinata. Schaerer enum. p. 61. Hepp
lich. exs.
Exs. Hepp 777. Rbh. 504. Körber 126, 336. Zwackh 189.
auf Kalk bei Donaueschingen (B.), auf Jurakalk am Isteiner
Klotz (B.), an Granit im Ludwigsthale bei Schriesheim, auf
Sandstein alter Mauern bei Neuenheim, am Haarlasse und im
englischen Bau des Schlosses zu Heidelberg (Zwackh enum.).

139. Pl. albescens. (Hoffm.) Massal. ricer. p. 25, sched. p. 84, symm.
p. 15. Arnold in Flora 1858 p. 306, Beltram. lich. bassan.
p. 99. Krmplhbr. lich. Bayr. p. 144. Th. Fries lich. arct.
p. 86. Körber par. p. 53. Zwackh enum. nro. 65.
    Psora albescens. Hoffm. fl. germ. III. p. 165.
    Squamaria albescens. Anzi cat. p. 46. manip. p. 14.
    Lecanora galactina. Ach. syn. p. 187. Körber syst. p. 145.
    Parmelia saxicola. d. galactina. Fries lich. eur. p. 111.
    Lecanora muralis. β. albescens. b. galactina. Schaerer enum.
p. 66 et 67.
    Squamaria galactina. Nyland. lich. Scand. p. 134.
    Placodium galactinum. Müller lich. genev. p. 38.
Exs. Crypt. bad. 863. Hepp 180, 900. Rbh. 596. Crypt. helv. 63.
Anzi lang. 40.
an Mauern bei Constanz (Stzbrgr.), bei Schaffhausen (Schenk),
bei Freiburg und an den Ruinen Sponeck und Limburg am
Kaiserstuhl (Spenner), an der Ruine Neuwindeck bei Lauf
(B.), bei Ettlingen (B.), in Ziegelhausen und am Haarlasse
bei Heidelberg (Zwackh enum.).

   b. lignicolum. Zwackh in Flora 1864. p. 84.

an Brettern bei Constanz (Stzbrgr.), an alten Bretterzäunen
über der Brücke zu Heidelberg (Zwackh).

140. Pl. saxicolum. (Poll.) Massal. ricer. p. 23. Körber syst. p. 115.
par. p. 54. Arnold in Flora 1858 p. 305. Beltram. lich. bassan.
p. 100. Th. Fries lich. arct. p. 84. Müller lich. genev. p. 38,
Zwackh enum. nro. 64.
    Lecanora saxicola. Ach. syn. p. 180. Nyland. suppl. p. 125.
    Parmelia saxicola. Fries lich. eur. p. 110.
    Squamaria saxicola. Nyland. prodr. p. 70. lich. Scand. p.
133. Anzi cat. p. 46.
    Lecanora muralis α. saxicola. Schaerer enum. p. 66. Hepp
lich. exs.
    Placodium murale α. saxicolum. Krmplhbr. lich. Bayr. p. 143.

α. **vulgare.** Körber.
Exs. Hepp 899. Rbh. 359. Crypt. helv. 462.
eine der gemeinsten Flechten, die auf jedem Ziegeldache, an Steinen aller Art, auf den Platten alter Mauern, an Bretterwänden, sogar auf altem Schuhleder wächst (Al. Braun).

b. **riparium.** Flw.
Exs. Körber 157.
an Granitfelsen im Neckar bei Heidelberg (Zwackh enum.).

β. **diffractum.** (Ach.) Krbr.
Exs. Zwackh 225. Anzi lang. 269.
an Porphyr bei Handschuchsheim; an Sandsteinmauern des Stiftes zu Heidelberg (Zwackh enum.).

γ. **versicolor.** (Pers.) Krbr.
Exs. Rbh. 674, Crypt. helv. 563. Anzi venet. 30.
auf Kalksteinen bei Donauöschingen und auf dem Thurmberge bei Durlach (B.).

δ. **albopulverulentum.** Schaerer.
Exs. Anzi lich. lang. 271.
an Jurakalkfelsen am Isteiner Klotz (B.).

141. Pl. demissum. (Fltw.) Körber par. p. 55.
    Imbricaria demissa. Fltw. lich. fl. siles. nro. 93 b. Körber syst. p. 80.
    Squamaria elaeina var. saxicola. Beltram. lich. bassan. p. 85.
    Parmelia demissa. Zwackh enum. nro. 36.
Exs. Zwackh 187. Körber 155.
an Sandstein über Neuenheim; an Granitfelsen am Haarlasse bei Heidelberg — steril (Zwackh enum.).

30. GUSSONIA. TORNAB.

142. G. chlorophana. (Wahlb.) Tornab. lich. sic. p. 22. Massal. geneac. p. 7. Krmplhbr. lich. Bayr. p. 144.
    Parmelia chlorophana Wahlenberg in Ach. meth. suppl. p. 44. Fries lich. eur. p. 117.
    Lecanora chlorophana. Ach. syn. p. 183. Nyland. prodr. p. 80. lich. Scand. p. 173.
    Acarospora chlorophana Massal. ricer. p. 27. Th. Fries lich. arct. p. 93. Zwackh enum. nro. 70.
    Myriospora chlorophana. Hepp lich. exs.
    Lecanora flava β. chlorophana. Schaerer enum. p. 65.

Pleopsidium flavum b. chlorophanum. Körber syst. p. 114.
par. p. 51.
Gussonea flava β. chlorophana. Anzi cat. p. 44.

Exs. Hepp 770. Rbh. 326. Körber 163. Anzi lang. 68.

auf Gneiss beim Posthause im Höllenthale am Wege nach dem Titisee (C. Schimper in herb. Al. Braun); auf Quarz am Hohenstein im Schönberger Thale (de Bary conf. Zwackh enum.).

31. PSOROMA. ACH.

143. Ps. lentigerum. (Web.) Massal. ricer. p. 20. Körber syst. p. 119. par. p. 56. Arnold in Flora 1858 p. 210. Krmplhbr. lich. Bayr. p. 146.

Lecanora lentigera. Ach. syn. p. 179.
Parmelia lentigera. Ach. method. p. 192. Fries lich. eur. p. 103.
Lecanora crassa α. lentigera. Schaerer enum. p. 58.
Squamaria lentigera. De Cand. fl. fr. II. p. 376. Nyland. prodr. p. 69. lich. Scand. p. 130. Anzi cat. p. 44. manip. p. 13.
Placodium lentigerum. Fltw. lich. fl. siles. I. p. 44, Th. Fries lich. arct. p. 81. Müller lich. genev. p. 38. Zwackh enum. nro. 61.

Exs. Kneiff et Hartm. 31. Crypt. bad. 36. Hepp 179. Rbh. 19. Crypt. helv. 261.

in einem Kalksteinbruch zwischen Munzingen und Thiengen bei Freiburg (Spenner), auf Löss bei Müllheim, Riegel, am Kaiserstuhl, auf dem Thurmberg bei Durlach, bei Grötzingen, Jöhlingen, Obergrombach (Al. Braun, de Bary, Bausch); auf steinigem Boden zwischen Schriesheim und Leutershausen; bei Hemsbach am alten Judenkirchhof (Mettenius, Zwackh enum.).

144. Ps. crassum. (Huds.) Körber syst. p. 119. par. p. 56. Krmplhbr. lich. Bayr. p. 146.

Parmelia crassa. Ach. method. p. 183. Fries lich. eur. p. 100.
Lecanora crassa. Ach. syn. p. 190.
Lecanora crassa. β caespitosa. Schaerer enum. p. 58.
Psoroma crassa var. caespitosa. Massal. ricer. p. 49. sched. p. 59. Arnold in Flora 1858 p. 310. Beltram. lich. bassan. p. 113.
Squamaria crassa. De Cand. fl. franç. II. p. 375. Nyland. prodr. p. 69. lich. Scand. p. 130. Anzi cat. p. 44. manip. p. 13.

Exs. Crypt. bad. 705. Rbh. 18, 242, 739.

auf der Neuenburger Rheininsel unweit Müllheim (Sickenb.),

auf Löss am Schutterlindenberg bei Lahr (B.), auf Rheininseln bei Ichenheim (Leiner), auf Löss bei Jöhlingen (B.).

32. FULGENSIA. MASS. et DE NOT.

145. F. vulgaris. Massal. alc. gen. p. 11, mem. p. 119. sched. p. 27.
Beltram. lich. bassan. p. 116. Arnold in Flora 1861 p. 261.
Lecanora fulgens. Ach. syn. p. 183.
Parmelia fulgens. Ach. method. p. 192. Fries lich. eur. p. 119.
Lecanora friabilis α. fulgens. Schaerer enum. p. 64. Rbh. Crypt. flor. p. 40.
Placodium fulgens. De Cand. fl. franç. II. p. 378. Th. Fries lich. arct. p. 81. Nyland. lich. Scand. p. 137. Müller lich. genev. p. 38. Zwackh enum. nro. 62.
Psoroma fulgens. Massal. ricer. p. 21. Körber syst. p. 118. par. p. 55. Krmplhbr. lich. Bayr. p. 147.
Squamaria fulgens. Anzi cat. p. 46. manip. p. 15.

Exs. Kneiff et Hartm. 32, Crypt. bad. 458. Hepp 194. Rbh. 20. Zwackh 79. Crypt. helv. 260.

auf Sand auf der Neuenburger Rheininsel (Sickenb.), auf Löss in dem Rimsinger Kalksteinbruche bei Freiburg (Spenner), am Kaiserstuhl (Al. Braun), auf dem Schutterlindenberg bei Lahr (B.), auf dem Thurmberg bei Durlach (Seubert), und bei Jöhlingen (B.); auf steinigem Boden im Ludwigsthale bei Schriesheim (Zwackh enum.)..

33. ACAROSPORA. MASS.

146. A. castanea. (Ram.) Körber par. p. 58.
Lecanora cervina β. castanea (b, e, f) Schaerer enum. p. 55.
Lecanora cervina. Ach. syn. p. 188. p. p. Nyland. lich. Scand. p. 174.
Acarospora cervina. Massal. sched. pr. p. Körber syst. p. 155. pr. p.
Acarospora cervina var. castanea. Krmplhbr. lich. Bayr. p. 172. Zwackh enum. nro. 66.
Myriospora macrospora. Hepp lich. exs.
Acarospora macrospora. Arnold in Flora 1858 p. 311. Anzi cat. p. 57.
Placodium castaneum. Müller lich. genev. p. 39.

Exs. Hepp 58. Rbh. 75. Crypt. helv. 471.

auf Granit am Feldsee (de Bary), an den Mauern der Ruine Limburg und auf Augitporphyr am Kaiserstuhl (Spenner in herb. Al. Braun); an Granit im Ludwigsthale bei Schriesheim (Zwackh enum.).

147. A. rufescens. (Borr.) Krmplhbr. lich. Bayr. p. 173. Zwackh enum. nro. 67.
Lecidea rufescens. Borrer.
Myriospora rufescens. Hepp lich. exs.
Exs. Hepp 56.

bei Heidelberg an Sandstein am Philosophenweg; an Platten einer Mauer gegen den Wolfsbrunnen; an der Brüstung der Brücke über den Schlossgraben und der Neckarbrücke (Zwackh enum.).

β. immersa. Hepp in litt.

an Sandsteinpfosten bei Carlsruhe (Zwackh), und bei Durlach (B.), bei Heidelberg an der Sandsteinbrüstung der Neckarbrücke; an steinernen Pfosten an der Chaussée nach Schlierbach und am Wolfsbrunnenweg; bei Mannheim an ähnlichen Stellen (Zwackh enum.).

148. A. smaragdula. (Wahlb.) Massal. ricer. p. 29. Arnold in Flora 1858 p. 310 et 1868 p. 243. Krmplhbr. lich. Bayr. p. 174. Körber par. p. 60. Anzi cat. p. 57. Th. Fries lich. arct. p. 92. Zwackh enum. nro. 68.
Endocarpon smaragdulum. Wahlenb. Ach. syn. p. 98.
Lecanora cervina. form. smaragdula. Schaerer enum. p. 55. Nyland. lich. Scand. p. 175.
Myriospora smaragdula. Hepp lich. exs.
Placodium smaragdulum. Müller lich. genev. p. 39.
Exs. Hepp 175. Schaerer 117.

an einer Mauer auf der Herrenwiese (Al. Braun), an Sandsteinblöcken auf dem Ruhberge (B.), auf Porphyr bei Lichtenthal (B.), auf Sandsteinpfosten bei Carlsruhe (B.); bei Heidelberg gemein auf Sandstein, Granit und Porphyr (Zwackh enum.).

149. A. parietina. Hepp in litt.
Zwackh enum. nro. 69.

selten auf Mörtel alter Mauern an der Strasse von Heidelberg nach Neuenheim. Wahrscheinlich eine Form der Acarospora Heppii. Naeg. (Zwackh enum.).

Subfam. 3. LECANORINAE.

34. CANDELARIA. MASS.

150. C. vulgaris. Massal. monogr. Blast. p. 64. sched. p 51. Körber syst. p. 120, par. p. 62. Arnold in Flora 1858 p. 323. Beltram. lich. bassan. p. 146. Krmplhbr. lich. Bayr. p. 164.

Lobaria candelaris. Hoffm. fl. germ. III. p. 159.
Lecanora candelaria. Ach. syn. p. 192.
Parmelia parietina var. candelaria. Schaerer enum. p. 51.
Placodium candelarium. Hepp lich. exs.
Physcia candelaria. Nyland. prodr. p. 60. lich. Scand. p. 108. Anzi cat. p. 32. Müller lich. genev. p. 34.
Xanthoria candelaria. Th. Fries gener. p. 61. Zwackh enum. nro. 54.

Exs. Hepp 392, Rbh. 139, 206. Zwackh 322.

an Obstbäumen, Pappeln, Platanen, Robinien etc. bei Constanz (Stzbrgr.), Freiburg (Spenner), Carlsruhe (B.), Heidelberg (Zwackh enum.).

151. C. vitellina. (Ehrh.) Massal. monogr. Blast. p. 66. Körber syst. p. 121, par. p. 62. Arnold in Flora 1858 p. 323 et 1868 p. 243. Krmplhbr. lich. Bayr. p. 164.
Parmelia vitellina. Ach. method. p. 176. Fries lich. eur. p. 162.
Lecanora vitellina. Ach. syn. p. 174. Schaerer enum. p. 80. Nyland. lich. Scand. p. 141. suppl. p. 130.
Placodium vitellinum. Hepp lich. exs.
Xanthoria vitellina. Th. Fries lich. arct. p. 70. Zwackh enum. nro. 55.
Gyalolechia vitellina. Anzi cat. p. 38.

Exs. Hepp 70. Rbh. 57.

auf Schindeldächern und an alten Bretterwänden bei St. Georgen, auf dem Schwarzwalde (Stzbrgr.), an der Höllensteige (B.), auf der Herrenwiese (Al. Braun), bei Heidelberg (Zwackh enum.).

β. areolata. (Schaer.) Mass.

Exs. Hepp 391. Crypt. helv. 262.

auf Porphyr bei Lichtenthal (B.), an Sandsteinpfosten und Weinbergsmauern bei Ettlingen und Durlach (B.), sowie bei Heidelberg (Zwackh enum.).

γ. xanthostigma. (Pers.) Mass.

Exs. Hepp 393, Rbh. 456.

an verschiedenen Bäumen bei Constanz (Stzbrgr.), und bei Carlsruhe (B.); an einem eichenen Gartengeländer bei Carlsruhe (B.), an Birnbäumen, Eichen und Castanien bei Handschuchsheim u. a. a. Orten (Zwackh enum.).

35. CALLOPISMA. DE NOT.

152. C. cerinum. (Hedw.) Massal. monogr. Blast. p. 85. Körber syst. p. 127. par. p. 63. Arnold in Flora 1858 p. 320. Krmplhbr. lich. Bayr. p. 160.

Lecanora cerina. Ach. syn. p. 173. Nyland. lich. Scand.
p. 144. supplem. p. 128.
Parmelia cerina. Ach. method. p. 175. Fries lich. eur.
p. 168.
Lecidea cerina. Schaerer en. p. 148.
Placodium cerinum. Hepp lich. exs. Anzi cat. p. 41.
Caloplaca cerina. Th. Fries lich. arct. p. 118. Müller lich.
genev. p. 47. Zwackh enum. nro. 89.

α. Ehrharti. Schaerer.
Exs. Hepp. 405. Rbh. 697. Crypt. helv. 358.
an alten Birnbäumen, Kirschbäumen, Eichen etc. bei Meersburg und Constanz (Stzbrgr.), bei Kirchzarten (Sickenb.), bei Freiburg (Spenner), bei Carlsruhe und Durlach (B.), bei Heidelberg (Zwackh enum.).

b. cyanolepra. DC.
Exs. Crypt. bad. 37, Hepp 203, Rbh. 348. Anzi lang. 300.
häufig an Pappeln, Espen, Weiden und Nussbäumen.

β. chlorinum. Fltw.
Exs. Körber 128. Anzi lang. 33.
an Granitwänden bei Schlierbach; an Sandsteinmauern im Stückgarten zu Heidelberg (Zwackh enum.).

γ. stillicidiorum. Oeder.
Exs. Hepp 406. Rbh. 235. Körber 36. Anzi lang. 92.
auf Moosen im Schwarzwald in der Gegend von Freiburg (Al. Braun), über Moosen bei Schriesheim (Zwackh enum.).

δ. effusum. Mass.
Exs. Crypt. bad. 314. Hepp 203. Rbh. 619.
an alten Eichen im Hardwald bei Carlsruhe (B.).

153. C. haematites. (Chaub.) Massal. monogr. Blast. p. 92. sched. p. 104.
Beltram. lich. bassan. p. 138. Körber par. p. 64.
Lecanora haematites. Chaubard in St. Amans flore d'Agen p. 492.
Parmelia cerina γ. haematites. Fries lich. eur. p. 169.
Lecidea cerina δ. haematites. Schaerer enum. p. 148.
Caloplaca haematites. Zwackh enum. nro. 90.
Placodium haematites. Anzi manip. p. 10.
Exs. Rbh. 156, 643, Körber 244, Zwackh 263, Anzi etrur. 13.
an Nussbäumen auf dem Hohentwiel (B.), und ebenso am Stift Neuburg bei Heidelberg (Zwackh enum.).

154. C. luteoalbum. (Turn.) Massal. monogr. Blast. p. 80. sched. p. 181.

Körber syst. p. 128. par. p. 64. Arnold in Flora 1858 p.
320. Beltram. lich. bassan. p. 139. Krmplhbr. lich. Bayr.
p. 162.
Lecidea luteoalba. Ach. syn. p. 49. Schaerer enum. p. 147.
Parmelia cerina, b. gilva et c. pyracea. Fries lich. eur.
p. 168.
Placodium luteoalbum. Hepp lich. exs. Anzi cat. p. 41:
Lecanora pyracea. Nyland. lich. Scand. p. 145. suppl.
p. 129.
Caloplaca luteoalba. Th. Fries lich. arct. p. 120.
Caloplaca pyracea. Zwackh enum. nro. 91.

α. Persoonianum. Schaerer.

Exs. Hepp 202. Rbh. 458, 460. 694.

an Populus balsamifera im Schlossgarten zu Donaueschingen (B.), an verschiedenen Bäumen bei Freiburg (Spenner), an Populus nigra bei Carlsruhe (B.), an Kirschbäumen auf dem Thurmberg bei Durlach (B.), an Pappeln bei Heidelberg (Zwackh enum.).

β. muscicolum. Schaer.

Exs. Arnold 186.

auf Moos und abgedorrten Stengeln auf dem Thurmberg bei Durlach, und bei Jöhlingen (B.).

155. C. citrinum. (Ach.) Massal. monogr. Blast. p. 97. Körber syst. p.
128, par. p. 65. Arnold in Flora 1858 p. 321. 1864 p. 316.
Beltram. lich. bassan. p. 137. Krmplhbr. lich. Bayr. p. 163.
Lecanora citrina. Ach. syn. p. 176.
Lecanora murorum var. citrina. Schaerer enum. p. 64.
Parmelia murorum var. citrina. Fries lich. eur. p. 115.
Placodium murorum var. citrinum. Hepp lich. exs. Nyland.
lich. Scand. p. 136.
Placodium citrinum. Anzi cat. p. 41.
Caloplaca citrina. Th. Fries lich. arct. p. 118. Zwackh
enum. nro. 92.
Amphiloma citrinum. Müller lich. genev. p. 40.

Exs. Hepp 394, Rbh. 605, Körber 274. Arnold 257. Anzi lang. 32.
venet. 25.

an Mauern am Schlossberg bei Freiburg (Sickenb.), am Thurmberg bei Durlach (B.), und am Schlosse zu Heidelberg (Zwackh enum.).

156. C. aurantiacum. (Lightf.) Massal monogr. Blast. p. 70. Körber syst.
p. 129. par. p. 66. Arnold in Flora 1858 p. 321 et in Flora
1860 p. 70. Krmplhbr. lich. Bayr. p. 160.

Lecidea aurantiaca. Ach. syn. p. 50. Schaerer enum. p. 148. (excl. β).
Parmelia aurantiaca. Fries lich. eur. p. 165.
Lecanora aurantiaca. Nyland. prodr. p. 67. lich. Scand. p. 142. supplem. p. 127.
Placodium aurantiacum. Hepp lich. exs. Anzi cat. p. 42.
Caloplaca aurantiaca. Th. Fries lich. arct. p. 119. Zwackh enum. nro. 93.

α. flavovirescens. (Hoffm.) Körber.

Callopisma flavovirescens. Massal. sched. p. 133. Arnold l. c.
Exs. Hepp 198, Rbh. 488, Zwackh 94. Schaerer 223.

auf Sandstein bei Constanz (Stzbrgr.); auf Gneiss im Höllenthal, bei Oberried und auf dem Schlossberg bei Freiburg (Sickenb.); auf Granit im Geroldsauer Thal und auf Porphyr bei Lichtenthal (B.); an Granitfelsen bei Schlierbach und im Neckar bei Heidelberg (Zwackh enum.).

β. holocarpum. (Ehrh.) Mass.

Exs. Crypt. bad. 706. Hepp 73. Anzi lang. 96.

an feuchten Föhrenpfosten bei Salem (Jack); an tannenen Geländern und eichenen Pfosten auf dem Thurmberg bei Durlach (B.); an alten Pfosten und Bretterwänden über der Brücke zu Heidelberg (Zwackh in Flora 1864 p. 84).

γ. rubescens. Schaer.

Exs. Hepp 636. Arnold 385. Schaerer 224.

auf Kalk bei Donauöschingen (B.), bei Breisach und bei Munzingen (Spenner), auf Jurakalk am Isteiner Klotz (B.), auf Gneiss bei Oberried und auf dem Schlossberg bei Freiburg (Sickenb.); auf Porphyr im Gunzenbacher Thal bei Baden (B.); an Sandstein bei Neuenheim, sowie an Granit hinter dem Stifte und in der Hirschgasse zu Heidelberg (Zwackh enum.).

δ. steropeum. (Krbr.) Arnold in Flora 1860 p. 70.

Callopisma steropeum. Körber par. p. 65.
Caloplaca aurantiaca var steropea. Zwackh enum. nro. 93.
var.

auf Sandsteinblöcken am Altvater bei Lahr (B.), auf Granit am Haarlasse bei Heidelberg (Dr. Ahles), an Granitfelsen bei Schlierbach; an Sandstein des Königstuhls, und an Porphyr bei Handschuchsheim (Zwackh enum.).

36. PYRENODESMIA. MASS.

157. P. variabilis. (Pers.) Massal. monogr. Blast. p. 125. Arnold in Flora 1858 p. 319. Beltram. lich. bassan. p. 133. Krmplhbr. lich. Bayr. p. 159. Körber par. p. 67.
Lecanora variabilis. Ach. syn. p. 165.
Parmelia circinata b. variabilis. Fries lich. eur. p. 124.
Lecanora radiosa ♂. variabilis. Schaerer enum. p. 61.
Callopisma variabile. Körber syst. p. 131.
Placodium variabile. Hepp lich. exs. Anzi cat. p. 43.
Nylander. lich. Scand. p. 138.
Caloplaca variabilis. Müller lich. genev. p. 47.

Exs. Hepp 74. Rbh. 569. 794. Anzi lang. 36.

auf weissem Jurakalk am Randen und auf Dolomit des Galgenberges bei Hüfingen (Stzbrgr.), auf Muschelkalksteinen bei Donaueschingen (B.); an der Schlossgartenmauer zu Carlsruhe (Seubert).

158. P. Agardhiana. (Ach.) Massal. monogr. Blast. p. 120. Arnold in Flora 1858 p. 318. Krmplhbr. lich. Bayr. p. 159. Körber par. p. 67.
Lecanora Agardhiana. Ach. syn. p. 152. Schaerer enum. p. 76.
Placodium Agardhianum. Hepp lich. exs. Anzi cat. p. 43.
Placodium variabile var. ecrustaceum. Nyland. lich. Scand. p. 139.
Blastenia Agardhiana. Müller lich. genev. p. 63.

Exs. Hepp 407. Anzi lang. 37.

auf braunem Jura am Randen (Stzbrgr.).

37. LECANIA. MASSAL.

159. L. fuscella. (Schaer.) Massal. alc. gen. p. 12, sched. p. 164. Körber syst. p. 122. par. p. 68. Arnold in Flora 1858. p. 323. Anzi cat. p. 53. Beltram. lich. bassan. p. 145. Krmplhbr. lich. Bayr. p. 166. Müller lich. genev. p. 46. Zwackh enum. nro. 72.
Lecanora pallida ♂. fuscella. Schaerer enum. p. 78.
Patellaria fuscella. Hepp lich. exs.
Lecanora athroocarpa. Duby. Bot. gall. II. p. 669. Nyland. in Flora 1855. p. 293. lich. Scand. p. 168.

Exs. Hepp 76, Rbh. 238, 239. Zwackh 65. B.

an Nussbäumen, Pappeln, Weiden etc. bei Constanz (Stzbrgr.), auf der Neuenburger Rheininsel (Sickenb.), bei Freiburg (Al. Braun), bei Ettlingen (B.), bei Heidelberg (Zwackh enum.).

160. L. Körberiana. Lahm in litt ad. Körb. Körber par. p. 68.
Patellaria Körberiana. Hepp lich. exs.
Exs. Hepp 913, Rbh. 616. Arnold 70. Körber 306.
an einer alten Weide am Rhein bei Knielingen (B.).

161. L. Nylanderiana. Massal. sched. p. 152. Arnold in Flora 1858 p.
323. Krmplhbr. lich. Bayr. p. 167.
Lecanora athroocarpa — saxicola. Nyland. lich. Scand.
p. 169.
Lecanora cooperta. Nyland. suppl. p. 181.
Patellaria Majeri. Hepp in litt.
Patellaria athroocarpa β. Nylanderia. Hepp lich. exs.
Exs. Hepp 638, Rbh. 520, Arnold 173.
an einer Mauer am Schwimmbad bei Freiburg (Metzler teste
de Bary), sowie an einer Mauer des Holzhofes am Nägelesee
bei Freiburg (Sickenb.

38. RINODINA. (ACH.) MASSAL.

162. R. milvina. (Whlb.) Th. Fries lich. arct. p. 124. Anzi symb. p. 10.
Parmelia milvina. Wahlenberg in Ach. method. suppl. 34.
Lecanora milvina. Ach. syn. p. 151. Nylander lich. Scand.
p. 150.
Parmelia badia β. milvina Fries lich. eur. p. 148.
Lecanora badia var. milvina. Schaerer enum. p. 69. Körber
syst. p. 138. par. p. 85. Anzi cat. p. 52.
Exs. Körber 5. Anzi lang. 45. (sub. Rinodina atrocinerea).
an Sandsteinblöcken auf der Badener Höhe (B.)

163. R. polyspora. Th. Fries lich. arct. p. 126. Zwackh enum. nro. 97.
Rinodina sophodes. Mass. ric. p. 14. Körber syst. p. 122.
par. p. 69. Arnold in Flora 1858 p. 317. Anzi cat. p. 53.
Parmelia sophodes. Fries lich. eur. p. 149.
Lecanora sophodes. Ach. syn. p. 153. Schaerer enum. p.
70. Nyland. lich. Scand. p. 148. suppl. p. 131.
Psora sophodes. Nägele in Hepp lich. exs.
Berengeria sophodes. Trevisan in Flora 1855 p. 185.
Exs. Hepp 77.
an Eschen bei Handschuchsheim, an Carpinus hinter dem Stift
und in der Hirschgasse zu Heidelberg (Zwackh enum.).

164. R. exigua. (Ach.) Mass. ric. p. 15. Arnold in Flora 1858 p. 317.
Krmplhbr. lich. Bayerns p. 158. Th. Fries lich. arct. p. 129.
Zwackh enum. nro. 98. Anzi symb. p. 10.
Rinodina metabolica var. exigua Körber syst. p. 124. par.
p. 70. Anzi cat. p. 52. Müller lich. genev. p. 48.
Parmelia exigua. Ach. meth. p. 154.
Lecanora atra β. exigua. Schaerer enum. p. 72.

Lecanora sophodes var. exigua. Nyland. lich. Scand. p. 150.
Psora exigua. Nägele in Hepp lich. exs.
Berengeria exigua. Trevisan in Flora 1855 p. 185.
Exs. Crypt. bad. 860. Hepp 207. Rbh. 453, Zwackh 62. A. B. Crypt. helv. 263. Anzi lang. 378.

an Birnbäumen und altem Holze bei Constanz (Stzbrgr.), an Föhren bei Schaffhausen (Schenk), an verschiedenen Bäumen bei Freiburg (Thiry), am Fusse alter Tannen am Cäcilienberge bei Lichtenthal (B.), an Linden im Carlsruher Schlossgarten (B.), an Eichen im Hardwalde bei Carlsruhe (Al. Braun), an Eichen, Birnbäumen und Kirschbäumen bei Heidelberg (Zwackh enum.).

    β. maculiformis (Hepp) Zwackh enum. nro. 98. var.
    Psora exigua var. maculiformis. Hepp lich. exs.
    Rinodina metabolica var. maculiformis. Körber par. p. 70. Anzi cat. p. 53.
Exs. Hepp 79. Anzi lang. 107.

an einem alten Gartengeländer von Eichenholz bei Carlsruhe (B.), an Castanien bei Handschuchsheim (Zwackh enum.).

165. R. demissa. (Flörcke). Arnold in Flora 1860 p. 69. 1862. p. 311. Anzi manip. p. 15.
    Psora confragosa β. demissa Hepp lich. exs.
    Rinodina confragosa β. demissa. Krmplhbr. lich. Bayr. p. 159.
    Rinodina metabolica β. demissa. Körb. syst. p. 124. par. p. 70.
    Rinodina exigua. var. demissa. Zwackh enum. nro. 98. var.
Exs. Hepp 645, Arnold 68.

auf Gneiss auf dem Rosskopf und am Johannesberg bei Freiburg (Thiry); an Sandsteinpfosten gegen den neuen Kirchhof und an der Brüstung der Neckarbrücke zu Heidelberg (Zwackh enum.)

166. R. horiza. (Fltw.) Arnold in Flora 1858 p. 317. Krmplhbr. lich. Bayr. p. 157. Körber par. p. 71. Anzi cat. p. 54. Müller lich. genev. p. 48; Anzi manip. p. 15.
    Psora horiza Hepp lich. exs.
    Rinodina albana. Mass. sched. crit. p. 126. ric. p. 15. Körber syst. p. 124. Beltram. lich. bass. p. 128.
    Rinodina sophodes. Th. Fries lich. arct. p. 125. Zwackh enum nro. 96.
Exs. Hepp 410, 882. Rbh. 508. Arnold 3.

an Eschen bei Handschuchsheim, an jungen Eichen des heiligen Bergs und an Apfelbäumen um den Kohlhof bei Heidelberg (Zwackh enum.).

167. R. leprosa. (Schaer.) Mass. sched. crit. p. 160. Arnold in Flora 1858 p. 317. Körber par. p. 72. Anzi cat. p. 54. Krmplhbr. lich. Bayr. p. 157. Müller lich. gen. p. 48. Zwackh enum. nro. 99.
Parmelia obscura. var. leprosa. Schaer. en. p. 38.
Lobaria obscura var. leprosa. Hepp lich. exs.
Rinodina virella. Körber syst. p. 124.
Exs. Crypt. bad. 457. Hepp 55, Rbh. 438, 580. Crypt. helv. 156. Anzi lang. 305.

an Obstbäumen bei Constanz (Leiner, Stzbrgr.); an Pappeln zwischen Friedrichsfeld und Schwetzingen (Dr. Ahles, Zwackh enum.).

168. R. confragosa. (Ach.) Körber syst. p. 125, par. p. 73. Arnold in Flora 1860 p. 69, et 1868 p. 244. Krmplhbr. lich. Bayr. p. 159. Zwackh enum. nro. 102.
Parmelia confragosa. Ach. meth. suppl. 33.
Lecanora atra β. confragosa. Ach. syn. p. 146.
Lecanora sophodes var. confragosa. Nyland. lich. Scand. p. 149.
Berengeria confragosa. Trevisan in Flora 1855 p. 186.
Exs. Zwackh. 68 B.

auf Granit an dem Krockenfelsen bei Geroldsau (B.), auf Porphyr bei Lichtenthal und am Falkenstein bei Herrenalb (B,); an Granit am Haarlass und bei Schlierbach, sowie an Porphyr bei Handschuchsheim (Zwackh enum.).

169. R. atrocinerea. (Dicks.) Körber syst. p. 125, par. p. 73. Krmplhbr. lich. Bayr. p. 157. Müller lich. genev. p. 48. Zwackh enum. nro. 100.
Parmelia atrocinerea. Fries lich. eur. p. 151.
Psora atrocinera β. macrospora a, arenaria. Hepp lich. exs.
Berengeria atrocinerea. Trevisan. in Flora 1855 p. 184.
Exs. Hepp 646. Zwackh 68 A.

auf Porphyr bei Lichtenthal und auf Granit am Krockenfelsen bei Geroldsau (B.); an Sandsteinen des Felsenmeeres am Königstuhle bei Heidelberg (Dr. Ahles, Zwackh enum.).

170. R. caesiella. (Flck.) Körber syst. p. 126, par. p. 74. Arnold in Flora 1860 p. 69. Krmplhbr. lich. Bayr. p. 158. Th. Fries lich. arct. p. 127. Anzi cat. p. 55, manip. p. 69. Zwackh enum. nro. 101.
Lecanora caesiella. Flörcke in Sprengels neue Entd. II. p. 97.
Parmelia obscura var. caesiella. Schaerer enum. p. 38.
Lecanora sophodes. var. confragosa. Nyland. lich. Scand. p. 149.
Berengeria caesiella. Trevisan. in Flora 1855 p. 184.

Exs. Rbh. 78, Körber 158, Zwackh 190, Anzi lang. 321.
auf Gneiss bei Kirchzarten (Sickenb.); auf Kalk am Schönberg bei Freiburg (Thiry); auf Porphyr bei Lichtenthal und an Granitblöcken in der Oos bei Geroldsau (B.); an Granit am Schlosse Eberstein im Murgthale (B.) und am Haarlasse bei Heidelberg, sowie im Ludwigsthale bei Schriesheim (Zwackh enum.).

β. teichophila. Nyland. in Flora 1863 p. 78 (sub. Lecanora). Zwackh in Flora 1864 p. 85.

an Granit in der Hirschgasse zu Heidelberg (Zwackh l. cit.)

171. R. Zwackhiana. Krmplhbr. in Flora 1854 nro. 10. lich. Bayerns p. 157. Körber syst. p. 126. par. p. 75. Zwackh enum. nro. 103.

Exs. Körber 307. Zwackh 256, 415.

an Weinbergsmauern des Stifts Neuburg bei Heidelberg steril grosse Strecken überziehend (Zwackh enum.).

172. R. Bischoffii. (Hepp) Mass. framm. p. 26, sched. crit. p. 76. Arnold in Flora 1858 p. 318. Krmplhbr. lich. Bayr. p. 156. Beltram. lich. bass. p. 129. Körber par. p. 75. Anzi cat. p. 55. Müller lich. genev. p. 48. Zwackh enum. nro. 104.

Psora Bischoffii. Hepp lich. exs.

Berengeria Bischoffii. Trevisan. in Flora 1855. p. 186.

Exs. Hepp 81, Rbh. 77.

auf Kalksteinen bei Donauöschingen (B.) und auf dem Thurmberge bei Durlach (B.); auf Steinen einer alten Mauer hinter der Hirschgasse zu Heidelberg (Zwackh enum.).

39. LECANORA. ACH.

173. L. atra. (Huds.) Ach. syn. p. 146. Schaerer en. (α et β) p. 72, Körber syst. p. 139, par. p. 77. Arnold in Flora 1858 p. 312. Krmplhbr. lich, Bayr. p. 148. Mass. ric. p. 4. Anzi cat. p. 48. Müller lich. genev. p. 43. Nyland. lich. Scand. p. 170. suppl. p. 135. Th. Fries lich. arct. p. 104. Zwackh enum. nro. 75.

a. corticola.

Exs. Hepp 613. Rbh. 95. Anzi lich. venet. 32.

an Buchen, Ahorn, Sorbus, Kirschbäumen etc. am Kaiserstuhl bei Freiburg (Sickenb.), bei Lichtenthal (B.), auf dem Kaltenbrunn (Al. Braun), bei Ziegelhausen und Heidelberg (Zwackh enum.).

b. saxicola.

Exs. Hepp 182, Rbh. 169, Zwackh 63.

an Granit bei Berau im südl. Schwarzwalde (Oberbaurath Gerwig), an Gneiss auf dem Feldberg (Sickenb.), bei Hinterzarten und Horben (Thiry), und auf dem Kandel (B.), an Sandstein bei Durlach (B.); an Sandstein und Porphyr bei Heidelberg (Zwackh enum.), auf Keupersandstein an der Ruine Steinsberg bei Sinsheim (B.)

174. L. intumescens. (Rebent.) Rabenhorst Crypt. flor. II. 1. p. 34. Körber syst. p. 143, par. p. 77. Arnold in Flora 1858 p. 313, Krmplhbr. lich. Bayr. p. 150; Anzi cat. p. 50. Müller lich. genev. p. 43. Zwackh enum. nro. 77.
Parmelia inturnescens. Rebentisch prodr. florae neomarchiae p. 301. Wallroth. Crypt. flor. p. 459.
Lecanora subfusca. form. intumescens. Stzbrgr. monogr. Lec. subf. p. 5.
Lecanora cateilea Massal. ricer. p. 9. Beltr. lich. bass. p. 124.
Lecanora subfusca var. cateilea. Schaerer enum. p. 74. pr. part.

Exs. Hepp 614. Arnold 273. Anzi lich. lang. 102.

an verschiedenen Bäumen bei Kirchzarten (Sickenb.); an Castanien bei Sasbach unweit Achern (Seubert); an Sorbus aucuparia bei Geroldsau und an Buchen auf dem Ruhberg bei Baden (B.); an Buchen, Eichen, Sorbus u. s. w. bei Heidelberg (Zwackh enum.).

b. glaucorufa. Martius.

an Castanien bei Sasbach (Seubert); an Buchen bei Ettlingen (B.), einzeln mit der Stammform an Buchen auf dem Königstuhle und an der Hochstrasse bei Heidelberg (Zwackh enum.).

175. L. subfusca. (L.) Ach. syn. p. 157. Schaerer enum p. 73. Massal. ricer. p. 5. Körber syst. p. 140. par. p. 77. Arnold in Flora 1858 p. 113. Krmplhbr. lich. Bayr. p. 148. Nyland. lich. Scand. p. 159. suppl. p. 132. Th. Fries lich. arct. p. 104. Anzi cat. p. 49. Müller lich. genev. p. 43. Zwackh enum. nro. 76.
Parmelia subfusca. Fries lich. eur. p. 136.

α. vulgaris. Schaerer.

Exs. Hepp 183. Rbh. 240.

an Bäumen, Bretterwänden etc. gemein.

form. a. rugosa (Pers.) Nyland. lich. Scand. p. 160. Stzbrgr.
monogr. p. 3.

Exs. Anzi lich. venet. 38.

an Nussbäumen bei Lichtenthal und an Eichen im Hardwald bei Carlsruhe (B.).

b. mesophana. Nyland. Stzbrgr. monogr. p. 4.

an Nussbäumen bei Constanz (Stzbrgr.).

c. parisiensis (Nyland). Stzbrgr. monogr. p. 4.
Lecanora parisiensis. Nyland. lich. du jard. de Luxemb. p. 368.

Exs. Rbh. 802.

an Nussbäumen bei Constanz (Stzbrgr.), bei Lichtenthal, Durlach und Knielingen, an letzterem Orte auch an Prunus domestica (B.).

d. argentata. Ach. syn. p. 157. Nyland. lich. Scand. p. 160. Stzbrgr. monogr. p. 5.
Lecanora subfusca var. glabrata. Ach. lich. univ. p. 393. Schaerer enum. p. 74. Körber par. p. 77.

Exs. Rbh. 347. Anzi lich. venet. 40.

an Betula pubescens auf dem Ruhberg bei Baden und an Linden bei Carlsruhe (B.), an Buchen bei Heidelberg (Dr. Ahles).

e. campestris. Schaerer enum. p. 75.
L. subfusca f. argentata. obs. form. saxicola, thallo granuloso. Stzbrgr. monogr. p. 5.

Exs. Hepp 63. Rbh. 691. Anzi lich. venet. 36.

an Steinen und Felsen im ganzen Gebiete nicht selten.

f. leucopis. Ach. syn. p. 150. Schaerer enum. p. 74. Massal. ricer. p. 6. Arnold in Flora 1858 p. 318. Anzi cat. p. 50.
Lecanora subfusca. f. argentata. obs. form. saxicola. thallo aequabili rimuloso-areolato. Stzbrgr. monogr. p. 5.
Lecanora subfusca var. lainea Körber syst. p. 141. par. p. 78. Th. Fries lich. arct. p. 105. Zwackh enum. nro. 76. var.

Exs. Hepp 381.

an Sandsteinpfosten auf dem Thurmberge bei Durlach (B.); an alten beschatteten Mauern zu Heidelberg (Zwackh enum.).

g. coilocarpa. Ach. syn. p. 157. Nyland. lich. Scand. p. 160. suppl. p. 132. Stzbrgr. monogr. p. 6.
Lecanora subfusca var. pinastri. Schaerer enum. p. 74. Körber syst. p. 141. par. p. 78. Massal. ricer. p. 7. Arnold

in Flora 1858 p. 313. Krmplhbr. lich. Bayr. p. 149. Th. Fries lich. arct. p. 105. Müller lich. genev. p. 43. Zwackh enum. nro. 76. var.

Exs. Crypt. bad. 704. Hepp 184. Rbh. 157. Crypt. helv. 467. Anzi lich. lang. 105.

an alten Föhren bei Constanz (Leiner), am Schlossberge bei Freiburg (Sickenb.), und auf der Badener Höhe (B.); an Rothtannen auf dem Ruhberg bei Baden (B.); an Föhren und Lerchen auf dem Königstuhle und dem heiligen Berge bei Heidelberg (Zwackh enum.).

h. atrynea. Ach. syn. p. 158. Schaerer enum. p. 75. Krmplhbr. lich. Bayr. p. 149. Nyland. lich. Scand. p. 161. suppl. p. 132. Stzbrgr. monogr. p. 7. Exs. Rbh. 831.

an Sandsteinmauern bei Constanz (Stzbrgr.) und an gleichen Stellen bei Ettlingen (B.); bei Constanz auch auf alten Brettern (Stzbrgr.).

β. distans. Ach. syn. p. 158. Schaerer ennm. p. 74. Arnold in Flora 1858. p. 313. Krmplhbr. lich. Bayr. p. 148. Anzi cat. p. 50. Körber par. p. 78. Müller lich. genev. p. 43. Nyland. lich. Scand. p. 160. suppl. p. 132.

Lecanora subfusca form. chlarona. (Ach.) Stzbrgr. monogr. p. 10.

Lecanora subfusca var. geographica. Massal. ricer. p. 6. Beltram. lich. bass. p. 122. Körber par. p. 78. Krmplhbr. lich. Bayr. p. 149.

Exs. Hepp 379, 778. Rbh. 653, 727, 803. Crypt. helv. 61. Anzi lich. ven. 37.

an Obstbäumen und Castanien bei Constanz (Stzbrgr.); an Castanien bei Gernsbach, an Lerchen im Hardwald bei Carlsruhe, an Pappeln und Prunus domestica am Rhein bei Knielingen. (B.).

b. variolosa. Fries.

cum apoth. an Carpinus hinter dem Stift Neuburg, sowie an Pappeln und Sorbus in der Hirschgasse zu Heidelberg; steril häufig an Birken der Felsenmeere bei Heidelberg (Zwackh enum).

γ. trachytica. Massal. ric. p. 6. Krmplhbr. lich. Bayr. p. 149. Zwackh enum. nro. 76. var.

Lecanora subfusca var. margaritacea. Körber par. p. 78.

an Granitfelsen im Ludwigsthale bei Schriesheim unweit Heidelberg (Zwackh enum.).

176. L. cenisia. Ach. syn. p. 163. Schaerer enum. p. 73. Massal. ricer. p. 4. Hepp lich. exs. Krmplhbr. lich. Bayr. p. 150. Th. Fries lich. arct. p. 115. Müller lich. genev. p. 44.
Parmelia cenisia. Fries lich. eur. p. 180.
Zeora cenisia. Körber syst. p. 137. par. p. 89. Anzi cat. p. 56.
Lecanora subfusca form. cenisea. Nyland. lich. Scand. p. 161. Stzbrgr. monogr. p. 7.
Exs. Hepp 62.

an Sandsteinblöcken auf der Badener Höhe und auf dem Ruhberge bei Baden (B.).

177. L. scrupulosa. Ach. lich. univ. p. 375. (excl. var.), syn. p. 160. Nyland. lich. Scand. p. 162 et lich. du jard. de Luxemb. p. 369 (non Körber syst. et par).
Lecanora subfusca var. scrupulosa. Stzbrgr. monogr. p. 14.
Lecanora intermedia et form. aggregata. Krmplhbr. lich. Bayr. p. 149 et 150.
Lecanora intumescens β. polycarpa Hepp in litt. Müller lich. genev. p. 43.
Exs. Hepp 779. Rbh. 604. 801.

an Buchen bei Constanz (Stzbrgr.); an jungen Eichen bei Lichtenthal, an Buchen am Mercur bei Baden und an Nussbäumen bei Durlach (B.).

178. L. pallida. (Schreb.) Schaerer enum. p. 78. Massal. mem. p. 135. ricer. p. 8. Körber syst. p. 144. par. p. 81. Arnold in Flora 1858 p. 316. Krmplhbr. lich. Bayr. p. 150. Anzi cat. p. 49. Beltram. lich. bass. p. 122. Müller lich. genev. p. 44.

α. albella. (Hoffm.) Schaerer l. cit.
Verrucaria albella. Hoffm. fl. germ. p. 171.
Lecanora albella. Ach. syn. p. 168. Beltram. lich. bass. p. 123. Th. Fries lich. arct. p. 107. Zwackh enum. nro. 78. Nyland. suppl. p. 133.
Parmelia subfusca. γ. albella. Fries lich. eur. p. 139.
Lecanora subfusca var. albella. Nyland. lich. Scand. p. 162. Stzbrgr. monogr. p. 10.
Exs. Hepp 187. Rbh. 398.

an Eichen, Castanien, Birken und sonstigen Bäumen bei Constanz (Stzbrgr.), bei Salem (Jack), auf dem Feldberg (Sickenb.), bei Baden, Herrenalb und Carlsruhe (B.), und bei Heidelberg (Zwackh enum.).

b. cinerella. Flörcke.
Lecanora subfusca var. albella forma cinerella. Stzbrgr. monogr. p. 11.

Exs. Rbh. 400. 401.

an Hainbuchen und Pappeln bei Carlsruhe (B.); an jüngeren Eichen und Castanien bei Heidelberg (Zwackh enum. nro. 78 var.).

β. **angulosa** (Ach.) Schaerer enum. p. 78. Massal. ricer. p. 9. Körber syst. p. 145. par. p. 80. Arnold in Flora 1858 p. 316. Krmplhbr. lich. Bayr. p. 150. Müller lich. genev. p. 44. Zwackh enum. nro. 78. var.

Lecanora angulosa Ach. lich. univ. p. 364 syn. p. 166. Nyland. prodr. p. 85. lich. Scand. p. 161.

Lecanora subfusca var. albella. form. angulosa. Stzbrgr. monogr. p. 12.

Exs. Crypt. bad. 454. Hepp 780. 781. Rbh. 43. 399. Crypt. helv. 62.

an Obstbäumen, Eichen, Lerchen, Birken, Ahorn u. s. w. bei Constanz, (Stzbrgr.), bei Kirchzarten (Sickenb.), auf dem Schauinsland und am Brunnberg bei Freiburg (Thiry), bei Carlsruhe (B.), bei Heidelberg (Zwackh enum.), und im Mannheimer Schlossgarten (Seubert).

Nota. Crypt. bad. 454 und Hepp 781 an der Rinde alter Birken im Wolfartsweierer Walde bei Carlsruhe neigen sich zu der Form caesio-rubella (Ach. syn. p. 167). vergl. Stzbrgr. monogr. p. 12. Anm.

γ. **saxicola**. Schaerer.

Exs. Schaer. 618.

an Felsen bei Baden (Nabholz in herb. Stzbrgr.).

179. L. sambuci. (Pers). Nyland. lich. Scand. p. 168. Müller lich. genev. p. 43. Arnold in Flora 1864 p. 598.

Lecanora scrupulosa Fries (non. Ach.) Körber syst. p. 144. par. p. 80. Anzi cat. p. 49. Zwackh enum. nro. 80.

Exs. Rbh. 654, Körber 214, Arnold 300, Anzi lich. lang. 104.

an Evonymus bei Lahr (B.); an Pappeln bei Lichtenthal (B.); an Espen bei Schluttenbach unweit Ettlingen (B.); an alten Weiden und an Crataegus am Rhein bei Knielingen (B.); an jungen Weiden bei Mannheim (Zwackh enum.).

180. L. Hageni. Ach. syn. p. 167. Körber syst. p. 143. par. p. 80. Arnold in Flora 1858 p. 314. Krmplhbr. lich. Bayr. p. 151. Anzi cat. p. 49. Th. Fries lich. arct. p. 106. Müller lich. genev. p. 44. Zwackh enum. nro. 79.

Lecanora umbrina. Massal.. ricer. p. 10. Nylander lich. Scand. p. 162. suppl. p. 133.

Parmelia stellaris var. coerulescens. Schaerer enum. p. 40.

α. **vulgaris**. Körber.

Exs. Hepp 64. Rbh. 205. Zwackh 65 A. Crypt. helv. 157.

an Brettern und Pappeln bei Constanz (Stzbrgr.); an Pappeln

bei Lichtenthal (B.); an Hollunderbäumen bei Schluttenbach (B.); an Tannenstrünken bei Herrenalb (B.); an eichenen Geländern bei Carlsruhe (B.); an Brettern und Holzwerk bei Heidelberg und an alten Nussbäumen bei Handschuchsheim (Zwackh enum.).

β. **umbrina** Flörcke Deutschl. lich. nro. 107. Krmplhbr. lich. Bayr. p. 151. Zwackh enum. nro. 79 var.

Exs. Zwackh 64.

am Geländer des Rheindammes bei Mannheim (Zwackh enum.).

γ. **lithophila** (Wallr.) Körber syst. p. 143. par. p. 80. Müller lich. genev. p. 44. Zwackh enum. nro. 79 var.

Lecanora Hageni. var. mutabilis Hepp Arnold in Flora 1858 p. 314.

Exs. Rbh. 624, 799. Arnold 21, Anzi lich. lang. 392.

an Sandsteinpfosten am Kohlhofe bei Heidelberg (Dr. Ahles, Zwackh enum.).

181. L. caesio alba. Körber par. p. 82. Anzi cat. p. 49. Müller lich. genev. p. 44. Zwackh enum. nro. 81.

Lecanora Sommerfeltiana Autt. recentt. non. Flörcke et Schaerer.

Exs. Hepp 61. Rbh. 330, Körber 99. Zwackh 261.

an Mauern bei Constanz (Stzbrgr.); auf Mörtel an den Mauern der Ruine Neuwindeck bei Lauf (B.); an alten Mauern des Stifts Neuburg bei Heidelberg (Zwackh enum.).

b. **dispersa.** Flrcke. Körber par. p. 82.

Lecanora Sommerfeltiana *β.* dispersa. Krmplhbr. lich. Bayr. p. 153.

Lecanora subfusca var. crenulata. Schaerer enum. p. 75. Massal ricer. p. 7.

Lecanora Sommerfeltiana var. crenulata. Massal. symm. p. 16. Arnold in Flora 1858 p. 314.

Lecanora Hageni *β.* crenulata. Hepp lich. exs.

Exs. Hepp 65. Crypt. helv. 469.

auf Porphyr bei Lichtenthal (B.).

β. **conferta** (Duby). Zwackh enum. nro. 81. var.

Parmelia conferta. Fries lich. eur. p. 155.?

Exs. Zwackh 259.

auf Erde an Lösswänden bei Heidelberg (Dr. Ahles. Zwackh enum.).

182. L. Flotowiana. (Sprengl.) Körber syst. p. 146. par. p. 83. Arnold in Flora 1858 p. 314, 1868. p. 244. Krmplhbr. lich. Bayr. p. 153. Müller lich. genev. p. 44. Anzi manip. p. 14. Zwackh enum. nro. 82.

Exs. Rbh. 747. Zwackh 389. Anzi lich. lang. 318.

an Granitfelsen im Neckar und an Sandsteinmauern zu Heidelberg (Zwackh enum.).

183. L. badia. (Pers.) Ach. syn. p. 154. Schaerer enum. p. 68. Körber syst. p. 138. par. p. 85. (var. *a*). Krmplhbr. lich. Bayr. p. 147. Anzi cat. p. 52. Th. Fries lich. arct. p. 112. Nyland. lich. Scand. p. 170. suppl. p. 135. Arnold in Flora 1862. p. 308 et 311.
Parmelia badia. Fries lich. eur. p. 147.

Exs. Hepp 181. Rbh. 170.

auf Gneiss am Feldsee (de Bary), bei Hinterzarten (Thiry), und auf dem Kandel (B.); an Sandsteinblöcken auf den Hornissgrinden und auf der Teufelsmühle im Murgthale (B.).

184. L. frustulosa. (Dickson). Schaerer enum. p. 56. Körber syst. p. 139. par. p. 86. Anzi cat. p. 51. Nyland. lich. Scand. p. 166. Th. Fries lich. arct. p. 107.
Parmelia frustulosa. Fries lich. eur. p. 141.

β. **thiodes.** Sprengl neue Entdeck. I. p. 224. Schaerer enum. p. 57. Körber syst. et par. l. cit. Anzi cat. p. 52.

Exs. Hepp 178. Zwackh 112.

sehr selten in Süddeutschland; an Sandsteinblöcken auf dem Altvater bei Lahr (B. 1866).

b. **egena.** Arnold in litt. 1. Jan. 1869.

eine Form mit dürftigem thallus an Sandsteinblöcken auf dem Altvater bei Lahr (B. 1866).

185. L. varia. (Ehrh.) Ach. syn. p. 161. Schaerer enum. p. 82. Massal. ricer. p. 13. Körber syst. p. 146. par. p. 87. Arnold in Flora 1858 p. 315. Krmplhbr. lich. Bayr. p. 152. Anzi cat p. 51. Th. Fries lich. arct. p. 109. Nyland. lich. Scand. p. 163. suppl. p. 133. Zwackh enum. nro. 83.
Parmelia varia. Fries lich. eur. p. 156.

a. **vulgaris.** Körber (pallescens. Schaerer.)

Exs. Crypt. bad. 455, Hepp 190. Crypt. helv. 468.

an eichenen Pfosten bei Constanz (Stzbrgr.); an altem Holze auf dem Feldberge und bei Kirchzarten (Sickenb.), sowie bei Oberschaffhausen am Kaiserstuhle (Goll); an Tannenstrünken auf dem Ruhrberge bei Baden, auf der Keufelsmühle im Murgthale, und auf dem Dobel (B.); an eichenen Planken am Parkzaune bei Carlsruhe und an alten Föhren bei Langensteinbach (B.); an hölzernen Geländern am Schlosse (Dr. Ahles), und am Wolfsbrunnenwege bei Heidelberg (Zwackh enum.).

    β. sarcopis. (Whlnbrg.) Schaerer enum. p. 82. Körber syst. p. 146. par. p. 87. Arnold in Flora 1858 p. 315. Krmplhbr. lich. Bayr. p. 152. Anzi cat? p. 51. Th. Fries lich. arct. p. 109. Nyland. lich. Scand. p. 165. suppl. p. 134. Zwackh enum. nro. 83 var.
    Lecanora sarcopis. Ach. syn. p. 177.

Exs. Hepp 783. Anzi lich. lang. 511.

auf Holz von Aesculus Hippocastanum zu Hegne bei Constanz (Stzbrgr.); an einer entrindeten Buche am Jagdhause bei Baden (B.); an Castanienstrünken über dem Wolfsbrunnen bei Heidelberg (Zwackh enum).

186. L. maculiformis. (Hoffm.) Nägele manuscr. Hepp lich. exs. Arnold in Flora 1858. p. 315.
    Verrucaria maculiformis. Hoffm. fl. germ. p. 195.
    Lecanora varia var. maculiformis. Schaerer enum. p. 83. Krmplhbr. lich. Bayr. p. 152. Anzi manip. p. 14.
    Lecanora varia var. symmicta. Ach. Körber syst. p. 147. par. p. 87. Anzi cat. p. 51. Th. Fries lich. arct. p. 109. Nyland. lich. Scand. p. 163. suppl. p. 133. Zwackh enum. nro. 83. var.
    Biatora symmicta. Massal. mem. p. 128.
    Biatora maculaeformis. Beltram. lich. bass. p. 191.

Exs. Hepp 68. Rbh. 176. (sub. Biatora conglomerata).

an Buchen, Lerchen, und Vaccinium uliginosum bei Constanz (Stzbrgr.); an Lerchen am Cäcilienberg bei Lichtenthal und bei Herrenalb (B.); an Kiefern und Buchen bei Heidelberg (Dr. Ahles, Zwackh enum.).

    b. betulina (Ach). Hepp manuscr.
    Lecanora varia δ. betulina. körber syst. p. 147.
    Lecanora strobulina et β. betulina. Ach. syn. p. 171. et in add. p. 341.

Exs. Crypt. bad. 136.

an Birken im Durlacher Wald bei Carlsruhe (B.).

    c. sulphurea (Ach). Körber par. p. 87.

an Buchen im Heidelberger Stadtwalde (Dr. Ahles).

187. L. aitema. (Ach). Hepp. Arnold in Flora 1858 p. 315. Anzi cat. p. 50.
> Lecidea aitema. Ach. syn. p. 24.
> Lecanora varia var. aitema. Schaerer enum. p. 83. Nyland lich. Scand. p. 163.
> Lecanora varia var. apochroea. Ach. Th. Fries lich. arct. p. 109. Zwackh enum. nro. 83. var.

Exs. Hepp 69. Rbh. 690. Zwackh 227. Anzi lich. lang. 512.

an Lerchen auf dem heiligen Berge bei Heidelberg (Zwackh enum.).

β. **saepincola** (Ach). Hepp Arnold in Flora 1858 p. 316. Anzi cat. p. 51.
> Lecidea saepincola. Ach. syn. p. 35.
> Lecanora var. saepincola. Schaerer enum. p. 83. Körber syst. p. 147. par. p. 87. Krmplhbr. lich. Bayr. p. 153. Nyland. lich. Scand. p. 163. suppl. p. 134. Zwackh enum. nro. 83 var.
> Parmelia varia var. saepincola. Fries lich. eur. p. 156.

Exs. Hepp 386. Zwackh 341.

an entrindeten Tannenästen auf der Badener Höhe (B.); an alten Castanien- und Eichenstrünken bei Neuenheim, Handschuchsheim und Heidelberg (Zwackh enum.).

40. ZEORA. FRIES.

188. Z. coarctata. (Ach). Körber syst. p. 132. par. p. 88. Arnold in Flora 1858 p. 324. Krmplhbr. lich. Bayr. p. 164. Anzi cat. p. 55.
> Lecanora coarctata. Ach. syn. p. 149. Schaerer enum. p. 76.
> Parmelia coarctata. Fries lich. eur. p. 104.
> Lecidea coarctata. Nyland. prodr. p. 112, lich. Scand. p. 196.
> Biatora coarctata. Th. Fries lich. arct. p. 189. Zwackh enum. nro. 178. var.

α. **microphyllina.** Fries Körber par. p. 88.

auf Gneiss am Schlossberge und Lorettobergle bei Freiburg (Sickenb.), sowie bei Güntersthal und am Rosskopf bei Freiburg (Thiry); und im Kinzigthale bei Haslach (v. Zwackh); an Granitblöcken in der Oos bei Geroldsau (B.); an Sandstein in der Murg bei Rothenfels (B.); an Granit bei Schriesheim, an Porphyr bei Handschuchsheim und an Sandstein über dem Schlosse zu Heidelberg (Zwackh enum.).

β. **elacista** (Ach). Körber syst. p. 132. par. p. 88. Arnold in
Flora 1858 p. 324. Krmplhbr. lich. Bayr. p. 164.
Parmelia elacista. Ach. method. p. 108.
Lecanora coarctata var. elacista. Schaerer enum. p. 76.
Lecanora elacista. Massal. ric. p. 11. Hepp lich. exs.,
Müller lich. genev. p. 45.
Biatora coarctata var. elacista. Th. Fries lich. arct. p.
190. Zwackh enum. nro. 178.

Exs. Hepp 186, Rbh. 58, Körber 218.

an Steinen in den Wäldern bei Constanz (Stzbrgr.), und bei Schaffhausen (Schenk); an Steinen bei Lauf (B.), auf Porphyr bei Lichtenthal (B.), auf Sandstein am Mercur bei Baden und im Albthale bei Ettlingen (B.); an Steinen und Felsen bei Heidelberg (Zwackh enum.).

γ. **Brujeriana**. Schaerer enum. p. 77. (sub. Lecanora). Arnold
in Flora 1868 p. 245.
Lecanora elacista var. Brujeriana Massal. ric. p. 12, Hepp
lich. exs.

Exs. Hepp 615.

auf Sandstein bei Ettlingen (Nabholz in herb. Stzbrgr.).

189. L. sordida. (Pers). α. **glaucoma**. (Hoffm.) Körber syst. p. 133.
par. p. 88. Arnold in Flora 1858 p. 324. Beltram. lich. bass·
p. 149. Anzi cat. p. 55.
Parmelia sordida α. glaucoma. Fries lich. eur. p. 178.
Lecanora sordida. Th. Fries lich. arct. p. 115.
Lecanora rimosa. Schaerer enum. p. 71. (α.) Massal. ric.
p. 2. Müller lich. genev. p. 44.
Zeora rimosa α. sordida. Krmplhbr. lich. Bayr. p. 165.
Verrucaria glaucoma. Hoffm. flor. germ. III. p. 172.
Lecanora glaucoma. Ach. syn. p. 165. Nyland. lich. Scand.
p. 159, suppl. p. 133.
Lecanora glaucoma var. sordida. Zwackh enum. nro. 85.

Exs. Zwackh 72 A. B.

auf Sandstein bei Villingen (Nabholz in herb. Al. Braun); auf Gneiss im Münsterthal bei Staufen (Al. Braun), und am Kybfelsen bei Freiburg (wird daselbst als Farbeflechte von französischen Sammlern aufgesucht test. Spenner); an Gneissfelsen im Kinzigthal (v. Zwackh); auf Granit bei Schriesheim, an Porphyr auf dem Gipfel des Oelbergs, und an Sandstein bei Heiligkreuzsteinach (Zwackh enum.); auf Dolerit des Katzenbuckels im Odenwalde (Al. Braun).

β. **carneopallens.** Flotow.
Exs. Crypt. bad. 703. Hepp 60.
an Sandsteinblöcken der Felsenmeere am Königstuhle bei Heidelberg (Zwackh enum.).

b. **coralloidea.** Flotow.
Jsidium corallinum. Ach. syn. p. 281.
Exs. Kneiff et Hartm. 35. Schaerer 236.

in saxis et rupibus badensibus (Kneiff et Hartm.); auf dem Kybfelsen bei Freiburg (Spenner); an Sandsteinblöcken auf den Hornissgrinden und auf der Badener Höhe (Al. Braun); an den Porphyrfelsen des Badener Schlossbergs (Al. Braun).

190. Z. Trevisanii. (Mass.) Körber par. p. 90. Arnold in Flora 1868 p. 245.
Lecanora Trevisanii. Massal. sched. p. 165. Krmplhbr. in Flora 1857 p. 589. Anzi cat. p. 56. Zwackh enum. nro. 89.
Lecanora glaucoma var. subcarnea. Nyland. 'herb. lich. Paris. nro. 41. lich. Scand. p. 159.
Zeora sordida var. subcarnea. Körber syst. p. 134. par. p. 89. vix differt.
Exs. Hepp 905, Rbh. 373, Zwackh 75. Anzi lich. etrur. 16.

an Granit bei Berau (Gerwig), an Sandstein auf dem Altvater bei Lahr (B.), auf Granit am Krockenfelsen bei Geroldsau (B.); auf Porphyr im Gunzenbacher Thal und hinter dem alten Schlosse bei Baden (B.), an Porphyr bei Handschuchsheim, an Granit am Haarlasse und im Kapuzinerhölzchen, sowie an Sandsteinblöcken des Königstuhles bei Heidelberg (Zwackh enum.).

191. Z. sulphurea. (Hoffm.) Körber syst. p. 136, par. p. 89, Arnold in Flora 1858 p. 324. 1860 p. 71. et 1868 p. 245. Beltram. lich. bass. p. 148. Krmplhbr. lich. Bayr. p. 165. Anzi cat. p. 56,
Verrucaria sulphurea. Hoffmann flor. germ. III. p. 196.
Lecidea sulphurea. Ach. syn. p. 37.
Parmelia sordida β. sulphurea. Fries lich. eur. p. 179.
Lecanora sulphurea. Ach. lich. univ. p. 399. Massal. ric. p. 13. Hepp lich. exs. Müller lich. genev. p. 44. Nyland. lich. Scand. p. 165.
Lecanora polytropa δ. sulphurea Schaerer enum. p. 82.
Exs. Crypt. bad. 862. Hepp 189. Arnold 188, Crypt. helv. 466.

an Granitblöcken am Wege von Seebach an den Mummelsee (B.); an Porphyrfelsen hinter Lichtenthal (Al. Braun); auf Basalt an der Ruine Steinsberg bei Sinsheim (Al. Braun), auf Keupersandstein an den Mauern der gedachten Ruine (B.).

192. Z. orosthea. (Ach.) Körber syst. p. 136. par. p. 89. Krmplhbr. lich. Bayr. p. 166.
> Lecidea orosthea. Ach. syn. p. 37. Schaerer enum. p. 149.
> Lecanora orosthea. Ach. lich. univ. p. 400. Nyland. lich. Scand. p. 165. Zwackh enum. nro. 87.
> Parmelia orosthea. Fries lich. eur. p. 180.

an Gneissfelsen bei Hausach im Kinzigthale (v. Zwackh), an Porphyrfelsen auf dem Oelberge bei Handschuchsheim, und an der Glashütte im Ziegelhauser Thale; an Sandstein auf dem Geisberge bei Heidelberg (Zwackh enum.).

41. MARONEA. MASSAL.

193. M. Kemmleri. Körber par. p. 91. Arnold in Flora 1860 p. 71.
> Maronea constans (Nyl.) Th. Fries gen. p. 70. Zwackh enum. nro. 88.
> Lecanora constans. Nyland. prodr. p. 89. et herb. lich. Paris. nro. 124.
> Exs. Hepp 771. Rbh. 633. Zwackh 257. Crypt. helv. 158.

an Kirschbäumen bei Baden (B.); an Birken auf dem Mercur (B.); an Prunus domestica bei Lichtenthal, Söllingen und Friedrichsthal (B.); an Carpinus im Sallenwäldchen bei Carlsruhe (B.); an Buchen, Eichen, Birken, Sorbus und Kirschbäumen bei Heidelberg (Zwackh enum.).

42. OCHROLECHIA. MASSAL.

194. O. pallescens. (L.) Massal. mem. p. 135. osserv. p. 10. Körber syst. p. 149. par. p. 92. Arnold in Flora 1858 p. 322. Beltram. lich. bass. p. 143.
> Lecanora pallescens. Schaerer enum. p. 78. Anzi cat. p. 47. Th. Fries lich. arct. p. 101. Müller lich. genev. p. 42. Zwackh enum. in Flora 1864 p. 81.
> Parmelia pallescens. Fries lich. eur. p. 132.
> Lecanora parella. Ach. syn. p. 169.
> Lecanora parella var. pallescens. Krmplhbr. lich. Bayr. p. 154. Nyland. lich. Scand. p. 157.

α. **tumidula.** (Pers.) Körber loc. cit.
> Lecanora pallescens var. tumidula. Schaerer enum. p. 79. Anzi cat. p. 47.
> Lecanora parella var. tumidula. Ach. syn. p. 170.
> Lecanora parella α. pallescens. a. corticola Krmplhbr. lich. Bayr. p. 154.
> Ochrolechia tartarea var. tumidula. Massal. ric. p. 31.
> Lecanora tartarea var. pallescens. Nyland. lich. Scand. suppl. p. 135.
> Exs. Hepp 188. Rbh. 639. Körber 275. Crypt. helv. 64.

an Obstbäumen bei Constanz und Kreenheinstetten (Stzbrgr.); an Buchen auf dem Blauen (de Bary), auf dem Schauinsland (Al. Braun); und auf dem Kandel (B.); an alten Eschen bei Gütenbach (B.), an Weisstannen bei Baden (Al. Braun); an alten Castanien bei Lichtentkal, an Rothtannen bei Herrenalb, an Nussbäumen bei Durlach, und an Prunus domestica bei Söllingen (B.); an Buchen und Birken bei Heidelberg und Ziegelhausen (Zwackh enum.).

    b. variolosa. Flw. Arnold in Flora 1859 p. 148.

    Lecanora pallescens var. variolosa Zwackh enum. in Flora 1864 p. 81.

    Variolaria lactea et Pertusaria communis var. variolosa Autt. pr. p.

  Exs. Zwakh 260. B.

an Zwetschgenbäumen bei Söllingen (B.); an alten Buchen auf dem Königstuhle bei Heidelberg (Zwackh enum,).

    c. upsaliensis. (L.) Massal. ric. p. 31. Körber syst. p. 149. par. p. 92.

  Exs. Hepp 623. Rbh. 168.

auf sandiger Erde bei Kork (Gmelin in herb. Bausch).

  β. parella. (L.) b. variolosa (Anzi).

    Lecanora parella * variolosa Anzi manip. p. 14.

    Lecanora tartarea var. parella-variolosa Zwackh enum. nro. 74. var.

    Variolaria lactea Autt. pr. pr.

an alten Mauern in Freiburg (Spenner); an Sandstein am Königstuhle und auf der Mauer des Stiftsgartens zu Heidelberg (Zwackh enum.).

195. O. tartarea. (L.) Massal. ric. p. 30. Körber syst. p. 150. par. p. 92. Beltram. lich. bass. p. 111.

    Parmelia tartarea. Ach meth. p. 165. Fries lich. eur. p. 133.

    Lecanora tartarea. Ach. syn. p. 172. Schaerer enum. p. 79. Krmplhbr. lich. Bayr. p. 154. Anzi cat. p. 48. Th. Fries lich. arct. p. 99. Nyland. lich. Scand. p. 157. suppl. p. 135. Zwackh enum. nro. 74.

  Exs. Rbh. 324. Zwackh 324.

an Felsen bei Villingen (Nabholz in herb. Al. Braun); an Felsen bei Sehringen unweit Müllheim (Vulpius 1796); auf Granit am Triberger Wasserfall (B.); an Sandstein in den Felsenmeeren des Königstuhles bei Heidelberg (Dr. Ahles, Zwackh enum.).

b. **arborea**. (D.C.) Körber syst. p. 150. par. p. 92.
Patellaria tartarea var. arborea. De Candolle flor. franç. II. p. 364.
Lecanora tartarea b. arborea. Schaerer enum. p, 80. Krmplhbr. lich. Bayr. p. 154. Anzi cat. p. 48.
Lecanora pallescens δ. Turneri Hepp. lich. exs.

Exs. Crypt. bad. 456. Hepp 784. Arnold 140. Anzi lich. lang. 100, 431.
an Rothtannen bei Villingen (Stzbrgr.); auf dem Feldberg (de Bary); auf dem Schauinsland (Al. Braun); bei Hundsbach (Seubert); auf der Herrenwiese (Al. Braun); an Pinus sylvestris auf der Badener Höhe (B,); an alten Buchen auf dem Kaltenbrunn (Al. Braun); ebendaselbst an Weistannen (B.); vorzüglich schön an alten Birken bei der Teufelsmühle im Murgthale (B.).

c. **variolosa**. Flotow. Zwackh enum. nro. 74. var.
Variolaria hemisphaerica Flörcke. Deutschl. Lich. nro. 29·
Exs. Zwackh 260. A.
an Pinus sylvestris auf der Badener Höhe (B.); an alten Eichen des Königstuhles bei Heidelberg (Zwackh enum.).

43. ICMADOPHILA. EHRH.

196. 1. aeruginosa. (Scop.) Trevisan in litt. ad. Massal. Massal. ric. p. 26. hedul. p. 28. Körber syst. p. 151. par. p. 92. Arnold in Flora 1858 p. 322. Krmphlbr. lich. Bayr. p. 166. Beltram lich. bass. p. 144, Anzi cat. p. 53. Th. Fries lich. arct. p. 97. Zwackh enum. nro. 78.
Lichen aeruginosus. Scopoli flora carnica II. p. 361.
Lecidea aeruginosa. Schaerer enum. p. 142.
Lecidea icmadophila. Ach. syn. p. 45.
Biatora icmadophila. Fries lich. eur. p. 258.
Biatora aeruginosa. Hepp lich. exs.
Patellaria icmadophila. Müller lich. genev. p. 56.
Baeomyces icmadophilus. Nyland. lich. Scand. p. 49. suppl. p. 108.

Exs. Crypt. bad. 309, Hepp 137, Rbh. 14, 209, Zwackh 81, Schaerer 216.

auf verschiedenen Substraten, faulenden Baumstrünken, torfiger Erde, über Moosen besonders auf Sphagnum etc. bei Pfullendorf, Mösskirch und Neustadt (Stzbrgr.), auf dem Feldberge und auf dem Kandel (B.), auf dem Brunnberge bei Freiburg und auf den Hornissgrinden (Al. Braun); bei Gütenbach, Triberg, auf der Badener Höhe und bei Lichtenthal (B.); in der Umgebung von Heidelberg (Zwackh enum.).

Eine merkwürdige Form — apotheciis compositis, helvelloideo-complicatis — fand Herr Professor Al. Braun auf der Herrenwiese.

44. HAEMATOMMA. MASSAL.

197. H. ventosum. (L.) Massal. ric, p. 148, Körber syst. p. 152. par. p. 93. Krmplhbr. lich. Bayr. p. 155, Anzi cat. p. 52. Th. Fries lich. arct. p. 96. Müller lich. genev. p. 47.
Lecanora ventosa Ach. syn. p. 159, Schaerer enum. p. 84. Nyland. lich. Scand. 172. suppl. p. 140.
Parmelia ventosa. Fries lich. eur. p. 153.
Patellaria ventosa. Hepp lich. exs.

Exs. Hepp 643, Rbh. 197, Crypt. helv. 470.

an Gneissfelsen auf dem Baldenweger Buck am Feldberge (Thiry).

198. H. coccineum. (Dicks). Körber syst. p. 153. par. p. 93. Krmplhbr. lich. Bayr. p. 155. Anzi cat. p. 52. Th. Fries lich. arct. p. 96.
Haematomma vulgare. Massal. ric. p. 32. Zwackh enum. nro. 71.
Lecanora haematomma. Ach. syn. p. 178. Schaerer enum. p. 84. Nyland. prodr. p. 94. lich. Scand. p. 172.
Parmelia haematomma. Fries lich. eur. p. 154.
Patellaria haematomma. De Candolle flor. franç. II. p. 365. Hepp lich. exs.

Exs. Crypt. bad. 702, Hepp 641, Rbh. 112. Zwackh 70.

an Granit anf dem Belchen (Vulpius); an Sandsteinfelsen auf dem Altvater bei Lahr (B.); an Porphyr am Cäcilienberg bei Lichtenthal (B.), und an der Teufelskanzel bei Baden (Seubert); an Sandsteinfelsen auf dem Bernstein im Murgthale (B.); an Sandsteinblöcken bei Heidelberg (Zwackh enum); an Felsen auf dem Katzenkopfe im Odenwalde (Märklin).

β. leiphaemia. (Ach. sub Lepraria). Körber syst. p. 153.
Parmelia haematomma c. leiphaemia. Fries lich. eur. p. 154.
Haematomma vulgare var. leiphaemia Zwackh enum. nro. 71 var.
Patellaria haematomma b. abortiva. Hepp lich. exs.

Exs. Hepp 642.

an alten Buchen auf dem Königstuhle bei Heidelberg (Zwackh enum.).

Herr Professor Al. Braun fand diese Varietät sehr schön an alten Buchen im Walde zwischen Kandel und Wörth jenseits des Rheines Carlsruhe gegenüber

Fam. II. URCEOLARIACEAE. MASSAL.

Subfam. 1. ASPICILIEAE.

45. ASPICILIA. MASSAL.

Sect. I. PACHYOSPORA. MASS.

199. A. calcarea. (L.) Körber par. p. 94. Anzi cat. p. 58. Th. Fries lich. arct. p 131. Zwackh enum. nro. 108.
Urceolaria calcarea. Ach. syn. p. 143. Schaerer enum. p 91.
Parmelia calcarea. Fries lich. eur. p. 187.
Pachyospora calcarea. Massal. ric. p. 42. sched. p. 147.
Arnold in Flora 1858 p. 334. Beltram. lich. bass. p. 159.
Lecanora calcarea. Hepp lich. exs. Müller lich. genev. p. 45.
Lecanora cinerea var. calcarea. Nyland. prodr. p. 82. lich.
Scand. p. 154.
Aspicilia contorta α. calcarea. Körber syst. p. 166, Krmplhbr.
lich. Bayr. p. 177.

α. concreta (Schaerer) Krbr. par. p. 94.

Exs. Hepp 627. Rbh. 842.

an Kalksteinen bei Herblingen an der badischen Eisenbahn bei Schaffhausen (Schenk); an Kalkfelsen am Schönberg bei Freiburg (Spenner); an einem Gränzsteine von Jurakalk bei den neun Linden am Kaiserstuhl (de Bary); auf Muschelkalk bei Lahr, und auf Keupersandstein an der Ruine Steinsberg bei Sinsheim (B.); an Sandstein alter Mauern bei Neuenheim und am Haarlasse bei Heidelberg, sowie an Granitfelsen bei Schriesheim (Zwackh enum.).

b. farinosa. (Flörcke) Körber par. p. 95. Anzi cat. p. 58.
Pachyospora calcarea var. farinosa Massal ric. p. 43.
Pachyospora farinosa. Massal. sched. p. 148. Arnold in
Flora 1858. p. 334. Beltram. lich. bass. p. 160.

Exs. Hepp 628. Anzi lich. etrur. 21.

auf Kalk bei Constanz (Stzbrgr.); bei Donauöschingen (B.); im Munzinger Steinbruch unweit Freiburg (Spenner).

β. contorta. (Flörcke). Körber par. p. 95. Arnold in Flora 1868 p. 245.
Pachyospora calcarea var. contorta. Massal. ric. p. 43.

Arnold in Flora 1858 p. 334. Beltram. lich. bass. p. 159.
Urceolaria calcarea β. contorta. Schaerer enum. p. 91.

E x s. Crypt. bad. 861. Hepp 629. Rbh. 672. Schaerer 131.

auf Molassesandstein an der Bachmauer in Salem (Jack), auf Sandstein bei Meersburg und Constanz (Stzbrgr.); auf weissem Jurakalk bei Emmingen ab Egg und auf dem Randen (Stzbrgr.); auf Muschelkalk bei Donauöschingen (B.), bei Munzingen (Spenner); am Schönberg bei Freiburg und am Kaiserstuhl (Thiry); in einem Steinbruche bei Lahr, sowie auf dem Thurmberge bei Durlach (B.); auf Sandstein und auf blossem Lössboden am Eisenhafen bei Durlach (Al. Braun); auf Basalt am Steinsberg bei Sinsheim (B.).

γ. lundensis. (Flotow). Körber syst. p. 166. par. p. 95. Zwackh enum. nro. 108. var.

Pachyospora lundensis Massal. mem. p. 131.

an Sandstein im Würmthale bei Pforzheim (Dr. Ahles); an Sandstein alter Mauern am Haarlasse bei Heidelberg und an Bretterwänden an der Kaiserhütte bei Mannheim (Zwackh enum.).

200. A. aquatica. (Fries) Körber syst. p. 165. par. p. 96. Anzi cat. p. 59.

Parmelia cinerea β. aquatica. Fries lich. eur. p. 144.
Lecanora aquatica. Hepp lich. exs.
Aspicilia cinerea var. aquatica. Th. Fries lich. arct. p. 132. Zwackh enum. nro. 107. var.

E x s. Hepp 390. Anzi lich. lang. 71.

an Granitblöcken in der Oos bei Geroldsau und an Porphyrfelsen hinter dem alten Schlosse zu Baden (B.); an öfters überflutheten Granitfelsen im Neckar am Haarlasse bei Heidelberg und bei Schlierbach (Zwackh enum.).

201. A. mutabilis. (Ach). Körber syst. p. 167, par. p. 97. Anzi cat. p. 60. Zwackh enum. nro. 109.

Urceolaria mutabilis. Ach. lich. un. p. 335. Schaerer enum. p. 93.
Pachyospora mutabilis. Massal. ric. p. 44.
Lecanora mutabilis. Nyland. prodr. p. 84. Hepp lich. exs. Müller lich. genev. p. 45.

E x s. Hepp 631, Zwackh 326, Schaerer 134, Crypt. helv. 564. Anzi lich. lang. 129.

an Castanien des Oelbergs bei Schriesheim (Zwackh enum.).

202. A. gibbosa. (Ach). Körber syst. p. 163. par. p. 97. Anzi cat. p. 60. Krmplhbr. lich. Bayr. p. 175. Zwackh enum. nro. 106. Arnold in Flora 1864 p. 595.

Urceolaria ocellata et cinerea. Ach. lich. univ. p. 332 et 336.

Pachyospora ocellata. Massal. ricer. p, 44. Arnold in Flora 1858 p. 334.

Exs. Hepp 389. Rbh. 414. Zwackh 60 Anzi lich. lang. 72.

an Sandsteinblöcken auf dem Ruhberg (B.), an Granit auf dem Krockenfelsen bei Geroldsau (B.); auf Porphyr bei Lichtenthal (B.); an Granit, Porphyr und Sandstein bei Heidelberg (Zwackh enum.)

β. squamata. Flw. Körber par. p. 97.

Exs. Körber 246.

auf Sandstein an Weinbergsmauern bei Ettlingen (B.).

203. A. cinerea. (L.) Körber syst. p. 164, par. p. 97. Arnold in Flora 1859 p. 149. Krmplhbr. lich Bayr. p. 174, Anzi cat. p. 60. Th. Fries lich. arct. p. 231. Zwackh enum. nro. 107.

Urceolaria cinerea. Ach. syn. p. 140. Schaerer enum. p. 86.

Parmelia cinerea. Fries lich. eur. p. 142.

Lecanora cinerea. Nyland. prodr. p. 81, enum. p. 113, lich. Scand. p 153. suppl. p. 136. Hepp lich. exs. Müller lich. genev. p. 45.

Aspicilia scutellaris. Massal. ricer. p. 38.

a. vulgaris. (Schaerer) Körber par. p. 97.

Exs. Hepp 388. Schaerer 125, 126.. Crypt. helv. 472.

auf Kalk bei Fuetzen im Wuttachthale (Stzbrgr.); auf Gneiss, Granit und Sandstein auf dem Feldberg, im Höllenthal, auf dem Turner und bei Sct. Peter (Thiry); bei Kirchzarten und Oberried (Sickenb.); am Kybfelsen bei Freiburg (Spenner), am Schlossberg daselbst (Sickenb.); auf der Badener Höhe und an Weinbergsmauern bei Ettlingen (B.); in der Umgegend von Heidelberg (Zwackh enum.).

b. sylvatica. Zwackh in litt. Arnold in Flora 1862 p. 311.

an Granitblöcken im Walde am Krockenfelsen bei Geroldsau (B.),

c. obscurata. (Fr.) Arnold in Flora 1862. p. 311.

Exs. Rbh. 568.

auf Granit bei Geroldsau und an Porphyr bei Lichtenthal (B.).

d. alba. Schaerer enum. p. 86.

Exs. Schaerer 127.

an Granitblöcken in der Oos oberhalb des Geroldsauer Wasserfalls (B.); an den Porphyrfelsen der Teufelskanzel bei Baden (B.).

Sect. II. EUASPICILIA. KŒRBER.

204. A. tenebrosa. (Fltw.) Körber par. p. 99. (α) Krmplhbr. lich. Bayr.
p. 284. Arnold in Flora 1863 p. 590.
Lecidea tenebrosa. Flotow. Nyland. prodr. p. 127. lich. Scand. p. 231. suppl. p. 161.
Urceolaria cinerea δ. atrocinerea. Schaerer enum. p. 87.
Aspicilia atrocinera. Massal. ricer. p. 39.
Lecanora coracinea. Hepp lich. exs. Müller lich. genev. p. 45.
Aspicilia coracina. Anzi cat. p. 61.

Exs. Hepp 383, Rbh. 595, 746, Körber 9, Zwackh 228, Arnold 114, 227. Schaerer 129.

an Sandsteinblöcken auf den Hornissgrinden, auf der Badener Höhe und auf der Teufelsmühle im Murgthale (B.).

205. A. ceracea. Arnold in Flora 1859 p. 16 et 149. 1861 p. 244. Krmplhbr. lich. Bayr. p. 180. Anzi cat. p. 61. Zwackh enum. nro. 105.
Aspicilia epulotica γ. ceracea. Körber par. p. 101.

Exs. Zwackh 114, 391. Arnold 9, Anzi lich. lang. 76.

auf Granit bei Hausach im Kinzigthale (Zwackh), und bei Geroldsau (B.); auf Porphyr bei Handschuchsheim und an Sandstein über dem Schlosse und am Wolfsbrunnen bei Heidelberg (Zwackh enum.).

46. PHIALOPSIS. KŒRBER.

206. Ph. rubra. (Hoffm.) Körber syn. p. 170. par. p. 103. Massal. sched. p. 38. Arnold in Flora 1858 p. 331.
Verrucaria rubra. Hoffmann flor. germ. III. p. 175.
Parmelia rubra. Ach. method. p. 170. Fries lich. eur. p. 134.
Lecanora rubra Ach. syn. p. 177. Schaerer enum. p. 84. Nyland. prodr. p. 92. lich. Scand. p. 171.
Patellaria rubra. Hepp lich exs.
Gyalecta rubra. Massal. ricer. p. 146. Krmplhbr. lich. Bayr. p. 169. Th. Fries lich. arct. p. 137. Żwackh enum. nro. 110.
Petractis rubra. Massal. mem. p. 133.
Lecania rubra. Müller lich. genev. p. 46.

Exs. Crypt. bad. 137. Hepp 205. Rbh. 7. Zwackh 67, Crypt. helv. 65. an alten Obstbäumen bei Constanz und Kreenheinstetten (Stzbrgr.); an alten Eichen bei Baden und Carlsruhe (Al. Braun), und im Rittnertwalde bei Durlach (B.); an alten Ulmen im Sallenwäldchen bei Carlsruhe (B.); an Eichen in der Umgegend von Heidelberg (Zwackh enum.).

Subfam. 2. URCEOLARINAE.

47. URCEOLARIA. ACH.

207. U. scruposa. (L.) Ach. syn. p. 142. Schaerer enum. p. 89. Massal. ricer. p. 33. sched. p. 187. Körber syst. p. 168. par. p. 104. Arnold in Flora 1858 p. 330. Beltram. lich. bass. p. 150. Krmplhbr. lich. Bayr. p. 170. Nyland. prodr. p. 96. lich. Scand. p. 176. suppl. p. 140. Th. Fries lich. arct. p. 176, Anzi cat. p. 58. Müller lich. genev. p. 49. Zwackh enum. nro. 114.
Parmelia scruposa. Fries lich. eur. p. 190.

α. vulgaris. Schaerer. l. c.
Exs. Hepp 915. Schaerer 289. Crypt. helv. 359.
auf sandiger Erde bei Müllheim (Vulpius); an Mauern bei Kirchzarten (Sickenb.); auf Gneiss bei Ebnet unweit Freiburg (Al. Braun); auf dem Schlossberg bei Freiburg (de Bary); am Kaiserstuhle (Spenner); auf dem Kandel (B.); an Granitfelsen am Triberger Wasserfalle (B.); auf Löss am Schutterlindenberge bei Lahr (B.); an Porphyrfelsen bei Lichtenthal (Al. Braun); an Sandstein auf dem Dobel (B.); an Kalksteinen bei Jöhlingen, Durlach und Bruchsal (B.); an Granitfelsen am Haarlasse und im Schriesheimer Thale bei Heidelberg (Zwackh enum.).

b. lignicola.
Exs. Zwackh 385,
an alten Brettern bei Constanz (Stzbrgr.); an einer eichenen Stellfalle bei Sinzheim (B.); an eichenen Pfosten bei Carlsruhe (B.), an Birken im Hardwalde bei Carlsruhe (B.); an Pinus sylvestris bei Graben (B.), und im Schriesheimer Thale (Zwackh enum.).

β. arenaria. Schaerer enum. p. 90.
Exs. Schaerer 132.
an Sandsteinen des Königstuhls, bei Ziegelhausen, Neuenheim und andern Orten bei Heidelberg (Zwackh enum.).

γ. **bryophila.** (Ehrh.) Schaerer l. c.

Exs. Crypt. bad. 531. Hepp 210, Rbh. 637, Schaerer 290, Crypt. 360.

auf Moosen bei Constanz, im Donauthale und bei Villingen (Stzbrgr.), bei Ichenheim (Leiner); bei Baden (Al. Braun), im Hardwalde bei Carlsruhe (Seubert); auf dem Thurmberge bei Durlach und bei Jöhlingen (B.); im Ludwigsthale bei Schriesheim und am Haarlasse bei Heidelberg (Zwackh enum.), auf dem thallus verschiedener Cladonien bei Freiburg, am Kaiserstuhle und bei Baden (Al. Braun), bei Mühlburg (B.), bei Graben (Dr. Schmidt in herb. Al. Braun), und bei Handschuchsheim (Zwackh enum.).

208. U. cretacea. (Ach.) Massal. ricer. p. 35. sched. p. 89. Krmplhbr. in Flora 1857 p. 156. et in lich. Bayr. p. 170. Arnold in Flora 1858 p. 330. Beltram. lich. bass. p. 152.
   Gyalecta cretacea. Ach. syn. p. 10.
   Urceolaria scruposa var. cretacea. Schaerer enum. p. 90. Anzi cat. p. 58. Körber par. p. 104. Müller lich. genev. p. 49.
   Urceolaria scruposa var. gypsacea. (Ach). Körber syst. p. 168. Th, Fries lich. arct. p. 141. Nyland. lich. Scand. p. 177. Zwackh enum. nro. 114 var.
Exs. Crypt. bad. 701. Hepp 916. Rbh. 638. Zwackh 76. Arnold 95. Schaerer 291. Anzi lich. lang. 327.

an Felsen im Bruckfelder Tobel und an Mauern am Schlossgebäude zu Salem (Jack); auf Mauern in und bei Constanz (Stzbrgr.); an Granitwänden bei Schlierbach (Zwackh enum.).

209. U. striata. Duby. Körber par. p. 402. Anmerkung zu Limboria actinostoma.
   Parmelia striata. Fries lich. eur. p. 192.
   Urceolaria clausa. Körber par. p. 105.
   Urceolaria scruposa var. clausa. Flotow lich. fl. sil.
   Limboria euganea. Massal. ricer. p. 155. sec. Arnold in Flora 1864. p. 317.

auf Gneiss am Feldsee (Sickenb.).

48. Thelotrema. ACH.

210. Th. lepadinum. Ach. lich. univ. p. 312. syn. p. 115. Fries lich. eur. p. 428. Schaerer enum. p. 225. Körber syst. p. 330. par. p. 105. Nyland. prodr. p. 100. lich. Scand. p. 185. Arnold in Flora 1862 p. 389.
   Endocarpon lepadinum. Whlbrg. suec. II. p. 874.
   Volvaria truncigena. De Candolle flor. franç. II. p. 374.

Volvaria lepadina Massal. ricer. p. 141. Krmplhbr. lich. Bayr. p. 167.

Exs. Crypt. bad. 453, Hepp 948. Rbh. 1, Zwackh 352, Schaerer 121. an Buchenrinden bei St. Georgen auf dem Schwarzwalde, auf der Badener Höhe und auf dem Kaltenbrunn (B.), an letzterem Orte auch an Tannen (Al. Braun).

b. saxicolum. Hepp in litt.

an einem Sandsteinblocke auf dem Mercur bei Baden einmal gefunden (B.).

49. CONOTREMA. TUCKERMANN.

211. C. urceolatum. (Ach). Tuckermann syn. p. 86. Körber par. p. 106. Zwackh enum. nro. 116.
Lecidea urceolata. Ach. lich. univ. p. 671. syn. p. 27.

Exs. Zwackh 300.

an jungen Eichen und an Buchen bei Carlsruhe und Wolfartsweier (Al. Braun); an Hainbuchen im Hardwalde bei Carlsruhe (B. 1869); an Buchen des Königstuhls und Auerhahnkopfes bei Heidelberg (Dr. Ahles, Zwackh enum.).

50. PETRACTIS. FRIES.

212. P. exanthematica. (Sm.) Fries S. V. Scand. p. 120. Massal. mem. p. 133. Körber syst. p. 329. par. p. 107. Arnold in Flora 1858 p. 331. Beltram. lich. bass. p. 157. Zwackh enum. nro. 115.
Urceolaria exanthematica. Ach. meth. p. 146.
Thelotrema exanthematicum. Ach. syn. p. 116.
Gyalecta exanthematica. Fries lich. eur. p. 197. Anzi cat. p. 63.
Lecidea exanthematica. Nyland. prodr. p. 101. lich. Scand. p. 188.
Verrucaria clausa. Hoffmann flor. germ. III. p. 177.
Thelotrema clausum. Schaerer enum. p. 225.
Gyalecta clausa. Massal. ricer. p. 146.
Patellaria clausa. Hepp lich. exs. Müller lich. genev. p. 60.
Petractis clausum. Krmplhbr. lich. Bayr. p. 254.

Exs. Hepp 206, Rbh. 255, 436. Zwackh 211. Schaerer 122.

auf weissem Jura im Donauthale (Stzbrgr.); auf Jurakalk am Isteiner Klotz (de Bary); an Tuffstein im Schwetzinger Garten. (Dr. Ahles, Zwackh enum.).

Subfam. 3. GYALECTEAE.

51. Gyalecta. ACH.

213. G. cupularis. (Ehrh.) Schaerer spicil. p. 79. enum. p. 94. Fries lich. eur. p. 195. Massal. ricer. p. 144. mem. p. 132. Körber syst. p. 172. par. p. 108. Arnold in Flora 1858 p. 332. Krmplhbr. lich. Bayr. p. 168. Beltram. lich. bass. p. 155. Anzi cat. p. 63. Th. Fries lich. arct. p. 140. Müller lich. genev. p. 62. Zwackh enum. nro. 113.
Patellaria cupularis. De Candolle flor. franç. II. p. 356.
Lecidea marmorea var. cupularis. Ach. syn. p. 46.
Lecidea cupularis. Ach. meth. p. 170. Nyland. prodr. p. 101. lich. Scand. p. 189.

Exs. Crypt. bad. 129, Hepp 142, Rbh. 750. Zwackh 282. Schaerer 135. Anzi lich. etrur. 22.

an Nagelfluegestein bei Salem (Jack); an Mauern bei Constanz und Engen (Stzbrgr.); an weissem Jura im Donauthale und im Wuttachthale (Stzbrgr.); auf Kalksteinen bei Donaueschingen (B.); an Gneissfelsen am Schlossberg bei Freiburg (Al. Braun); auf Mörtel und Sandstein an der Schlossgartenmauer zu Carlsruhe (Seubert); an Sandsteinmauern und Sandsteinfelsen bei Heidelberg (Zwackh enum.).

214. G. Flotowii. Körber syst. p. 171. par. p. 109. Arnold in Flora 1860 p. 72. Krmplhbr. lich. Bayr. p, 169. Anzi manip. p. 17. Zwackh enum. nro. 112.
Secoliga Flotowii. Massal. descriz. p. 20.
Lecanora rubra b. carneola. (Fltw.) Schaerer enum. p. 84.

Exs. Hepp 749. Rbh. 622. Körber 339, Zwackh 90 C. 393. Arnold 94.

an einer alten Ulme im Sallenwäldchen bei Carlsruhe (B.); an alten Eichen bei Heidelberg (Zwackh enum.).

52. SECOLIGA. (NORMANN). MASSAL.

215. S. abstrusa. (Wallr.) Körber par. p. 112.
Biatora abstrusa. Bayrhoffer Uebersicht der Moose und Flechten des Taunus p. 79. nro. 562.
Patellaria abstrusa Wallroth Crypt. flor. III. p. 381.
Bacidia abstrusa. Körber syst. p. 187.
Gyalecta abstrusa. Massal. geneac. p. 21. Arnold in Flora 1858 p. 332.
Gyalecta Wahlenbergiana β. truncigena. Ach. lich. univ. p. 152. syn. p. 9.

Lecidea rosella. β. truncigena et Lecidea cornea β. abstrusa.
Schaerer enum. p. 142 et 325.
Lecidea truncigena. Nyland. prodr. p. 102. lich. Scand.
p. 190.
Gyalecta truncigena. Hepp lich. exs. Krmplhbr. lich. Bayr.
p. 168. Müller lich. genev. p. 61. Zwackh enum. nro. 111.

Exs. Hepp 27. Rbh. 320. Körber 130. Zwackh 90 A. B. D. Arnold 37.
an Pappeln bei Constanz (Stzbrgr.); an Buchen auf dem Schönberg bei Freiburg (de Bary); an Nussbäumen bei Lichtenthal (B.); an einer alten Linde im Durlacher Walde bei Carlsruhe (B.); an Pappeln, Robinien, Rüstern, Cornus, Ahorn, Eichen, Carpinus und Buchen bei Heidelberg (Zwackh enum.).

216. S. fagicola. (Hepp) Körber par. p. 112.
Biatora fagicola. Hepp in litt. ad Arnold.
Bacidia fagicola. Arnold in Flora 1858 p. 504.
Gyalecta fagicola. Krmplhbr. lich. Bayr. p. 168.
Wilmsia latens. Lahm. Th. Fries in Flora 1861 p. 413.
Pachyphiale corticola, Lönnroth in Flora 1858 p. 611.
Pachyphiale fagicola. Zwackh enum. nro. 165.
Lecidea congruella. Nyland. lich. Scand. p. 191. suppl. p.
142. secund. Th. Fries in Flora 1865 p. 483.

Exs. Rbh. 634. Zwackh 90 E. 392, Arnold 25, 274.
an Rothtannen auf dem Iwerst bei Baden (B.); an Carpinus bei Carlsruhe (B.); an Hainbuchen hinter dem Stifte, an Populus italica im Stiftsgarten und an Buchen des Königstuhls bei Heidelberg (Zwackh enum.).

217. S. carneola. (Ach.) Stizenberger Krit. Bem. p. 68. Arnold in Flora 1865. p. 596
Lecidea carneola. Ach. lich. univ. p. 194. syn. p. 42.
(excl. varr.). Nyland. prodr. p. 116. lich. Scand. p. 191.
Biatora carneola. Fries lich. eur. p. 264. Hepp lich. exs.
Bacidia carneola. de Notaris. Körber syst. p. 186, par. p.
131. Arnold in Flora 1861 p. 506. Zwackh in Flora 1862
p. 505 et 1864 p. 85.
Lecidea cornea. Schaerer enum. p. 142.
Bacidia cornea. Massal. ricer p. 118. sched. p. 149.

Exs. Hepp 521. Rbh. 445. Zwackh 192. A—C.
an Weisstannen und Eichen im Stadtwald bei Haslach im Kinzigthal (Zwackh); an Weisstannen bei Baden (Zwackh); an Eichen im Hardwald bei Carlsruhe (B.); an der Rinde alter Buchen auf dem Raiterberge bei Neckargemünd (Al. Millardet, Zwackh enum.).

218. S. bryophaga. Körber lich. exs. Arnold in Flora 1864 p. 595.
Bryophagus gloeocapsa. Nitschke in Rabenhorst lich. exs.
Zwackh enum. Heidelb. in Flora 1864 p. 85. Th. Fries in Flora 1865 p. 483.
Exs. Rbh. 608, Körber 247, Zwackh 428, Arnold 214, 275.

auf sandiger Erde auf dem Ruhberg bei Baden (B.); am Rande eines Waldweges über dem Wolfsbrunnen bei Heidelberg (Alexis Millardet, Zwackh enum.).

219. S. carnea. Arnold in litt. 1859 (nro. 341 ad Hepp).
Thallo effuso, tenui, laevi, albescente. Apoth. carneis, suburceolatis, margine crassiore, mollibus, dispersis et approximatis. Paraph. discretis, apice non clavatis. Epith. subcarneo, hymenio et hypothecio incolorato. Sporis 8 in asco, triseptatis, utroque apice subacutis, rarius obtusis, junioribus bilocularibus, hyalinis, 15—17. mm. long. 5—6. mm. lat.

gemeinschaftlich mit Zeora coarctata γ. elacista an oft überschwemmten Granitblöcken der Oos nicht weit unterhalb des Geroldsauer Wasserfalls im Sept. 1858 von Herrn Bezirksgerichtsrath Arnold entdeckt, von mir im J. 1863 einmal wiedergefunden. Habituell ist die Flechte der Pinacisca similis Massal. nicht unähnlich.

Subfam. 4. HYMENELIEAE.

53. HYMENELIA. KRMPLHBR.

220. H. Prevostii. (Fries) Krmplhbr. in Flora 1852 p. 17 lich. Bayr. p. 167. Massal. geneac. p. 12. Körber syst. p. 329. par. p. 113. Arnold in Flora 1858 p. 330. 1869 p. 255.
Gyalecta Prevostii. Fries lich. eur. p. 197.
Lecidea Prevostii. Schaerer enum. p. 146. Nyland. prodr. p. 103.
Biatora Prevostii. Rbhrst. Crypt. fl. p. 90. Müller lich. genev. p. 52.
Biatora epulotica var. Prevostii. Hepp lich. exs.
Lecidea epulotica var. Prevostii. Nyland. lich. Scand. p. 189.
Aspicilia Prevostii. Anzi lich. exs.
Exs. Hepp 273. Arnold 360. Anzi lich. lang. 528.

auf Jurakalk bei der Emminger Steige unweit Engen (Stzbrgr.).

221. H. lithofraga. Massal. symm. p. 24. Körber par. p. 114.
Hymenelia Prevostii β. melanocarpa. Krmplhbr. lich. Bayr. p. 167. (?)

auf Muschelkalk am Buchberge bei Donauöschingen (B.).

54. PHLYCTIS. WALLR.

222. Ph. agelaea. (Ach.) Massal. ricer. p. 58. Körber syst. p. 391, par. p. 316. Arnold in Flora 1858 p. 329. Krmplhbr. lich. Bayr. p. 171. Nyland. prodr. p. 99. lich. Scand. p. 184. Zwackh enum. nro. 118.
Urceolaria agelaea. Ach. meth. p. 150.
Thelotrema variolarioides *β*. agelaeum. Ach. syn. p. 117.
Thelotrema agelaeum. Hepp lich. exs.
Pertusaria lejoplaca forma Schaerer enum. p. 230.
Exs. Crypt. bad. 530. Hepp 703. Rbh. 230, 807. Körber 213, Zwackh 298.

an Buchen bei Constanz (Stzbrgr.) und am Schönberg bei Freiburg (de Bary); an Hainbuchen bei Carlsruhe (B.); an verschiedenartigen Bäumen, als Pappeln, Buchen, Eichen u. s. w. in Wäldern und Gärten bei Heidelberg (Zwackh enum.).

β. dispersa. Arnold in Flora 1862. p. 389.
Exs. Arnold 190.

an Saliz caprea bei Carlsruhe (B.), und bei Heidelberg (Zwackh enum.).

223. Ph. argena. (Ach.) Wallroth Naturgesch. der Flechten I. p. 521. Flotow in bot. Zeitng. 1850 p. 572, Körber syst. p. 391. par. p. 116. Arnold in Flora 1858 p. 329. Krmplhbr. lich. Bayr. p. 171. Nyland. prodr. p. 100, lich. Scand. p. 184. Zwackh enum. nro. 117.
Lecidea argena. Flörcke im Berliner Magazin 1807. p. 13. Ach. syn. p. 47.
Parmelia argena. Wallr. Crypt. flor. p. 466.
Thelotrema argenum. Hepp lich. exs.
Exs. Hepp 705. Rbh. 806. Zwackh 299.

an Eschen und Hainbuchen bei Carlsruhe (B.); an Waldbäumen besonders schön an Buchen bei Heidelberg (Zwackh enum.).

Fam. XII. LECIDEAE. FRIES.

Subfam. 1. PSORINAE.

55. DIPLOICHA. MASSAL.

224. D. canescens. (Dicks.) Massal. ricer p. 86. Körber syst. p. 174. par. p. 117. Arnold in Flora 1859 p. 150. Krmplhbr. lich. Bayr. p. 286.
Lecidea canescens. Ach. syn. p. 54. Fries lich. eur. p. 284, Schaerer enum. p. 105. Nyland. prodr. p. 119.
Catolechia canescens. Th. Fries gen. p. 81. Zwackh enum. nro. 142. Anzi manip. p. 18.

Exs. Crypt. bad. 130. Hepp 528.

an Sandstein auf dem Mercur bei Baden (B); an Mauern, Sandsteinblöcken, und Porphyr bei Heidelderg (Zwackh enum.) immer steril.

56. PSORA. HALLER.

225. Ps. lurida. (Swartz). De Candolle flor. franç. II. p. 370. Massal. ricer. p. 90. sched. p. 58. Körber syst. p. 176. par. p. 118. Arnold in Flora 1858 p. 335. Beltram. lich. bass. p. 162. Krmplbbr. lich. Bayr. p. 183. Anzi cat. p. 64. Th. Fries lich. arct. p. 171. Müller lich. genev. p. 41.
Biatora lurida. Fries lich. eur. p. 253. Rbhrst. Crypt. flor. p. 95. Hepp lich. exs.
Lecidea lurida. Ach. syn. p. 51. Schaerer enum. p. 96. Nyland. prodr. p. 104. lich. Scand. p. 192.

Exs. Hepp 121. Rbh. 9, Schaerer 157.

auf Jurakalk bei Efringen (Al. Braun); am Isteiner Klotz (B.); auf Erde bei Baden (Al. Braun in herb. Döll); auf Löss bei Jöhlingen (B.).

226. Ps. decipiens. (Ehrh.) Hoffmann fl. germ. III. p. 162. De Candolle flor. franç. II. p. 369. Massal. ricer. p. 91. sched. p. 58. Körber syst. p. 177. par. p. 119. Arnold in Flora 1858 p. p. 336 et 1868. p. 245, Beltram. lich. bass. p. 163. Krmplhbr. lich. Bayr. p. 183. Anzi cat. p. 65. Th. Fries lich. arct. p. 171. Müller lich. genev. p. 40. Zwackh enum. nro. 138.
Lecidea decipiens. Ach. syn. p. 52. Schaerer enum. p. 95. Nyland. prodr. p. 120. lich. Scand. p. 214.

Biatora decipiens. Fries lich eur. p. 252. Rbhrst. Crypt. flor. p. 95. Hepp lich. exs.

Exs. Crypt. bad. 123. Hepp 120, Rbh. 177. Schaerer 164.

auf Löss bei Müllheim (B.), auf dem Schönberg bei Freiburg (Thiry), am Kaiserstuhl an vielen Orten (Al. Braun); bei Munzingen (Spenner); auf dem Schutterlindenberg bei Lahr, auf dem Thurmberg bei Durlach, bei Jöhlingen und Obergrombach (B.); auf steinigem Boden bei Schriesheim (Märklin in herb. Al. Braun), im Ludwigsthale daselbst und bei Leutershausen (Zwackh enum.).

57. THALLOIDIMA. MASSAL.

227. Th. vesiculare. (Hoffm.) Massal. ricer. p. 95. sched. p. 151. Körber syst. p. 179. par. p. 121, Arnold in Flora 1858 p. 337. 1868 p. 215. Beltram. lich. bass. p. 165. Krmplhbr. lich. Bayr. p. 184. Anzi cat. p. 66. Th. Fries lich. arct. p. 174. Müller lich. genev. p. 41. Zwackh enum. nro. 139.

Psora vesicularis. Hoffm. fl. germ. III. p. 163.

Lecidea vesicularis. Ach. syn. p. 51. Fries lich. eur. p. 286. Rbhrst. Crypt. flor. p. 88. Nyland. prodr. p. 121. lich. Scand. p. 214. suppl. p. 185.

Lecidea coeruleo-nigricans. Schaerer enum. p. 101.

Biatora vesicularis. Hepp lich. exs.

Exs. Crypt. bad. 124. Hepp 237. Rbh. 434. Schaercr 168. Crypt. helv. 361.

auf Löss an der Thalcapelle bei Engen (Stzbrgr.); am Isteiner Klotz (B.); am Kaiserstuhl an vielen Orten (Al. Braun); bei Munzingen (Spenner); auf dem Schutterlindenberg bei Lahr, auf dem Thurmberg bei Durlach, bei Berghausen, bei Grötzingen und bei Jöhlingen (B.); auf Sand am Rheine bei Knielingen (B.); auf steinigem Boden bei Schriesheim und bei Neuenheim (Zwackh enum.).

228. Th. candidum. (Web.) Massal. ricer. p. 96, sched. p. 165. Körber syst. p. 179. par. p. 121. Arnold in Flora 1858 p. 336. Beltram. lich. bass. p. 166. Krmplhbr. lich. Bayr. p. 184. Anzi cat. p. 66. Th. Fries lich. arct. p. 173. Müller lich. genev. p. 41.

Lecidea candida. Ach. syn. p. 50. Fries lich. eur. p. 285. Schaerer enum. p. 103. Rbhrst. Crypt. flor. p. 88. Nyland. prodr. p. 121. lich. Scand. p. 213.

Biatora candida. Hepp lich. exs.

Exs. Crypt. bad. 308, Hepp 124, Rbh. 12. Zwackh 347. Crypt. helv. 565.

auf Kalk bei der Thalcapelle zu Engen (Stzbrgr.); an Jurakalkfelsen bei Istein (Al. Braun); auf Kalk am Kaiserstuhle (Spenner).

229. Th. tabacinum. (Ramond). Massal. ricer. p. 191. mem. p. 121. Körber syst. p. 180. par. p. 121. Anzi cat. p. 67. Zwackh enum. nro. 140. Arnold in Flora 1868 p. 245.
Lichen tabacinus. Ramond.
Psora tabacina. De Candolle flor. franç. II. p. 367.
Biatora tabacina. Fries lich. eur. p. 253. Rbhrst. Crypt. flor. p. 95.
Lecidea tabacina. Schaerer enum. p. 100.

Exs. Rbh. 179.

sehr selten auf steinigem Boden im Ludwigsthale bei Schriesheim (Zwackh enum.).

58. TONINIA. MASSAL.

230. T. aromatica. (Turn.) Massal. symm. p. 54. framm. p. 22. Körber par. p. 122. Krmplhbr. lich. Bayr. p. 185. Arnold in Flora 1861 p. 472. 1862 p. 384. Anzi symb. p. 12. Zwackh enum. nro. 141.
Lecidea aromatica. Turner Engl. Bot. tab. 1777. Ach. syn. p. 19. Leight. lich. brit. exs. nro. 154. Nyland. prodr. p. 123.
Biatora aromatica Hepp lich. exs.

Exs. Crypt. bad. 125. Hepp 283. Zwackh 280.

an alten Mauern bei Constanz (Stzbrgr.); an gleichen Orten bei Heidelberg (Zwackh enum.).

Subfam. 2. BIATORINAE.

59. XANTHOCARPIA. MASSAL. et de NOT.

231. X. ochracea. (Schaer.) Massal. alc. gen. p. 11. mem. p. 119. sched. p. 77. Körber par. p. 124. Beltram, lich. bass. p. 205.
Lecidea ochracea. Schaerer in naturwissensch. Anz. 1810 p. 11.
Parmelia ochracea Fries lich. eur. p. 164.
Lecidea aurantiaca var. ochracea. Schaerer enum. p. 149.
Callopisma ochraceum, Massal. mon. Blast. p. 89. Körber syst. p. 131. Krmplhbr. lich. Bayr. p. 163. (α callosine), Arnold in Flora 1863 p. 590.
Placodium ochraceum. Anzi cat. p. 44. manip. p. 12. Hepp lich. exs.

Patellaria ochracea. Müller lich. genev. p. 59.

Exs. Hepp 910, Rbh. 362, 437, Körber 184, Zwackh 268. Arnold 224, Schaerer 222.

an weissem Jura auf dem Randen (Stzbrgr.); auf Jurakalk am Isteiner Klotz (B.).

60. BIATORELLA. DE NOTAR.

232. B. elegans. (Zwackh). Th. Fries gen. p. 87. Zwackh enum. nro. 201.
Biatora elegans. Zwackh in schedulis.
Chiliospora elegans. Massal in litt. et Essame comp. p. 21.
Arnold in schedul. et in Flora 1861 p. 48 et 507.
Biatoridium monasteriense Lahm in litt. ad. Krbr., Körber par. p. 172.
Biatora monasteriensis. Müller lich. genev. p. 55.
Myriosperma elegans. Hepp lich. exs.

Exs.-Crypt. bad. 521. Hepp 750. Rbh. 830. Zwackh 344. Arnold 144.

im Schlossgarten zu Heidelberg am Grunde der Stämme von Sambucus, Rüstern, Pappeln, Eschen, Rosscastanien, Robinien, Ahorn und Nussbäumen (1859 von Herrn von Zwackh entdeckt); an Hollunderstämmen am Wolfsbrunnen bei Heidelberg (Dr. Ahles in Crypt. bad. exs.).

233. B. Rousselii. (Dur. et Mont.) de Notaris framm. lich. p. 192.
Massal ricer. p. 116, geneac. p. 11. Arnold in Flora 1858 p. 506. Krmplhbr lich. Bayr. p. 227. Körber par. p. 124.
Almquist in Flora 1866 p. 440.
Lecidea fossarum (Duf). Nyland. prodr. p. 116. enum. p. 122. suppl. p. 185.

Exs. Zwackh 367. Arnold 12.

an bemoosten Seeuferpfählen bei Constanz (Stzbrgr.).

61. BLASTENIA. MASSAL.

234. Bl. teicholyta. (Ach). Stizenberger in Rabenhorst lich. exs. sub Placodium.
Lecanora teicholyta. Ach. lich. univ. p. 425. syn. p. 188.
Placodium teicholytum. De Candolle flor. franç. VI. p. 185.
Nyland. prodr. p. 73. enum. p. 111.
Parmelia erythrocarpia (a) Fries lich. eur. p. 120.
Patellaria teicholyta α blastematica. Wallr. Crypt. flor. p. 390.
Placodium et Blastenia arenaria, Lecanora, Lecidea, Blastenia erythrocarpia. Autt. pr. parte.

(Junger steriler thallus kreisrund, im Umfang effigurirte Rosetten bildend; Scheibe im Alter schwärzlich. Sporen 16—20 mm.

lang, 2—2½ mal länger als breit, meist schlanker als bei Blasten. arenaria. Stizenberger in Rbh. exs.).
Exs. Crypt. bad. 532. Rbh. 707.
auf dem Ziegeldache eines Landhauses bei Constanz (Stzbrgr.).

235. Bl. arenaria. (Pers.) Massal. mon. Blast. p. 113. Arnold in Flora 1858 p. 506.
Placodium arenarium. Hepp lich. exs.
Blastenia erythrocarpea. Körber syst. p. 183. par. p. 125. Krmplhbr. lich. Bayr. p. 226.
Lecidea erythrocarpia. Ach. syn. p. 43.
Parmelia erythrocarpia b. arenaria. Fries lich. eur. p. 210.
Lecidea erythrocarpia α. arenaria. Schaerer enum. p. 145.
Lecanora erythrocarpia. Rbhrst. Crypt. flor. p. 39.
Placodium erythrocarpium. Anzi manip. p. 12.
Caloplaca erythrocarpia. Zwackh enum. nro. 95.
Exs. Hepp 199. Rbh. 615. Zwackh 97.
an Sandstein bei Constanz (Stzbrgr.); an Sandstein alter Mauern bei Neuenheim und Heidelberg (Zwackh enum.)

236. Bl. ferruginea. (Huds.) Massal. mon. Blast. p. 102. Körber syst. p. 183. par. p. 126. Arnold in Flora 1858 p. 505. Beltram. lich. bass. p. 202. Krmplhbr. lich. Bayr. p 226. Müller lich. genev. p. 63.
Parmelia ferruginea. Fries lich. eur. p. 170.
Lecidea ferruginea. Schaerer enum. p. 133.
Biatora ferruginea. Rbhrst. Crypt. flor. p. 89.
Lecanora ferruginea. Nyland. prodr. p. 76. lich. Scand. p. 143.
Placodium ferrugineum. Hepp lich. exs. Anzi cat. p. 39.
Caloplaca ferruginea. Th. Fries lich. arct. p. 123. Zwackh enum nro. 94.
Lecidea cinereofusca. Ach. syn. p. 43.

α. genuina. Körber (corticola Arnold in Flora 1867 p. 562.)
Exs. Hepp. 400. Rbh. 24. Zwackh 95 A.
an Buchen auf dem Gipfel des Schönbergs bei Freiburg (de Bary); an Weisstannen auf dem Kaltenbrunn (B.); an Prunus domestica bei Mutschelbach (B.) und bei Wolfartsweier (Al. Braun); an Kirschbäumen bei Söllingen (B.); an Buchen, Sorbus, Kirschbäumen und Castanien bei Heidelberg (Zwackh enum.).

β. saxicola. Massal sched. p. 129.
Exs. Rbh. 516.
an Porphyrfelsen hinter dem alten Schlosse zu Baden (B.)

237. Bl. festiva. (Ach.) Krmplhbr. lich. Bayr. p. 226.
Blastenia ferruginea γ. festiva. Körber syn. p. 184. par. p. 126.
Caloplaca festiva Zwackh enum. in Flora 1864 p. 85.

Exs. Körber 40.

an Porphyrfelsen zwischen Lichtenthal und Geroldsau (Al. Braun); an Granit beim Haarlasse und bei Schriesheim, an Porphyr bei Handschuchsheim und Dossenheim, und an Sandstein am Philosophenwege bei Heidelberg (Zwackh enum.).

62. BACIDIA. DE NOT. (SECOLIGA. STIZENBRGR.)

(nach Dr. Erust Stizenberger: Kritische Bemerkungen über die Lecideaceen mit nadelförmigen Sporen. Dresden 1864 besonderer Abdruck aus Bd. XXX. der Verhandlungen der Kaiserl. Leopoldino-Carolinischen Academie der Naturforscher).

238. B. flavovirescens. (Dicks). Stizenberger. Krit. Bem. p. 11. Anzi cat. p. 71.
Lichen flavovirescens. Dickson Crypt. brit. III. p. 13.
Lecidea flavovirescens (α et β) Schaerer enum. p. 124.
Rhaphiospora flavovirescens. Massal. alc. gen. p. 12. mem. p. 119. Körber syst. p. 268. par. p. 237. Krmplhbr. lich. Bayr. (α et β) p. 207. Arnold in Flora 1863 p. 601.
Arthroraphis flavovirescens. Th. Fries lich. arct. p. 203. Zwackh enum. nro. 203.
Lecidea citrinella. Ach. syn. p. 25. Fries lich. eur. p. 346. Nyland. lich. Scand. p. 248.

Exs. Rbh. 410, 411. Körber 139. Schaerer 204.

an Wegrändern bei der Halde gegen den Feldberg zu (de Bary); in Felsritzen an der Chaussée des Kinzigthals zwischen Haslach und Hausach (v. Zwackh); in Mauerritzen auf dem Dobel (B.); auf dünner Erdschichte in Felsenritzen bei Schlierbach (Zwackh enum.).

239. B. pezizoidea. (Schleicher). Stizenberger Krit. Bem. p. 13. Rbnhrst. lich. exs. Anzi cat. p. 70. Zwackh enum. nro. 157.
Lecidea pezizoidea. Schleicher in herb. Schaerer. Schaerer enum. p. 132.
Biatora pezizoidea. Naegele manuscr. Hepp lich. exs.
Scoliciosporum pezizoideum. Arnold in Flora 1858 p, 475. Krmplhbr. lich. Bayr. p. 207.
Lecidea luteola var. incompta. form. muscorum. Nyland. enum. p. 122.

Lecidea bacillifera form. muscorum. Nyland. lich. Scand.
p. 210. suppl. p. 154.
Scoliciosporum Bagliettoanum. Massal. mem. p. 126.
Beltram. lich. bass. p. 177.
Rhaphiospora viridescens. Körber par. p. 239. pp.

Exs. Hepp 25. Rbh. 514. Anzi lich. lang. 144. lich. ven. 59.
auf Löss auf dem Thurmberge bei Durlach (B.); auf Erde ober Handschuchsheim, auf abgestorbenen Moosen und Gräsern bei Schriesheim, und auf Sandboden im Föhrenwalde zwischen Friedrichsfeld und Schwetzingen (Arnold) (Zwackh enum.).

b. viridescens. Stizenberger l. c. p. 15.
Raphiospora viridescens. Massal. alc. gen. p. 12. Körber par. p. 239. p.p.
Scoliciosporum viridescens. Massal. sched. p. 131.
Biatora pezizoidea var. viridescens. Hepp lich. exs.

Exs. Hepp 518. Rbh. 537. Arnold 194.
am Rande des Fahrweges nach der Drachenhöhle ober dem Wolfsbrunnen bei Heidelberg (Zwack enum.).

240. B. atrosanguinea. (Schaer.) Stizenberger. Krit. Bem. p. 16. Anzi cat. p. 70. p.p. Zwackh enum. nro. 154.
Lecidea rubella β. atrosanguinea. Schaerer enum. p. 142. p.p.
Biatora atrosanguinea (α) Hepp lich. exs.
Patellaria atrosanguinea. Müller lich. genev. p. 61.
Rhaphiospora atrosanguinea β. lecideina. Körber par. p. 238. p.p.
Lecidea vermifera. Nyland. obs. Holm. p.p.
Lecidea bacillifera. var. subincompta. Nyland. suppl. p. 155.

Exs. Crypt. bad. 678. Hepp 286. Zwackh 85. Anzi lich. lang. 146.
an Eichen bei Constanz (Stzbrgr.); an Eichen, Buchen, Ahorn und Espen bei Heidelberg (Zwackh enum.).

b. Hegetschweileri. (Hepp) Stzbrgr. l. c. p. 17.
Biatora atrosanguinea β. Hegetschweileri. Hepp lich. exs.
Rhaphiospora atrosanguinea β. lecideina. Körber par. p. 238. p.p.
Bacidia atrosanguinea. Anzi cat. p. 70. p.p.
Lecidea vermifera. Nyland. in Flora 1855 p. 291.

Exs. Hepp. 23.
an der Rinde verschiedener Laubbäume bei Heidelberg (Dr. Ahles.).

β. affinis (Zwackh) Stizenberger l. c. p. 18.
Biatora affinis. Zwackh in sched.
Bacidia atrosanguinea var. biatorina. Zwackh enum. nro. 154. var.

Rhaphiospora atrosanguinea β. lecideina. Körber par. p. 238. p.p.
Scoliciosporum atrosanguineum var. affine. Arnold in Flora 1864 p. 596.
Lecidea bacillifera var. incompta form. affinis. Nyland. suppl. p. 154.

Exs. Zwackh. 336. B.

an alten Zitterpappeln am Kohlhofe bei Heidelberg (Zwackh enum.).

241. B. mollis. (Borr.) Th. Fries lich. arct. p. 181. Zwackh enum nro. 155.
Bacidia (Secoliga) atrosanguinea γ. incompta. Stizenberger Krit. Bem. p. 19.
Lecidea incompta. Borrer.
Biatora incompta. Hepp lich. exs.
Patellaria incompta. Müller lich. genev. p. 61.
Lecidea bacillifera form. incompta. Nyland. lich. Scand. p. 210. suppl. p. 154.
Lecidea luteola var. incompta. Nyland. enum. p. 122.
Lecidea rubella β. atrosanguinea. Schaerer enum. p. 142. pr. p.
Bacidia incompta. Anzi cat. p. 70.
Scoliciosporum molle. Massal. ricer. p. 105, sched. p. 169. pp. Körber syst. p. 269. par. p. 240. Beltram. lich. bass. p. 177. Krmplhbr. lich. Bayr. p. 206 p.p.

Exs. Crypt. bad. 128. Hepp 287. Rbh. 496. Körber 283. Zwackh 335. Schaerer 212. Crypt. helv. 69.

im Schlossgarten zu Carlsruhe an alten Ulmen (Al. Braun); ebendaselbst an Populus alba und nigra (Seubert, Bausch); an Ulmen im Schwetzinger Garten (Zwackh enum.).

242. B. umbrina. (Ach.) Stizenberger Krit. Bem. p. 25.
Lecidea umbrina. Ach. lich. univ. p. 183. syn. p. 35. Nyland. lich. Scand. p. 209. pp.
Lecidea holomelaena. Flörcke. Schaerer enum. p. 134. pp.
Bacidea holomelaena. Zwackh enum. nro. 156.
Bacidea holomelaena α. saxicola. Anzi cat. p. 71. pp.
Scoliciosporum holomelaenum. Massal. ricer. p. 104. Körber syst. p. 269. par. p. 240. Krmplhbr. lich. Bayr. p. 206. Beltram. lich. bass. p. 178.
Biatora streptospora. Nägele manuscr. Hepp lich. exs.
Bacidia asserculorum. Th. Fries lich. arct. p. 181. pp.

Exs. Hepp 523. Körber 194. 195. Zwackh 197.

auf Sandstein bei Wolfartsweier (B.); auf Sandsteinfelsen bei Heidelberg, Neuenheim und Ziegelhausen (Zwackh enum.).

β. corticola. (Anzi) Stizenberger Krit. Bem. p. 27.

Bacidea holomelaena var. corticola. Anzi cat. p. 71. Zwackh enum. nro. 156. var.
Scoliciosporum corticolum. Arnold in Flora 1866 p. 530.

Exs. Hepp 748, Zwackh 417. Arnold 302, 328. Anzi lich. lang. 515.

an einem eichenen Gartengeländer im Gunzenbacher Thal bei Baden (B.); an der Rinde junger Eichen des heiligen Berges und des Königstuhls bei Heidelberg (Zwackh enum.).

γ. asserculorum. (Ach.) Stizenberger l. c. p. 28.

Lecidea asserculorum. Ach. syn. p. 26. Schaerer enum. p. 135. pp.
Biatora asserculorum. Hepp lich. exs.
Bacidia asserculorum. Th. Fries lich. arct. p. 181. pp.
Scoliciosporum compactum var. asserculorum Körber syst. p. 268. par. p. 240. Krmplhbr. lich. Bayr. p. 207.
Bacidia holomelaena b. lignicola. Anzi cat. p. 71.
Bacidia holomelaena var. asserculorum. Zwackh enum. nro. 156. var.

Exs. Hepp 524. Rbh. 500.

auf Schindeldächern bei Constanz (Stzbrgr).; an Brettern und hölzernen Pfosten bei Heidelberg (Zwackh enum.).

243. B. Friesiana. (Hepp) Stizenberger Krit. Bemerk. p. 30. Anzi cat. p. 70. Crypt. bad. nro. 519. Körber par. p. 133. Krmplhbr. lich. Bayr. p. 261. Arnold in Flora 1861 p. 268.

Biatora Friesiana et Biatora Friesiana *β*. coerulea. Hepp lich. exs.
Bacidia coerulea. Körber par. p. 134.
Bacidia coerulea et var. Friesiana. Zwackh enum. nro. 151.
Bacidia anomala. Körber syst. p. 188. pp.
Lecidea luteola var. chlorotica Ach. lich. univ. p. 196.
Lecidea luteola var. coerulea Nyland. suppl. p. 184.

Exs. Crypt. bad. 519. Hepp 288. 746. Rbh. 524, 557. Körber 162. Zwackh 88, 278 A. B. Arnold 168.

an Sambucus racemosa bei Salem (Jack); an Nussbäumen bei Hechtsberg im Kinzigthal (Zwackh); an Sambucus nigra bei Lichtenthal (B.); an Sambucus, Acer campestre, Cornus, Pappeln, Nussbäumen und Epheu bei Heidelberg (Zwackh enum.).

244. B. inundata. (Fries). Stizenberger Krit. Bemerk. p. 33. Körber syst. p. 187. Krmplhbr. lich. Bayr. p. 224.
    Biatora vernalis form. inundata Fries lich. eur. p. 261.
    Lecidea luteola. f. inundata. Nyland. enum. p. 122. lich. Scand. p. 209.
    Biatora inundata. Hepp lich. exs.
    Bacidia Arnoldiana α. vulgaris et β. inundata. Körber par. p. 134.
    Bacidia Arnoldiana (Krbr.) Arnold in Flora 1858 p. 505. Zwackh enum. nro. 152.
    Exs. Hepp 289, Körber 131, 163. Zwackh 235.
an Pfählen des Bodenseeufers bei Constanz (Stzbrgr.); auf Granit in der Oos bei Geroldsau (B.); auf Porphyr in einem Waldbache im Gunzenbacher Thal, auf Sandstein in den Bächen bei Schluttenbach und Wolfartsweier (B.); an Sandstein und Porphyr bei Heidelberg (Zwackh enum.).

    b. corticola. Stizenberger l. c. p. 38. Krmplhbr. lich. Bayr. p. 225.
    Bacidia Arnoldiana var. corticola. Zwackh enum. nro. 152. var.
    Biatora modesta. Zwackh in sched.
    Exs. Zwackh 332 A. B. 333.
an Hainbuchen hinter dem Stifte, an Castanien über der Hirschgasse und an Buchen auf dem Königstuhl bei Heidelberg (Zwackh enum.).

245. B. arceutina. (Ach.) Stizenberger Krit. Bemerk. p. 38.
    Lecidea luteola var. arceutina Ach. meth. p. 61. lich. univ. p. 197.
    Lichen effusus. Smith Engl. Bot.
    Lecidea sphaeroides β. effusa. Schaerer enum. p. 140.
    Biatora effusa. Hepp lich. exs.
    Bacidia effusa. Arnold in Flora 1858 p. 505. 1861 p. 506. Anzi manip. p. 20. Zwackh enum. nro. 150. pp.
    Patellaria effusa. Müller lich. genev. p. 61.
    Biatora vermalis c. sphaeroides. Fries lich. eur. p. 261.
    Bacidia anomala. Körber syst. p. 188. pp. par. p. 132. pp.
    Exs. Crypt. bad. 679, Hepp 24. Rbh. 523. pp. Zwackh 372 A. B. Arnold 326, Crypt. helv. 161. pp. Anzi lich. venet. 57. Th. Fries 66.
an Feldahorn bei Constanz (Leiner et Stzbrgr.); an verschiedenen Bäumen im Heidelberger Stadtwald (Dr. Ahles); an Populus tremula auf dem Königstuhle, in den Felsenmeeren und an der Hilsbach bei Heidelberg (Zwackh enum.).

b. **intermedia**. (Hepp) Stizenberger l. c. p. 42.
> Biatora effusa. *β.* intermedia Hepp in litt.
> Bacidia rubella *γ.* assulata. Körber par p. 132. pp.
> Bacidia effusa. Rbh. lich. exs. Arnold lich. exs. Zwackh enum. nro. 150. pp.
> Lecidea luteola var. intermedia. Nyland. suppl. p. 184.

Exs. Crypt. bad. 680. Rbh. 509. Zwackh 370. Arnold 231.

an Buchen in Wäldern um Constanz (Stzbrgr.); an Pappeln auf dem Königstuhle bei Heidelberg (Zwackh enum.).

246. B. albescens. (Hepp). Zwackh enum. nro. 153.
> Secoliga (Bacidia) arceutina *β.* albescens. Stizenberger Krit. Bemerk. p. 43.
> Biatora atrosanguinea var. Hegetschweileri form. albescens. Hepp in litt. ad Ahles.
> Scoliciosporum atrosanguineum form. albescens. Arnold in Flora 1858 p. 475.
> Scoliciosporum molle form. albescens. Krmplhbr. lich. Bayr. p. 207.
> Bacidia phacodes. Körber par. p. 130. Anzi manip. p. 20.
> Lecidea luteola var. chlorotica. Nyland. suppl. p. 153.

Exs. Rbh. 547. Zwackh 339 A. B. 340 A. B. C. Arnold 96. Anzi lich. etrur. 25.

an Hainbuchenstämmen hinter dem Stifte und bei Ziegelhausen, an Buchen des Auerhahnkopfes, an Espen beim Michaelsbrunnen und längs der Hilsbach bei Heidelberg (Zwackh enum.).

247. B. rubella. (Ehrh.) Stizenberger Krit. Bemerk. p. 47. Massal. ricer. p. 118. Körber syst. p. 186. par. p. 131. Arnold in Flora 1858 p. 504. Beltram. lich. bass. p. 200. Krmplhbr. lich. Bayr. p. 225. Th. Fries lich. arct. p. 179. Anzi cat. p. 69. Zwackh enum nro. 147.
> Lichen rubellus Ehrhart Crypt. nro. 196.
> Biatora rubella. Flotow. Hepp lich. exs. Rbhrst. Crypt. flor. p. 94.
> Lecidea rubella. Schaerer enum. p. 142. pp.
> Patellaria rubella. De Candolle flor. franç. II. p. 356.
> Wallr. Crypt. flor. p. 380. Müller lich. genev. p. 60.
> Biatora vernalis *α.* luteola Fries lich. eur. p. 260. pp.
> Lecidea luteola. Ach. lich. univ. p. 195. syn. p. 41. et Autt. pr. part.

Exs. Crypt. bad. 307. Hepp 141. Rbh. 31. Schaerer 210. Crypt. helv. 159. Anzi lich. etrur. 23.

an Brettern beim Schlosse Heiligenberg (Jack); an Obstbäumen im Wuttachthale (Mozer); an Linden und Rosscastanien im

Donauöschinger Schlossgarten (B.); an Eichen im Rheinwald bei Knielingen, an Linden im Durlacher Wald bei Carlsruhe, an Schwarzpappeln bei Mühlburg, an Acer Negundo im Carlsruher Schlossgarten und an Buchen auf dem Eichelberg bei Bruchsal (B.); an Obst- und Waldbäumen bei Heidelberg (Zwackh enum.).

     b. dealbata Hepp in litt.
an Liriodendron tulipifera im Schlossgarten zu Carlsruhe (B.).

     c. haemalea. Stizenberger l. c. p. 52.
an Fraxinus excelsior im Lorrettowald bei Constanz (Stzbrgr.).

     d. ochrocarpa. Stizenberger l. c. p. 52.
  Bacidia rubella var. fraxinea. Zwackh enum. nro. 147. var. (non Lönnroth).
an Eschen hinter dem Stifte am Wasserfall zu Heidelberg (Zwackh).

  248. B. fuscorubella. (Hoffm.) Stizenberger Krit. Bemerk. p. 53.
  Verrucaria fuscorubella. Hoffmann flor. germ. III. p. 175.
  Lecidea luteola. var. fuscorubella. Ach. meth. p. 61. lich. univ. p. 196. syn. p. 41.
  Biatora polychroa. Th. Fries Bot. Not. Massal. sched. p. 149.
  Bacidia polychroa. Körber par. p. 131. Th. Fries in Flora 1861 p. 413. Anzi manip. p. 20. Zwackh enum in Flora 1864 p. 85.
  Biatora effusa var. macrocarpa. Hepp in litt.
  Bacidia effusa var. macrocarpa. Arnold in Flora 1858 p. 505. 1860 p. 74. Krmplhbr. lich. Bayr. p. 225.
  Biatora rubella *β*. anceps. Hepp lich. exs.
  Bacidia anceps. Anzi lich. lang. exs.
  Bacidia rubella *β*. fallax. Körber par. p. 131. pp.
  Bacidia anomala. Körber par. p. 132. pp.
Exs. Crypt. bad. 448, Hepp 520. Rbh. 481. Körber 219. Zwackh 233. Crypt. helv. 160. Anzi lich. lang. 143.
an Feldahorn in einem schattigen Tobel bei Constanz (Stzbrgr.); an Bäumen im Wuttachthale (Mozer in herb. Bausch), und auf dem Feldberge (Sickenb.); an einem jungen Hainbuchenstamme hinter dem Stifte zu Heidelberg (Zwackh enum.).

     b. umbratilis. Stizenberger l. c. p. 57.
  Exs. Hepp 747. Rbh. 728.
an der Rinde schattig gelegener Eschen und an Acer campestre bei Constanz (Stzbrgr.).

c. phaea. Stizenberger l. c. p. 57.
  Lecidea luteola var. fuscorubella. Nyland. lich. Scand.
    p. 209.
an Eschen und Ahorn bei Constanz, und an Eschen in Wäldern zwischen Constanz und Engen (Stzbrgr.).

249. B. acerina. (Pers). Stizenberger Krit. Bemerk. p. 60. Arnold in
  Flora 1862 p. 391. Zwackh enum. nro. 148.
  Lichen acerinus. Persoon in herb. Achar.
  Lecidea luteola var. acerina. Ach. meth. p. 60. lich. univ.
    p. 197. Nyland. in bot. Zeitung 1861 p. 338.
  Biatora affinis. Zwackh in sched.
  Rhaphiospora atrosanguinea α biatorina. Körber par. p.
    238. pp.
Exs. Zwackh 336. A. Arnold 232, 346.
an Eichen des Königstuhls und Auerhahnkopfes bei Heidelberg (Zwackh enum.).

250. B. atrogrisea. (Del.) Stizenberger Krit. Bemerk. p. 62. Arnold in
  Flora 1858 p. 505. 1861 p. 506. Körber par. p. 133. Krmplhbr.
  lich. Bayr. p. 225. Th. Fries lich. arct. p. 180. Anzi manip.
  p. 20. Zwackh enum. nro. 149.
  Biatora atrogrisea. Delise in herb. Schaerer Hepp lich. exs.
  Patellaria atrogrisea. Müller lich. genev. p. 61.
  Lecidea luteola var. endoleuca. Nyland. obscrv. Holm. p. 98.
  Lecidea luteola var. fuscella. Nyland. in Flora 1855 p. 292.
  Biatora premnea. Leight lich. exs. nro. 90.
  Bacidia elevata. Körber syst. p. 188. Anzi cat. p. 70.
  Rhaphiospora atrosanguinea β. lecideina. Körber par. p.
    238. pp.
Exs. Crypt. bad. 518. Hepp 26. Rbh. 365. Zwackh 337, 338. Crypt.
  helv. 162. Anzi lich. lang. 228. lich. etrur. 24.
an Buchen bei Constanz (Stzbrgr.), im Güntersthal bei Freiburg (Millardet), im Albthale bei Ettlingen, und bei Beiertheim unweit Carlsruhe (B.); an Tannen bei Haslach im Kinzigthale (v. Zwackh); an Hainbuchen bei Carlsruhe und an Acer campestre bei Daxlanden (B.); an Buchen und Hainbuchen in den Wäldern bei Heidelberg und Ziegelhausen (Zwackh enum.).

251. B. rosella. (Pers). Stizenberger Krit. Bemerk. p. 66. de Notaris
  framm. lich. p. 190. Massal. ricer. p. 117. Körber syst. p.
  185. par. p. 131. Arnold in Flora 1858 p. 504. Krmplhbr.
  lich. Bayr. p. 225. Anzi cat. p. 69. Zwackh enum. nro. 146.
  Lichen rosellus. Persoon in Usteri annal. VII. p. 25.
  Lecidea rosella. Ach. meth. p. 57. Schaerer enum. p. 141.
  Nyland. prodr. p. 113. enum. p. 122.
  Lecidea alabastrina. var. rosella. Ach. syn. p. 46.

Biatora rosella. Fries lich. eur. p. 259. Rbhrst. Crypt. flor.
p. 94. Hepp lich. exs.

Exs. Crypt. bad. 26. Hepp 522. Rbh. 30. Körber 41. Zwackh 231. Schaerer 217..

an Buchen auf dem Rosskopfe bei Freiburg (Thiry); an Hainbuchen im Rittnertwalde bei Durlach (B.); an Buchen auf dem Eichelberge bei Bruchsal (B.); an Buchen, Hainbuchen, jüngeren Eichen und Pappeln bei Heidelberg (Zwackh enum.).

63. BIATORINA. MASSAL.

252. B. pyracea. Massal. ricer. p. 136. Körber syst. p. 190. par. p. 136. Arnold in Flora 1861 p. 504. et 1863 p. 602.
Biatora pyracea. Hepp lich. exs.
Biatora luteoalba. Steenhamm. lich. exs. 76.
Biatorina luteoalba. Zwackh enum. nro. 176.

Exs. Hepp 500. Rbh. 93. 709. Körber 186. Zwackh 328.

an Nussbäumen bei Bruchsal (B.).

β. irrubata. (Ach.) Arnold in Flora 1861 p. 505, 1863 p. 602.
Lecidea rupestris var. irrubata. Ach. lich. univ. p. 206. Nyland. lich. Scand. p. 147.
Biatora pyracea var. saxicola. Hepp lich. exs.
Biatorina luteoalba var. irrubata. Zwackh enum. nro. 176.

Exs. Hepp 745. Arnold 281.

auf Mörtel an der Ruine Neuwindeck bei Lauf (B.), sowie auf dem Schlosse zu Heidelberg und auf Mörtel alter Mauern bei Handschuchsheim (Zwackh enum.).

253. B. pineti. (Schrad.) Massal. ricer. p. 135. Körber syst. p. 189. par. p. 136. Arnold in Flora 1858 p. 500. 1861 p. 504. Krmplhbr. lich. Bayr. p. 220. Anzi cat. p. 73.
Lecidea pineti Ach. syn. p. 41. Schaerer enum. p. 120. lich. Scand. p. 191. suppl. p. 182.
Biatora vernalis δ. pineti. Fries lich. eur. p. 261.
Biatora pineti. Rbhrst. Crypt. flor. p. 93. Hepp lich. exs.
Pattellaria pineti Wallr. Crypt. flor. p. 381. Müller lich. genev. p. 57.
Peziza diluta Persoon syn. p. 668.
Biatorina diluta. Th. Fries lich. arct. p. 185. Zwackh enum. nro. 166.

Exs. Crypt. bad. 126. Hepp 136. Rbh. 8. Zwackh 83. Schaerer 218. Crypt. helv. 163.

an Pinus sylvestris im Lorrettowald bei Constanz (Stzbrgr.); an Weiss- und Rothtannen auf dem Mercur und auf dem Iwerst bei Baden (B.); an Stechpalmen (Ilex) am Cäcilienberg bei Lichtenthal (B.); an Pinus sylvestris im Hardwald bei Carlsruhe und Friedrichsthal (Al. Braun); an Föhren und Tannen im Walde gegen den Wolfsbrunnen, an Birken im Heidelberger Schlossgarten und bei der Engelswiese, an Erlen über dem Haarlasse bei Heidelberg und an Pinus sylvestris bei Friedrichsfeld (Zwackh enum.).

254. B. lutea. (Dicks). Arnold in Flora 1859 p. 152. Körber par. p. 136, Krmplhbr. lich. Bayr. p. 221. Zwackh enum. nro. 167.
Lecidea lutea. Schaerer enum. p. 147. Nyland. prodr. p. 103. enum. p. 120. lich. Scand. p. 192. suppl. p. 182.
Biatora lutea. Hepp lich. exs.
Lecidea. melizea. Ach. syn. p. 47.

Exs. Crypt. bad. 520. Hepp 501. Körber 277. Zwackh 331. Arnold 98.

an Buchen bei Constanz (Leiner et Stzbrgr.); an Buchen und Hainbuchen bei Heidelberg (Zwackh enum.).

255. B. pilularis. Körber par. p. 136. Krmplhbr. lich. Bayr. p. 289. Arnold in Flora 1862 p. 391. Anzi neosymb. p. 9. Zwackh enum. nro. 169.
Biatora pilularis. Hepp lich. exs.
Biatorina sphaeroides Mudd. sec. Arnold in Flora 1863 p. 329.

Exs. Hepp 739. Rbh. 526. Körber 187. Zwackh 369. 377. Arnold 323.

an alten Eichen bei Heidelberg (Zwackh enum.); und an Hainbuchen bei Hechtsberg im Kinzigthale (v. Zwackh).

256. B. sambucina. Körber par. p. 137. Zwackh ennm. nro. 171.
Patellaria pusilla Hepp in litt. ad. Körber.

Exs. Zwackh 395.

an Feldahorn bei Constanz (Stzbrgr.); an Hollunder und Evonymus bei Lahr (B.); an Pappeln und Sambucus nigra bei Lichtenthal (B.); an Hollunderstämmen im Schlossgarten zu Heidelberg (Zwackh enum.).

257. B. cyrtella. (Ach.) Mass. ricer. p. 134. sched. p. 134. Körber syst. p. 190. par. p. 138. Arnold in Flora 1858 p. 500. Beltram. lich. bass. p. 195. Krmplhbr. lich. Bayr. p. 220. Th. Fries lich. arct. p. 186. Anzi lich. exs. Zwackh enum nro. 170.
Lecidea cyrtella. Ach. meth. p. 67. Nyland. lich. Scand. p. 206. suppl. p. 152.
Lecidea anomala var. cyrtella. Ach. syn. p. 39. Schaerer enum. p. 138.
Patellaria cyrtella. Müller lich. genev. p. 57.
Biatorina Griffithii. Anzi cat. p. 73. pp.

Exs. Rbh. 231, 457. Zwackh. 275. Anzi lich. lang. 336.

an Kiefern auf dem Feldberge (Sickenb.) und auf dem Schauinslande (de Bary); an Espen und Pappeln bei Carlsruhe (B.); an jungen Espen bei Heidelberg (Zwackh enum.).

    β. anomala (Hepp) Arnold in Flora 1858 p. 501. Zwackh enum. nro. 170. var.
  Exs. Arnold 48.

an Ahorn bei Constanz (Stzbrgr.); an Sambucus nigra bei Lichtenthal und bei Schluttenbach (B.); an Crataegus, Weiden und Pappeln am Rhein bei Knielingen (B.); an verschiedenen Laubbäumen im Schlossgarten zu Heidelberg und bei Handschuchsheim (Zwackh enum.).

258. B. vernicea. Körber par. p. 138.
    Biatorina cyrtella var. vernicea. Zwackh en. nro. 170. var.

an Castanienstrünken auf dem Geisberge bei Heidelberg (Zwackh enum.).

259. B. Bouteillei. (Desmaz). Arnold lich. exs.
    Parmelia Bouteillei. Desmaz. annal. des sc. nat. 1847.
    Lecanora Bouteillei Desmaz. Crypt. flor. ed. 2. 1195.
    Lecanora varia η. Bouteillei. Schaerer enum. p. 83.
    Lecidea Bouteillei. Nyland. lich. Scand. suppl. p. 152.
    Biatorina foliicola. Millardet in scrpt.
  Exs. Arnold 331.

auf Tannennadeln und an jungen Tannenzweigen bei Freiburg (im Nov. 1866 von Alex. Millardet entdeckt).

260. B. proteiformis. Massal. sched. p. 92. Körber par. p. 139.

    α. Rabenhorstii (Hepp) Massal. sched. p. 93. Beltram. lich. bass. p. 197. Körber par. l. cit.
    Patellaria Rabenhorstii. Hepp lich. exs.
    Biatorina Rabenhorstii Massal. symm. p. 43. Krmplhbr. lich. Bayr. p. 219. Anzi cat. p. 74.
    Lecania proteiformis var. Rabenhorstii. Müller lich. genev. p. 46.
    Biatorina crysibe var. Rabenhorstii. Zwackh enum. nro. 177. var.
  Exs. Hepp 75. Anzi lich. lang. 118.

an alten Mauern bei Neuenheim (Zwackh enum.)

    β. erysibe (Ach.) Arnold in Flora 1858 p. 502. Körber par. p. 140.
    Lecidea erysibe. Ach. meth. p. 62.
    Lecidea luteola β. erysibe. Ach. syn. p. 41.
    Biatora erysibe. Fries lich. eur. p. 271.

Lecanora erysibe. Nyland. prodr. p. 88. enum. p. 114. lich.
Scand. p. 167.
 Patellaria Rabenhorstii β. erysibe. Hepp lich. exs.
 Biatorina Rabenhorstii β. erysibe. Krmplhbr. lich. Bayr.
 p. 219. Anzi cat. p. 74.
 Lecania proteiformis β. erysibe. Müller lich. genev. p. 46.
 Bilimbia erysibe. Körber syst. p. 213.
 Biatorina erysibe. Zwackh enum. nro. 177.
 Exs. Hepp 409. Körber 220. Zwackh 269. B.
an Sandsteinen im Bache bei Wolfartsweier (B.); an alten
Mauern bei Handschuchsheim, Neuenheim und Heidelberg
(Zwackh enum.).

261. B. inundata. (Hepp) Körber par. p. 145.
 Patellaria inundata. Hepp in litt. ad. Ahles.
 Biatorina erysibe var. inundata. Zwackh enum. nro. 177.
 var.
 Exs. Zwackh 258.
an öfters überschwemmt werdenden Granitfelsen im Neckar bei
Heidelberg (Zwackh enum.).

262. B. turicensis. (Hepp) Massal. sched. p. 93. symm. p. 43. framm.
 p. 21, Beltram. lich. bass. p. 197. Körber par. p. 140.
 Biatora turicensis. Hepp lich. exs.
 Biatorina Rabenhorstii γ. turicensis. Anzi cat. p. 74.
 Lecania turicensis. Müller lich. genev. p. 46.
 Biatorina erysibe var. turicensis. Zwackh enum. nro. 177.
 Exs. Hepp 8. Zwackh 259. 270.
an Sandstein und auf Mörtel alter Mauern bei Handschuchs-
heim, Neuenheim und Heidelberg (Zwackh enum.).

263. B. Lightfootii. (Smith). Körber par. p. 141. Zwackh enum. nro. 171.
 Lecidea Lightfootii Ach. syn. p. 34. Schaerer enum. p.
 138. Nyland. enum. p. 120.
 Biatora Lightfootii et var. β. viridifuscescens. (Zw.) Hepp
 lich. exs.
 Biatora viridifuscescens. Zwackh in sched.
 Exs. Hepp 503, 744. Körber 248. Zwackh 373.
an Birken in den Felsenmeeren des Königstuhles und an dem
Hilsbacher Bache bei Heidelberg (Zwackh enum.).

264. B. commutata. (Ach). Massal. ricer. p. 136. Körber syst. p. 192.
 par. p. 142. Beltram. lich. bass. p. 196. Krmplhbr. lich. Bayr.
 p. 221. Anzi cat. p. 117. Zwackh enum. nro. 175.
 Lecanora commutata. Ach. syn. p. 149.
 Biatora commutata. Rbhrst. Crypt. flor. p. 93.
 Lecidea Ligthfootii β. commutata. Schaerer enum. p. 120.

an Birken und an Sorbus in den Felsenmeeren des Königstuhles bei Heidelberg — steril nicht selten, mit Früchten aber nur an 2 alten Birken gefunden (Zwackh enum.).

265. B. atropurpurea. (Schaerer). Massal. ricer. p. 135. Beltram. lich. bass. p. 195. Arnold in Flora 1859 p. 152. Krmplhbr. lich. Bayr. p. 220., Körber par. p. 142. Zwackh enum. nro. 168.
Lecidea sphaeroides δ. atropurpurea Schaerer enum. p. 140.
Biatora atropurpurea. Hepp lich. exs.
Patellaria atropurpurea. Müller lich. genev. p. 57.
Biatorina arceutina. Körber syst. p. 192.
Exs. Hepp 279, Rbh. 627, Zwackh 343, 371. Arnold 76.
an Tannen - bei Haslach im Kinzigthale (v. Zwackh); auf der Badener Höhe (B.); und bei Pforzheim (Dr. Ahles); an Buchen und Eichen bei Heidelberg (Zwackh enum.).

266. B. adpressa. (Hepp) Körber par. p. 143. Anzi manip. p. 22.
Biatora adpressa. Hepp lich. exs.
Lecidea gyaliza. Nyland. lich. Scand. p. 208.
Lecidea adpressa Nyland. suppl. p. 153.
Exs. Hepp 277. Zwackh 397.
an Tannenstrünken bei Lichtenthal (B.).

267. B. globulosa. (Flörcke) Körber syst. 191. par. p. 144. Arnold in Flora 1858 p. 501. Krmplhbr. lich. Bayr. p. 221. Anzi cat. p. 74. Zwackh enum. nro. 172.
Lecidea globulosa. Flörcke Deutschl. Lich. nro. 181 Schaerer enum. p. 126.
Biatora globulosa. Rbhrst. Crypt. flor. p. 93. Hepp lich. exs.
Patellaria globulosa. Müller lich. genev. p. 57.
Exs. Crypt bad. 449. Hepp 16. Rbh. 465. Zwackh 89. 346.
an Tannenstrünken auf dem Kaltenbrunn (B.); an der rissigen Rinde alter Eichen bei Ziegelhausen, bei Handschuchsheim, auf dem Königsstuhle und hinter dem Stifte zu Heidelberg, sowie auf dem von der Rinde entblösten Holze alter Eichen auf dem Auerhahnkopfe (Zwackh enum.).

268. B. lenticularis. (Fr.) Körber syst. p. 191. par. p. 144. Arnold in Flora 1858 p. 501. Anzi cat. p. 74. Zwackh in Flora 1864 p. 86.
Biatorina pulicaris. Massal. ricer. p. 136. Beltram. lich. bass. p. 196.
Biatorina Heppii. Massal. symm. p. 41.
Biatorina pulicaris β. Heppii. Krmplhbr. lich. Bayr. p. 220.
Patellaria pulicaris β. Heppii. Müller lich. genev. p. 57.
Biatora holomelaena. Naegele. Hepp lich. exs.
Exs. Hepp 12. Rbh. 108. Zwackh 272. Crypt. helv. 474. Anzi lich. lang. 120. lich. venet. 67.

auf Jurakalk am Jsteiner Klotz (de Bary); auf Sandsteinen an der Schlossgartenmauer zu Carlsruhe (B.); und an den Mauern des Heidelberger Schlosses (Zwackh enum.).

269. B. synothea. (Ach.) Arnold in Flora 1858 p. 501. Krmplhbr. lich. Bayr. p. 219. Anzi cat. p. 74. Körber par. p. 144. Zwackh enum. nro. 173.
Lecidea synothea. Ach. syn. p. 26. Schaerer enum. p. 134. pp.
Biatora synothea. Nägele. Hepp lich. exs.
Patellaria synothea. Müller lich. genev. p. 57.
Biatora denigrata. Fries lich. eur. p. 270.

Exs. Hepp 14. Rbh. 626. Zwackh 394.

an alten Castanien bei Gernsbach (B.); an Bretterwänden bei Neuenheim (Zwackh enum.).

β. **chalybaea.** (Hepp) Arnold in Flora 1858 p. 501. Anzi cat. p. 74. Körber par. p. 144. Zwackh enum. nro. 173. var.
Lecidea ilicis. Massal. mem. p. 124.
Catillaria ilicis. Massal. symm. p. 47.

Exs. Hepp 15. Rbh. 364. 529. Zwackh 274. Anzi lich. venet. 70.

an Zweigen von Apfelbäumen bei Carlsruhe (Al. Braun); an Populus alba und an Crataegus bei Knielingen (B.); an Buchen, jungen Castanien und Kirschbäumen am Königsstuhle bei Heidelberg (Zwackh enum.).

64. BIATORA. FRIES.

270. B. Wallrothii. (Spreng). Fries. S. V. Scand. p. 113. Körber syst. p. 193. par. p. 146. Zwackh enum. nro. 179.
Patellaria Wallrothii. Sprengel. syst. IV. p. 268.
Biatora glebulosa. Fries lich. eur. p. 252. Anzi manip. p. 22.
Lecidea glebulosa. Schaerer enum. p. 100.

Exs. Körber 71, Zwackh 78. A. B. Anzi lich. lang. 171.

an lehmigen Waldrainen bei Obersasbach (Seubert); auf Granitgerölle im Ludwigsthale bei Schriesheim (von Al. Braun und Bischoff schon im J. 1827 gesammelt, jetzt durch die Cultur fast gänzlich verschwunden); an ähnlicher Localität in einem Thälchen zwischen Schriesheim und Leutershausen (Zwackh enum.).

271. B. decolorans. (Hoffm.) Fries lich. eur. p. 266. Körber syst. p. 193. par. p. 146. Arnold in Flora 1858 p. 483. Krmplhbr. lich. Bayr. p. 217. Anzi cat. p. 75. Müller lich. genev. p. 50. Th. Fries lich. arct. p. 189. Zwackh enum. nro. 180.
 Verrucaria decolorans. Hoffmann flor. germ. III. p. 177.
 Lecidea decolorans. Ach. syn. p. 37. Nyland. prodr. p. 111. enum. p. 121. lich. Scand. p. 197. suppl. p. 142.
 Lecidea granulosa α. decolorans. Schaerer enum. p. 137. Rbhrst. Crypt. flor. p. 93.
 Biatora granulosa. Massal. ricer. p. 124. Beltram lich. bass. p. 189.
 Biatora granulosa α. decolorans. Hepp lich. exs.
Exs. Hepp 271. Rbh. 222. Schaerer 213.

auf Torf im Torfmoore bei Hinterzarten (Sickenb.); auf Torf auf den Hornissgrinden (B.); auf Haiden bei Gernsbach (Al. Braun); auf mit Erde bedeckten Mauern auf dem Kaltenbrunn (B.); auf Erde bei Heidelberg, seltener an faulen Castanienstrünken, und einmal auch an einer alten Birke am Königsstuhle bei Heidelberg (Zwackh enum.).

    b. escharioides. Ehrh.

Exs. Rbh. 730. Schaerer 214. Anzi lich. lang. 170.

auf Heidenerde auf der Spitze des Krockenfelsens hinter dem Geroldsauer Wasserfalle (B.).

272. B. viridescens. (Schrad.) Fries act. Stockh. p. 112. Krmplhbr. lich. Bayr. p. 217. Anzi cat. p. 76. Zwackh enum. nro. 182.
 Lichen viridescens. Schrader in Gmelin syst. II. 1361.
 Lecidea viridescens. Ach. syn. p. 36. Massal. ricer. p. 64. Nyland. prodr. p. 110. lich. Scand. p. 206.
 Lecidea sphaeroides var. viridescens. Schaerer enum. p. 140.
 Biatora sphaeroides var. viridescens. Rbhrst. Crypt. flor. p. 94.
 Biatora putrida. Körber in sert. sud. p. 4.
 Biatora viridescens β. putrida. Körber syst. p. 201. par. p. 147. Arnold in Flora 1858 p. 482.
Exs. Crypt. bad. 689. Hepp. 731. Rbh. 59. Zwackh 234. Schaerer 208. Anzi lich. lang. 176.

auf faulenden Baumstrünken bei Salem (Jack); bei Badenweiler (Metzler sec. de Bary); am Brunnberg bei Freiburg (Thiry); im Kinzigthale (v. Zwackh); auf der Herrenwiese und auf dem Eierkuchenbuckel bei Baden (Al. Braun); auf dem Ruhberge und im Albthale bei Frauenalb (B.); bei Pforzheim (Dr. Ahles); am Wolfsbrunnen und über dem Schlosse zu Heidelberg (Zwackh enum.).

273. B. gelatinosa. (Flörcke) Rbnhrst. Crypt. flor. p. 93. Krmplhbr. lich. Bayr. p. 217. Hepp lich. exsicc. Zwackh enum. nro. 185.
    Lecidea gelatinosa. Flörcke Berl. Magaz. 1809 p. 201. Ach. syn. p. 26. Schaerer enum. p. 137. Massal. ricer p. 64.
    Biatora viridescens var. gelatinosa. Körber syst. p. 201. par. p. 147. Anzi cat. p. 76.

Exs. Hepp 493. Zwackh 82. Schaerer 205.

auf Torf im Torfmoore bei Hinterzarten (Thiry); auf sandiger Erde bei Rippoldsau (Schwerdt); auf Erde am Wege von Baden nach der Herrenwiese (Al. Braun); auf Waldwegen des Cäcilienberges bei Lichtenthal (B.); an Wegrändern auf dem Dobel (B.); auf verlassenen Waldwegen über der Hirschgasse am Abhange des heiligen Berges und auf dem Königsstuhle bei Heidelberg (Zwackh enum.).

274 B. atrorufa. (Dicks). Fries lich. eur. p. 225. Körber syst. p. 194. par. p. 147.
    Lecidea atrorufa. Ach. syn. p. 51. Schaerer enum. p. 96. Nyland. prodr. p. 106. lich. Scand. p. 198.
    Psora atrorufa. Massal ricer p. 92. Krmplhbr. lich. Bayr. p. 184. Anzi cat. p. 65. Th. Fries lich. arct. p. 171.

Exs. Hepp 122. Rbh. 60. Körber 42. Schaerer 171. Crypt. helv. 475. Th. Fries 41.

auf der Erde auf dem Feldberge (Thiry).

275. B. sanguineoatra. (Ach.) Anzi cat. p. 77. Arnold in Flora 1862 p. 390. Zwackh enum. nro. 183.
    Lecidea sanguineoatra. Ach. lich. univ. p. 211. Nyland. prodr. p. 106. lich. Scand. p. 199.
    Biatora vernalis β. sanguineoatra. Fries lich. eur. p. 263. pp.
    Biatora deusta. Massal. in litt. ad. Arnold. Körber par. p. 148.

Exs. Arnold. 229. Anzi lich. lang. 181.

Moose incrustirend am Triberger Wasserfall (B.); und an der Brunnstube hinter dem Stifte zu Heidelberg (Zwackh enum.).

276. B. atrofusca. (Fltw.) Hepp lich. exs. Arnold in Flora 1858 p. 482. Krmplhbr. lich. Bayr. p. 215. Anzi cat. p. 77.
    Biatora vernalis. Körber syst. p. 202. par. p. 148.
    Die übrigen Synonyme unsicher.

Exs. Hepp 268. Rbh. 162. Zwackh 334. Anzi lich. lang 180.

auf dem Boden des Wegrandes am Brunnberg bei Freiburg (de Bary).

277. B. rivulosa. (Ach.) Fries lich. eur. p. 271. Rbhrst. Crypt. flor. p. 92. Massal. ricer p. 125. Körber syst. p. 196. par. p. 150. Krmplhbr. lich. Bayr. p. 215. Th. Fries lich. arct. p. 198. Anzi cat. p. 77. Arnold in Flora 1863 p. 602. Zwackh enum. nro. 196.
Lecidea rivulosa. Ach. meth. p. 38. syn. p. 28. Schaerer enum. p. 111. Nyland. prodr. p. 135. lich. Scand. p. 222
Exs. Crypt. bad. 690, Hepp 491. Rbh. 775. Körber 132. Zwackh 93. Anzi lich. lang. 162.

auf Granit bei Berau (Gerwig); auf Gneiss am Feldsee (de Bary); und am Kybfelsen bei Freiburg (Spenner); an Gneissfelsen bei Hechtsberg im Kinzigthal (v. Zwackh); auf Sandstein auf den Hornissgrinden und auf dem Ruhberg (B.); auf Granit bei der Ruine Neuwindeck, hinter dem Geroldsauer Wasserfalle und am Lauterfelsen im Murgthale (B.); auf Porphyr hinter dem alten Schlosse zu Baden (B.); an Sandstein auf der Badener Höhe (B.); an Sandsteinblöcken in den Felsenmeeren des Königsstuhles bei Heidelberg häufig, dagegen selten an Granitfelsen bei Schlierbach und bei der Ruine Waldeck bei Heilizkreuzsteinach (Zwackh enum.).

b. corticola. Fries lich. eur. p. 272.

Exs. Hepp 730. Rbh. 808. Zwackh 267. Th. Fries. 43.

an Birken, seltener an Buchen und Ahorn in den Felsenmeeren des Königsstuhles bei Heidelberg (Zwackh enum.).

278. B. Kochiana. (Hepp) Rbnhrst. Crypt. flor. p. 92. Anzi cat. p. 77.
Lecidea Kochiana. Hepp Würzb. lich. flor, p. 61. Nyland. lich. Scand. p. 223.
Biatora rivulosa var. Kochiana. Fries lich. eur. p. 272. Massal. ricer. p. 125. Körber syst. p. 196. par. p. 150. Krmplhbr. lich. Bayr. p. 215.
Lecidea rivulosa β. Kochiana. Schaerer enum. p. 111.

Exs. Hepp 239. Arnold 262. Schaerer 181.

an Sandsteinblöcken auf den Hornissgrinden (B.); auf der Herrenwiese (Al. Braun), auf dem Ruhberg bei Baden (B.); auf der Teufelsmühle und auf dem Bernstein im Murgthale (B.).

b. arenaria Hepp.

Exs. Hepp 729. Crypt. helv. 567.

an Sandsteinblöcken auf der Badener Höhe (B.).

279. B. rupestris. (Scop). Massal. ricer. p. 129. Körber syst. p. 207 pp. par. p. 153. Arnold in Flora 1858 p. 484. Krmplhbr. lich. Bayr. p. 213. Beltram. lich. bass. p. 191. Anzi cat p. 78. Th. Fries lich. arct. p. 191. Müller lich. genev. p. 52 Zwackh enum. nro. 200.
Lichen rupestris. Scopoli flor. carn. II. p. 364.
Lecidea rupestris. Ach. lich. univ. p. 206. syn. p. 39. Schaerer enum. p. 146.

α calva. (Dicks). Rbhrst. Crypt. flor. p. 90. Massal. ricer. p. 130. sched. p. 171. Arnold loc. cit. Beltram. lich. bass. p. 192. Körber par. p. 153. Krmplhbr. lich. Bayr. p. 213. Anzi cat. p. 78. Müller lich. genev. p. 52.
Lichen calvus. Dickson. Crypt. II. p. 18.
Lecidea calva. Ach. syn. p. 39. Nyland. lich. Scand. p. 147.
Lecidea rupestris β. calva. Schaerer enum. p. 146.
Biatora calva. Stzbrgr. in Crypt. bad.

Exs. Crypt. bad. 687. Hepp 134. Rbh. 645. Schaerer 221.

auf Kalk im Donauthale, bei Emmingen ab Egg und auf dem Randen (Stzbrgr.); im Wuttachthale (Jack et Leiner); am Isteiner Klotz (B.); am Schönberg bei Freiburg (Thiry).

β. rufescens. (Hoffm.) Rbh. Crypt. flor. p. 90. Massal. sched. p. 171. Arnold in Flora 1858 p. 484. Krmplhbr. lich. Bayr. p. 213. Beltram. lich. bass. p. 192. Müller lich. genev. p. 52. Körber par. p. 153. Zwackh enum. nro. 200. var.
Verrucaria rufescens. Hoffmann flor. germ. III. p. 173.
Lecidea rupestris γ. rufescens. Schaerer enum. p. 146.

Exs. Crypt. bad. 522. Hepp 7. Crypt. helv. 66.

an Nagelfluefelsen bei Salem (Jack); an Sandsteinen bei Constanz (Stzbrgr.); auf Muschelkalk bei Lahr, auf Sandsteinen bei Durlach (B.); und bei Heidelberg (Zwackh enum.)

γ. viridiflavescens. (Wulf). Rbnhrst. Crypt. flor. p. 90. Hepp lich. exs. Krmplhbr. lich. Bayr. p. 214. Anzi cat. p. 78. Müller lich. genev. p. 52. Zwackh enum. nro. 200. var.
Lecidea rupestris var. viridiflavescens. Schaerer enum. p. 146.

Exs. Hepp. 275.

auf Kalk im Wuttachthale (Jack et Leiner); an Sandstein alter Mauern zu Heidelberg und an Granitfelsen bei Schlierbach (Zwackh enum.).

280. B. conglomerata. (Heyd). Massal. ricer. p. 123. Körber syst. p. 204. par. p. 154. Arnold in Flora 1858 p. 482. Beltram. lich. bass. p. 188. Zwackh enum. nro. 184.
Verrucaria conglomerata. Heyd. in Hoffmann flor. germ. III. p. 174.

Lecidea sphaeroides var. conglomerata. Schaerer enum.
p. 140.
Biatora fallax. Hepp lich. exs. Krmplhbr. lich. Bayr. p. 218.

Exs. Hepp 505. Arnold 74. Schaerer 207.

Ueber Moosen und bemooster Birkenrinde am Erlbrunnen auf der Ostseite des Königsstuhles bei Heidelberg (Zwackh enum.).

281. B. polytropa. (Ehrh.)

α. vulgaris. Körber syst. p. 205. par. p. 154. Arnold in Flora 1858 p. 485. Anzi cat. p. 77.
Lichen polytropus. Ehrhart Crypt. p. 294.
Lecidea Ehrhartiana var. polytropa. Ach. syn. p. 47.
Parmelia varia var. polytropa. Fries lich. eur. p. 158.
Lecanora polytropa (α) campestris. Schaerer enum. p. 81.
Rbnhrst. Crypt. flor. p. 37. Massal. ricer. p. 12. Hepp lich. exsicc. Krmplhbr. lich. Bayr. p. 151. Th. Fries lich. arct. p. 110. Zwackh enum. nro. 84.
Lecanora varia var. polytropa. Nyland. lich. Scand. p. 164. suppl. p. 134.

Exs. Hepp 384.

an Gneiss auf dem Feldberge (Thiry); und auf dem Kandel (B.); an Granit hinter dem Geroldsauer Wasserfall (B.); an Sandsteinblöcken auf der Herrenwiese (Al. Braun); auf der Badener Höhe und auf dem Dobel (B.); an verschiedenartigen Felsen bei Heidelberg (Zwackh enum.).

b. acrustacea. Schaerer.

Exs. Hepp 67.

auf Sandstein in einem Waldbache am Mercur bei Baden. (B.).

282. B. Ehrhartiana. (Ach.) Massal. ricer. p. 127. Körber syst. p. 204. par. p. 155. Arnold in Flora 1858 p. 484. Krmplhbr. lich. Bayr. p. 219. Beltram. lich. bass. p. 190. Hepp lich. exs.
Lecidea Ehrhartiana. Ach. lich. univ. p. 191. syn. p. 37. Nyland. prodr. p. 105. enum. p. 121. lich. Scand. p. 195.
Lecanora varia γ. Ehrhartiana. Schaerer enum. p. 88.
Lecanora polytropa var. Ehrhartiana. Rbhrst. Crypt. flor. p. 37.
Parmelia varia var. parasitica. Fries lich. eur. p. 159.

Exs. Hepp 497. Rbh. 94.

an Baumrinden bei Heidelberg (Dierbach in herb. Bausch).

Anm. Nach Zwackh enum. p. 32. wurde diese Flechte in der nähern Umgebung Heidelbergs nicht mehr gefunden.

b. **spermogonifera.**

Cliostomum corrugatum. Fries lich. eur. p. 455. Rbhrst.
Crypt. flor. p. 22. Nyland. prodr. p. 105.
Lecidea corrugata. Ach. syn. p. 18.
Thrombium corrugatum. Schaerer enum. p. 224.
Pyrenothea corrugata. Massal. ricer. p. 151.
Exs. Crypt. bad. 686. Hepp 228. Rbh. 607. Zwackh 91. 1C9. Schaerer 192.

an einer alten Eiche im St. Catharinenwalde bei Constanz (Leiner); an alten Eichen im Hardwalde bei Calsruhe (B.).

283. B. lucida. (Ach.) Fries lich. eur. p. 279. Massal. ricer. p. 127. Rbhrst. Crypt. flor. p. 90. Körber syst. p. 208. par. p. 155. Krmplhbr. lich. Bayr. p. 213. Anzi cat. p. 78. Zwackh enum. nro. 199.
Lecidea lucida. Ach. syn. p. 48. Schaerer enum. p. 150. Nyland lich. Scand. p. 195.
Psilolechia lucida. Massal. essame. comp. p. 20.
Exs. Crypt. bad. 688. Zwackh 92 A. Schaerer 225. Anzi lich. lang. 123.

an Gneissfelsen bei Wieladingen (Oberbaurath Gerwig); auf Gneiss bei Oberried (Sickenb.); an Sandstein auf der Herrenwiese (Al. Braun); an Granitfelsen oberhalb des Geroldsauer Wasserfalls (B.); auf Porphyr bei Lichtenthal und hinter dem alten Schlosse zu Baden (B.); auf Sandstein am Königsstuhle bei Heidelberg und auf Porphyr bei Handschuchsheim (Zwackh enum.).

b. **corticola.** Hepp.
Exs. Hepp 484. Zwackh 92 B.

an Tannenwurzeln im Kinzigthale (v. Zwackh); an hervorstehenden Wurzeln auf dem Königsstuhle bei Heidelberg und bei Ziegelhausen (Zwackh enum.).

284. B. micrococca. Körber par. p. 155. Arnold in Flora 1864. p. 597. Anzi symb. p. 14. Zwack enum. nro. 187.
Exs. Rbh. 733. Körber 250. Zwackh 416. Arnold 279.

an jungen Pinus sylvestris über Neuenheim und auf dem heiligen Berge bei Heidelberg (Zwackh enum. et lich. exsicc.).

285. B. prasina. (Fries) Hepp lich. exs. Zwackh enum. nro. 186.
Synonyme unsicher. vergl. Arnold in Flora 1864 p. 597.
Exs. Hepp 278. Rbh. 676.

an faulen Tannen bei Kirchzarten (Sickenb.), und auf dem Brunnberge bei Freiburg (Al. Braun); an faulenden Strünken im Haslacher Stadwalde (v. Zwackh); an faulen Strünken ober dem Wolfsbrunnen bei Heidelberg (Zwack enum.).

286. B. byssacea. Zwackh enum. nro. 188.

an der morschen Rinde einer alten Eiche auf dem Königsstuhle bei Heidelberg (Zwackh enum.).
In der gedachten enum. ist diese Flechte beschrieben; Herr von Zwackh erklärt sie aber in script. für eine zweifelhafte Art bis mehr von derselben gefunden.

287. B. sylvana. Körber syst. p. 200. par. p. 156. Arnold in Flora 1859 p. 151. Krmplhbr. lich. Bayr. p. 217. Anzi symb. p. 14. Zwackh enum. nro. 193.
Biatora Gisleri. Hepp in litt.
Exs. Hepp 487. Körber 221. Arnold 47.

an alten Eichen, Espen und Buchen in der Gegend von Heidelberg (Zwackh enum.).

288. B. exigua. (Chaub). Fries lich. eur. p. 278. Th. Fries in Flora 1861. p. 413. Anzi manip. p. 25. Zwackh enum. nro. 192.
Lecidea exigua. Chaubard. flor. d'Agen. p. 478. Schaerer enum. p. 141. Nyland. prodr. p. 124.
Biatora geographica. Massal. descriz. p. 16. Beltram. lich. bass. p. 189.
Biatora Decandollei. Hepp lich. exs.
(nach Berichtigungen zu Band I—XVI. aber Biat. exigua.)
Arnold in Flora 1859 p. 483. Körber par p. 156. Krmplhbr. lich. Bayr. p. 216. Müller lich. genev. p. 51.
Exs. Hepp 254. Rbh. 530. Zwackh 273. Arnold 24. Anzi lich lang. 174.

an Laubbäumen bei Carlsruhe und an Alnus incana bei Rusheim (B.); an jüngeren Bäumen, besonders schön an Birken bei Heidelberg (Zwackh enum.).

289. B. Bauschiana. Körber par p. 157. Zwackh enum. nro. 189.

Exs. Rbh. 648. Arnold 120. Zwackh. 279.

an einem Porphyrfelsen am Wege von Baden nach der Yburg (B.); auf Porphyr hinter dem Cäcilienberge bei Lichtenthal (B.); an hervorstehenden Wurzeln und Steinen bei Handschuchsheim und Ziegelhausen (Zwackh enum.).

290. B. uliginosa. (Schrad.) Fries lich. eur. p. 275 (a. et b.) Rbhrst. Crypt. flor. p. 90. Massal. ricer. p. 129. Körber syst. p. 197. par. p. 158. Hepp lich. exs. Arnold in Flora 1858 p. 482. Krmplhbr. lich. Bayr. p. 218. Th. Fries lich. arct. p. 199. Anzi cat. p. 76. Müller lich. genev. p. 50. Zwackh enum. nro. 197.
    Lecidea uliginosa Ach. syn. p. 25. Nyland. prodr. p. 111, enum. p. 121. lich. Scand. p. 198. suppl. p. 142.
Exs. Hepp 132. Rbh. 223. 224. Schaerer 162. 163.

auf Torf bei Salem (Jack); bei Constanz und Villingen (Stzbrgr.); bei Hinterzarten (Sickenb.); auf Erde auf der Herrenwiese und bei Gernsbach (Al. Braun); auf Porphyrsand bei Lichtenthal (B.); an Sandsteinblöcken auf dem Ruhberg und auf einem faulen Tannenstrunke am Mercur bei Baden (B.); auf vermoderten Heidelbeersträuchern hinter dem Schlosse Eberstein (B.); auf Erde der Berge um Heidelberg und auch an faulenden Castanienstrünken daselbst (Zwackh enum.).

291. B. fuliginea. (Ach.) Hepp. Körber par. p. 159. Krmplhbr. lich. Bayr. p. 218. Anzi cat. p. 76. Müller lich. genev. p. 50.
    Lecidea fuliginea. Ach. syn. p. 35. Schaerer enum. p. 136.
    Biatora uliginosa var. fuliginea. Fries lich. eur. p. 275. Körber syst. p. 197.
Exs. Hepp 267. Anzi lich. lang. 175.

auf altem Holze bei Kirchzarten (Sickenb.).

    b. muscicola. Hepp.

auf Waldboden bei Constanz (Stzbrgr.).

292. B. flexuosa. Fries S. V. Scand. p. 112. Körber syst. p. 194. par. p. 159. Arnold in Flora 1858 p. 483. Krmplhbr. lich. Bayr. p. 218. Anzi cat. p. 75. Zwackh enum. nro. 181.
    Biatora decolorans var. flexuosa. Fries lich. eur. p. 268.
    Lecidea granulosa β. flexuosa. Schaerer enum. p. 138.
    Lecidea flexuosa. Nyland. prodr. p. 110. enum. p. 121. lich. Scand. p. 197.
Exs. Hepp 486. Rbh. 480. Anzi lich. venet. 63.

an faulen Tannen bei Herrenalb (B.); an faulenden Castanienstrünken bei Neuenheim und an alten Birken auf dem Königsstuhle bei Heidelberg (Zwackh enum.).

293. B. sarcopisioides. Massal. ricer. p. 128. Krmplhbr. lich. Bayr. p. 216. Anzi symb. p. 14. Zwackh in Flora 1864 p. 82.
    Biatora elachista. Körber par. p. 159. Zwackh enum. nro. 191.
Exs. Anzi lich. venet. 61. 62.

an Castanienstrünken bei Handschuchsheim, über dem Schlosse und am Geisberge bei Heidelberg (Zwackh enum.).

294. B. minuta. (Schaerer) Hepp lich. exs. Körber syst. p. 200. par. p. 160. Krmplhbr. lich. Bayr. p. 216.
Lecidea anomala *δ*. minuta. Schaerer enum. p. 139.
Lecidea minuta. Massal. ricer. p. 76.

Exs. Hepp 17. Schaerer 211. pp.

an der Rinde von Acer campestre in den Rheinwaldungen bei Knielingen (B.).

295. B. alba. (Schleich.) Hepp lich. exs. Arnold in Flora 1858 p. 481. Müller lich. genev. p. 50. Zwackh enum. nro. 198.
Lecidea alba. Schleicher catal. de 1821. Schaerer enum. p. 125. Rbnhrst. Crypt. flora p. 80.
Biatora denigrata. Körber syst. p. 199. par. p. 160. Anzi manip. p. 25.
Biatora aitema. Krmplhbr. lich. Bayr. p. 216.

Exs. Hepp 251. Körber 137. Zwackh 218.

an Hainbuchen im Sallenwäldchen bei Carlsruhe (B.); an Kirschbäumen, Eichen und Buchen bei Heidelberg (Zwackh enum.).

296. B. Ahlesii. Körber par. p. 161. Hepp lich. exs.
Biatora Ahlesiana. Hepp in litt. Zwackh enum. nro. 194.

Exs. Hepp 732.

an Sandsteinen im Bache bei Wolfartsweier (B.); sowie im Forellenbache bei Heidelberg (Dr. Ahles); an beschatteten Sandsteinen im Walde über dem Haarlasse und hinter dem Stifte zu Heidelberg (Zwackh enum.).

297. B. pungens. Körber par. p. 161. Krmplhbr. lich. Bayr. p. 214. Müller lich. genev. p. 52. Zwackh enum. nro. 195.
Biatora immersa b. pruinosa. Hepp lich. exs.
Biatora pruinosa. Beltram. lich. bass. p. 193.
Lecidea immersa *β*. pruinosa. Anzi cat. p. 80.

Exs. Hepp 241. Körber 13. Zwackh 424.

an Granitblöcken in der Murg bei Rothenfels (B.); an Granitfelsen am Stifte Neuburg bei Heidelberg (Dr. Ahles); und bei Schlierbach (Zwackh enum.).

65. BILIMBIA. DE NOTARIS.

(nach Dr. Ernst Stizenberger Monographie der Lecidea sabuletorum Flörcke und der ihr verwandten Flechtenarten. Dresden 1867, besonderer Abdruck aus den Verhandlungen der Kaiserl. Leopoldino-Carolinischen Academie der Naturforscher).

298. B. cupreorosella. (Nyland.) Stizbrgr. monogr. p. 9. (sub Lecidea).
Bilimbia cuprea. Massal. sched. p. 122. Arnold in Flora 1858 p. 504. Krmplhbr. lich. Bayr. p. 222. Anzi cat. p. 72, Zwackh enum. nro. 158.
Biatora cuprea. Hepp lich. exs.
Bilimbia chlorotica. Massal. sert. in Lotos 1856 p. 77. Arnold in Flora 1858 p. 504. Krmplhbr. lich. Bayr. p. 221.
Bilimbia cuprea var. chlorotica. Zwackh enum. nro. 158 var.
Bilimbia bacidioides α. cuprea et β. chlorotica. Körber par. p. 167.

Exs. Hepp 512, Zwackh 269 A. Arnold 265.

an feuchten dunkeln Mauern in einer Grotte im Heidelberger Schlossgarten und an der Unterseite von Granitfelsen in der Hirschgasse zu Heidelberg (Zwackh enum.).

299. B. sphaeroides. (Dicks. sub Lichen). Th. Fries lich. arct. p. 182. Körber syst. p. 213. et par. p. 169. pp.
Lecidea sphaeroides. Sommerfelt. lapp. p. 164. Schaerer enum. p. 139. pp. Nyland. lich. Scand. p. 204. Stzbrgr. monogr. p. 13.
Lecidea vernalis β. sphaeroides. Ach. meth. p. 68. lieh. univ. p. 199.
Lecidea alabastrina β. sphaeroides. Ach. syn. p. 46.
Biatora vernalis. Fries lich. eur. p. 261. pp.
Biatora sphaeroidea. Hepp lich. exs.
Bilimbia badensis. Körber par. p. 168. Zwackh enum. nro. 163.

Exs. Hepp 513. Zwackh 277. Schaerer 207. pp. Anzi lich. lang. 261.

an alten Eichen des Heidelberger Stadtwaldes (Dr. Ahles); im Drachenhöhlenwalde am Königsstuhle bei Heidelberg den unteren Theil eines bemoosten Eichbaumes ganz überziehend (Zwackh enum.).

300. B. Naegelii. (Hepp) Krmplhbr. lich. Bayr. p. 223. Arnold in Flora 1864 p. 598. Anzi lich. venet. exs. Zwackh enum. nro. 159. Stzbrgr. monogr. p. 19. (sub Lecidea).
   Biatora Naegelii. Hepp lich. exs.
   Patellaria Naegelii. Müller lich. genev. p. 59.
   Bilimbia faginea. Körber syst. p. 212. par. p. 164. Arnold in Flora 1858 p. 503.
   Bilimbia aparallacta. Massal. framm. p. 21. symm. p. 45.
   Bilimbia vallis tellinae. Anzi cat. p. 73. manip. p. 20.
   Lecidea sphaeroides form. vacillans. Nyland. lich. Scand. p. 204.

Exs. Hepp 19. Rbh. 535. 536. 602. Zwackh 87 A. C. 396. Anzi lich. lang. 167. 379. lich. venet. 58.

an Hollunderbäumen bei Schluttenbach, an alten Weiden und an Acer campestre in den Rheinwaldungen bei Knielingen (B.); an Acer campestre, Cytisus, Syringa und Corylus im Schlossgarten zu Heidelberg und an Castanien bei Handschuchsheim (Zwackh enum.).

β. occulta. Stzbrgr. monogr. p. 21.

auf Pflanzenresten an Waldwegen bei Heidelberg (Dr. Ahles).

301. B. cinerea. (Schaerer). Krmplhbr. lich. Bayr. p. 223. Körber par. p. 164. Anzi cat. p. 71. Zwackh enum. nro. 160.
   Lecidea cinerea. Schaerer enum. p. 132. Stzbrgr. monogr. p. 25.
   Biatora cinerea. Hepp lich. exs.
   Patellaria cinerea Müller lich. genev. p. 59.
   Bilimbia delicatula. Körber syst. p. 212.

Exs. Hepp 21.

an alten Birken in den Felsenmeeren hinter dem Königsstuhle bei Heidelberg (Zwackh enum.).

302. B. hypnophila. (Turn.) Th. Fries lich. arct. p. 183. Arnold in Flora 1861 p. 506. Zwackh enum. nro. 164.
   Lecidea hypnophila. Turner in Ach. lich. univ. p. 199.
   Lecidea sabuletorum. Flörcke in Berl. Mag. 1808 p. 309. excl. varr. Ach. syn. p. 20. excl. varr. Nyland. lich. Scand. p. 204. suppl. p. 151. Stzbrgr. monogr. p. 28.
   Lecidea sphaeroides var. muscorum. Schaerer enum. p. 140.
   Bilimbia sphaeroides. var. muscorum. Körber syst. p. 213. par. p. 169. Krmplhbr. lich. Bayr. p. 223. Anzi cat. p. 71.
   Biatora muscorum. Hepp lich. exs.
   Bilimbia muscorum. Arnold in Flora 1858 p. 503. 1860 p. 74.
   Patellaria muscorum. Müller lich. genev. p. 59.

Biatora dolosa. Hepp lich. exs.
Bilimbia sphaeroides var. dolosa. Krmplhbr. lich. Bayr.
   p. 223.
Bilimbia sphaeroides var. terrigena. Körber syst. p. 213.
   par. p. 169. Krmplhbr. lich. Bayr. p. 223. Anzi cat. p. 71.
Bilimbia hexamera. de Notaris framm. p. 18. Massal. ricer.
   p. 120.
Bilimbia sphaeroides var. lignicola. Körber syst. p. 213.
   Anzi cat. p. 72.
Bilimbia borborodes. Körber par. p. 165.
Bilimbia hypnophila var. borborodes. Zwackh enum. nro.
   164 var.
Exs. Crypt. bad. 127. 685. Hepp 138. 139. Rbh. 534. 601. 625.
   Körber 189. Zwackh 84. 193. Arnold 295. Schaerer 209 pp.
   211 pp.

auf Moos und Erde bei Salem (Jack); bei Constanz (Stzbrgr.); am Triberger Wasserfall, auf dem Schutterlindenberg bei Lahr, am Rande einer Kiesgrube am Rhein bei Meissenheim, und bei Wolfartsweier (B.); sowie an alten Mauern bei Heidelberg (v. Zwackh); sodann an einer hölzernen Brunnenleitung bei Salem (Jack); an zeitweise überflutheten Pfählen am Seeufer und an Eichen bei Constanz (Stzbrgr.); an Nussbäumen am Kaiserstuhl (Sickenb.); an Acer Negundo, Pappeln und Eschen im Schlossgarten zu Carlsruhe (B.); an alten Eichen und Rosscastanien bei Heidelberg (v. Zwackh).

   b. subsphaeroides. Nyland. Stzbrgr. monogr. p. 32.

an Eichen bei Constanz (Stzbrgr.).

   β. obscurata. (Sommerf.) Stzbrgr. monogr. p. 33.

Lecidea sphaeroides b. obscurata. Sommerfelt. Lapp. p. 165.
Bilimbia obscurata. Th. Fries lich. arct. p. 182. Anzi
   manip. p. 20.
Bilimbia fusca Massal. ricer. p. 121 pp.
Biatora fusca. Hepp lich. exs. pp.
Bilimbia sphaeroides b. terrigena. Körber syst. p. 213 et
   par. p. 160. pp.
Bilimbia sabulosa. Körber syst. p. 214 et par. p. 168. pp.
Lecidea sabuletorum. forma triplicans. Nyland. lich. Scand.
   p. 205. suppl. p. 151.
Exs. Hepp 11. pp. Zwackh 193. pp. Anzi lich. lang. 166.

auf Erde an einer Mauer bei Oberschaffhausen am Kaiserstuhl (de Bary); über Moosen am Triberger Wasserfall (B.); auf Sand am Rande einer Kiesgrube am Rhein bei Meissenheim (B.);

auf Löss und vertrockneten Pflanzenstengeln bei Jöhlingen (B.);
auf Moosen bei Heidelberg (v. Zwackh).

>γ. syncomista. (Flörcke). Stzbrgr. monogr. p. 38.
>> Bilimbia syncomista. Th. Fries lich. arct. p. 185. (non Körber).
>> Bilimbia sabulosa. Massal. ricer. p. 122. Anzi cat. p. 72. (non. Körber) Krmplhbr. lich. Bayr. p. 224.
>> Biatora Regeliana. Hepp lich. exs.
>> Bilimbia Regeliana. Arnold in Flora 1858 p. 503. Körber par. p. 168.
>> Catillaria Theobaldi Körber par. p. 197.
>> Exs. Hepp 280. Arnold 77. 183. Anzi lich. lang. 165.

auf Löss am Schutterlindenberg bei Lahr (B.).

>δ. miliaria. (Fries). Stzbrgr. monogr. p. 44.
>> Lecidea miliaria. Fries vet. Ak. Hand. f. 1822 p. 255.
>> Lecidea sabuletorum. var. miliaria. Nyland. lich. Scand. p. 205.
>> Bilimbia milliaria Körber syst. p. 214 (α) Th. Fries lich. arct. p. 184. Arnold in Flora 1862 p. 391. Zwackh enum. nro. 162.
>> Bilimbia milliaria α. normalis. Anzi cat. p. 72.
>> Bilimbia syncomista. Körber par. p. 170.
>> Exs. Rbh. 322. 603. Körber 343. Zwackh 121. Arnold 348. Anzi lich. lang. 148.

auf Holz bei Kirchzarten unweit Freiburg (Sickenb.); über Moosen auf Granit am Triberger Wasserfall und auf Porphyr bei Lichtenthal (B.); über Moosen in alten Steinbrüchen gegen den Wolfsbrunnen bei Heidelberg und an Granitfelsen bei Gadernheim im Odenwalde (Zwackh enum.).

>b. trisepta. (Naegele sub Biatora). Stzbrgr. monogr. p. 47.
>> Lecidea lignaria. Schaerer enum. p. 135.
>> Biatora lignaria et varr. conglomerata et saxigena. Hepp lich. exs.
>> Bilimbia milliaria var. lignaria. Körber syst. p. 214. par. p. 170. Anzi cat. p. 72.
>> Bilimbia lignaria. Massal. ricer. p. 121. Arnold in Flora 1858. p. 503. Krmplhbr. lich. Bayr. p. 222. Zwackh enum. nro. 161.
>> Patellaria lignaria. Müller lich. genev. p. 59.
>> Bilimbia milliaria β. saxicola. Körber par. p. 171.
>> Bilimbia lignaria var. saxigena. Arnold in Flora 1861 p. 245 et 505. Zwackh enum. nro. 161 var.
>> Exs. Hepp 20. 284. 285. 510. Rbh. 582. Körber 133. Zwackh 276. Arnold 167.

an Pinus sylvestris bei Carlsruhe (B.); an Föhren bei Heidelberg und zwischen Friedrichsfeld und Schwetzingen; an Birken und Eichen, sowie Moose incrustirend am Rande eines Waldwegs ober dem Wolfsbrunnen bei Heidelberg (v. Zwackh); auf Sandstein bei Ziegelhausen (Millardet); an Sandsteinblöcken des Königsstuhles bei Heidelberg (Dr. Ahles); an beschatteten Granitfelsen bei Schlierbach (Zwackh enum.).

303. B. melaena. (Nyland.) Arnold in Flora 1865 p. 596. Anzi neosymb. p. 10.
Lecidea melaena. Nyland. in Bot. Notis. 1853 p. 182. lich. Scand. p. 205. suppl. p. 151. Stzbrgr. monogr. p. 54.
Lecidea vernalis var. melaena. Nyland. prodr. p. 107 enum. p. 121.
Bilimbia lignaria γ. saprophila. Körber par. p. 171. pp.
Biatora milliaria var. rudeta. Fries Summ. veg. Scand. p. 114. pp.
Bilimbia lignaria γ. rudeta. Krmplhbr. lich. Bayr. p. 223.
Exs. Arnold 332.

auf faulem Holze am Feldberge und bei Oberried unweit Freiburg (Sickenb.); auf humoser Erde an Waldwegen bei Heidelberg (v. Zwackh).

304. B. trachona. (Ach). Stzbrgr. monogr. p. 58. (sub Lecidea).
Verrucaria trachona. Ach. lich. univ. p. 286. syn. p. 96.
Thrombium trachonum. Wallr. Crypt. flor. p. 292. Schaerer enum. p. 224.
Biatora trachona. Körber syst. p. 197. par. p. 159. *Arnold in Flora 1858 p. 482. Krmplhbr. lich. Bayr. p. 218. Zwackh enum. nro. 190.
Lecidea vernalis var. trachona. Nyland. prodr. p. 109. enum. p. 121.
Exs. Zwackh 117.

an Gneissfelsen bei Haslach im Kinzigthale (v. Zwackh); an der Unterseite schattiger Felsen im Wiesenthälchen hinter dem Stifte Neuburg bei Heidelberg (Dr. Ahles, Zwackh enum.).

b. spermogonifera.

Exs. Rbh. 846. Zwackh 104.

auf Granit bei Geroldsau, auf Porphyr im Gunzenbacher Thal, und an Sandstein auf dem Mercur bei Baden (B.); auf Granit und Porphyr bei Schlierbach, Handschuchsheim und Heidelberg (Zwackh enum.).

305. B. micromma. (Nyland.) Arnold in Flora 1867 p. 563.
    Lecidea micromma. Nyland. in Flora 1865 p. 5. Stzbrgr. monogr. p. 62.
    Bilimbia marginata. Arnold in Flora 1864 p. 598.

    β. annulata. Arnold in Flora 1867 p. 563.

Exs. Arnold 349.

an sehr jungen Zweigen von Weisstannen bei Freiburg (Alexis Millardet).

306. B. Nitschkeana. Lahm in Rbhrst. lich. exs. Arnold in Flora 1862 p. 58.
    Lecidea Nitschkeana. Stzbrgr. monogr. p. 70.

Exs. Rbh. 583. Arnold 217.

an Birken im Rüppurrer Wald bei Carlsruhe (B.).

66. PYRRHOSPORA. KŒRBER.

307. P. quernea. (Dicks.) Körber syst. p. 209. par. p. 174. Arnold in Flora 1868 p. 246.
    Lecidea quernea. Ach. lich. univ. p. 202. syn. p. 36. Schaerer enum. p. 141. Nyland. prodr. p. 112. lich. Scand. p. 196.
    Biatora quernea. Fries lich. eur. p. 279. Hepp lich. exs. Anzi manip. p. 24.

Exs. Hepp 494. Körber 316. Anzi lich. etrur. 49.

an Eichen bei Kirchzarten (Sickenb.).

67. LOPADIUM. KŒRBER.

308. L. pezizoideum. (Ach) Körber par. p. 175. Th. Fries lich. arct p. 201. Anzi cat. p. 69. Zwackh enum. nro. 145.
    Lecidea pezizoidea. Ach. lich. univ. p. 182. syn. p. 26. Schaerer enum. p. 132. Nyland. prodr. p. 118. lich. Scand. p. 212. suppl. p. 156.
    Heterothecium pezizoideum. Flotow in bot. Zeitg. 1850 p. 553.
    Biatora muscicola. Hepp lich. exs.
    Lopadium muscicolum. Krmplhbr. lich. Bayr. p. 227.

Exs. Hepp 482. Körber 44. Zwackh 342. Anzi lich. lang. 142.

an alten bemoosten Eichen auf dem Königsstuhle und auf dem Auerhahnenkopfe bei Heidelberg (Zwackh enum.).

Subfam. 3. LECIDINAE.

68. DIPLOTOMMA. FLOTOW.

309. D. populorum. Massal. ricer. p. 99. sched. p. 158. Körber par. p. 176.
Diplotomma alboatrum α. * leucoselis. Körber syst. p. 218.
Diplotomma alboatrum β. populorum. Arnold in Flora 1858 p. 476. Krmplhbr. lich. Bayr. p. 209.
Lecidea alboatra var. popnlorum. Nyland. prodr. p. 141. Hepp lich. exs.
Lecidea populorum. Müller lich. genev. p. 65.
Lecidea alboatra var. leucoplaca. Nyland. lich. Scand. p. 235.
Rhizocarpon alboatrum var. populorum. Anzi lich. etrur. exs. Zwackh enum. nro. 237. var.

Exs. Hepp 470. Rbh. 538. 735. Zwackh 123. C. 230. Anzi lich. etrur. 33.

an Nussbäumen bei Meersburg und Constanz (Stzbrgr.); sowie am Stifte bei Heidelberg (Zwackh enum.).

310. D. alboatrum. (Hoffm.) Flotow. Massal. ricer. p. 98. Körber syst. p. 218, par. p. 177. Arnold in Flora 1858 p. 475. 1861 p. 500. Krmplhbr. lich. Bayr. p. 208.
Verrucaria alboatra. Hoffm. fl. germ. p. 193.
Lecidea alboatra. Fries lich. eur. p. 336. Schaerer enum. p. 122. Rbhrst. Crypt. flor. p. 79. Nyland. prodr. p. 141. lich. Scand. p. 235. Hepp lich. exs. Müller lich. genev. p. 65.
Lecidea corticola. Ach. lich. univ. p. 186. syn. p. 32.
Rhizocarpon alboatrum. Th. Fries gen. p. 91. lich. arct. p. 237. Anzi cat. p. 92. Zwackh enum. nro. 237.

α. corticolum. Ach.

Exs. Crypt. bad. 517. Hepp 148. Rbh. 346. Zwackh 123. A. B. Crypt. helv. 477. Anzi lich. venet. 79.

an Birnbäumen bei Constanz und Mösskirch (Stzbrgr.); an Eichen im Sallenwäldchen bei Carlsruhe (B.); an alten Birnbäumen bei Handschuchsheim (Zwackh enum.); an alten Linden an der Ruine Steinsberg bei Weiler unweit Sinsheim (B.).

b. crenulatum. Körber.

an Eichen bei Constanz (Stzbrgr.).

β. **epipolium**. (Ach.) Massal. sched. p. 186. Arnold in Flora 1858 p. 476. 1868 p. 246. Krmplhbr. lich. Bayr. p. 208. Körber par. p. 178.

Lecidea epipolia. Ach. syn. p. 32. Hepp lich. exs. Müller lich. genev. p. 65.

Lecidea alboatra var. epipolia. Schaerer enum. p. 122. Nyland. lich. Scand. p. 235.

Schismatomma epipolia. Massal. ricer. p. 57.

Diplotomma alboatrum var. margaritaceum. Körber syst. p. 219. pr. part.

Rhizocarpon alboatrum. var. epipolium. Anzi cat. p. 92. Zwackh enum. nro. 237. var.

Exs. Hepp 146. Zwackh 229. 351. Schaerer 230.

an Sandstein bei Bodmann am Bodensee (Stzbrgr.); auf Gneiss am Schlossberg bei Freiburg (Sickenb.); an den Mauern der Ruine Neuwindeck bei Lauf (B.); an Sandstein alter Mauern bei Heidelberg (Zwackh enum.).

b. **murorum**. Mass. Hepp lich. exs. Krmplhbr. lich. Bayr. p. 209. Körber par. p. 178.

Rhizocarpon epipolium. var. murorum. Zwackh in Flora 1864 p. 86.

Exs. Hepp 30.

an einer Sandsteinmauer gegen den Kirchhof hinter der Ultramarinfabrik zu Heidelberg (Zwackh am angef. Orte).

c. **spilomaticum**. (Krmplhbr.) Körber par. p. 178.

Diplotomma calcareum f. spilomaticum. Krmplhbr. in Flora 1853 nro. 26.

Diplotomma alboatrum β. epipolium form. tuberculosum Krmplhbr. lich. Bayr. p. 209.

Lecidea calcarea α. Weissii b. tuberculosa. Schaerer enum. p. 121.

Lecidea epipolia b. tuberculosa. Hepp lich. exs.

Lecidea epipolia b. spilomatica. Müller lich. genev. p. 66.

Spiloma tuberculosum. Schaerer spicil. p. 220. Rbhrst. Crypt. flor. p. 5.

Exs. Crypt. bad. 682. Hepp 757. Rbh. 388. 751. Schaerer 5.

an Molassesandsteinfelsen in dem Stadtgraben von Ueberlingen am Bodensee (Jack).

γ. **ambiguum**. (Nyland.)

Lecidea alboatra var. ambigua Nyland. lich. Scand. p. 236.

auf Porphyrfelsen an der Ruine Hohengeroldseck bei Lahr (B.).

69. APLOTOMMA. MASSAL.

311. A. betulinum. (Hepp). Massal. in litt.
Lecidea betulina. Hepp in litt.
Rhizocarpon betulinum. Zwackh enum. nro. 238. Arnold in Flora 1864 p. 596.

Exs. Zwackh 374. Arnold 276.

an Kirschbäumen bei Heidelberg (Dr. Ahles); an Birken in den Felsenmeeren des Königsstuhles bei Heidelberg (Zwackh enum.).

70. BUELLIA. DE NOTARIS.

312. B. badioatra. (Flörcke). Körber syst. p. 223. par. p. 182. Krmplhbr. lich. Bayr. p. 200. Anzi cat. p. 87. Müller lich. genev. p. 65.
Lecidea confervoides. Schaerer enum. p. 113. pp. et Lecidea badioatra. Schaer. enum. p. 111. Nyland. lich. Scand. p. 233.
Lecidea atroalba. Flotow.
Buellia atroalba. Th. Fries lich. arct. p. 230.
Catolechia. badioatra, Massal. ricer. p. 84.
Buellia confervoides. Arnold in Flora 1868 p. 247.

Exs. Hepp 32. 34. 35. Rbh. 469. Zwackh 202. Schaerer 178. Anzi lich. lang. 481.

auf Gneiss an der Falkensteige im Höllenthale (Thiry).

313. B. ocellata. (Flck.) Körber syst. p. 224. par. p. 182. Arnold in Flora 1859 p. 150. 1861 p. 502. 1862 p. 308. Anzi cat. p. 88. Zwackh enum. nro. 228.
Lecidea ocellata. Flörcke.
Lecidea atroalba var. ocellata. Flotow.
Catollechia ocellata. Massal. mem. p. 125.
Lecidea coracina β. ocellata. Hepp lich. exs.

Exs. Hepp 529. Körber 106 a. Arnold 195. Anzi lich. lang. 196.

an Gneissfelsen im Kinzigthale (v. Zwackh); an Porphyr auf dem Schlosse Hohengeroldseck (B.); an Sandstein auf dem Mercur bei Baden (B.); an Granit und Porphyr bei Heidelberg (Zwackh enum.).

b. cinerea. Elotow.

Exs. Hepp 31. Körber 106 b. Zwackh 425.

an Gneissfelsen im Kinzigthale (v. Zwackh); auf Granit und Porphyr bei Ziegelhausen, Handschuchsheim, und Heidelberg (Zwackh enum.).

314. B. stellulata. (Tayl.) Arnold in Flora 1861 p. 502. Zwackh enum. nro. 230.
  Lecidea stellulata. Taylor. flor. hibern. II. p. 118.
  Lecidea spuria β. minutula. Hepp lich. exs.
  Buellia spuria β. minutula. Körber par. p. 183. Anzi cat p. 87.
  Exs. Hepp 313. Zwackh 402.
an Granit in der Hirschgasse zu Heidelberg; auch an Sandstein des Geisberges und bei Ziegelhausen (Zwackh enum.).

315. B. atrata. (Smith). Krmplhbr. lich. Bayr. p. 200. Anzi cat. p. 87.
  Lecidea atrata. Hepp lich. exs.
  Lecidea coracina. Ach. syn. p. 11. pp. Nyland. prodr. p. 126. lich. Scand. p. 232. suppl. p. 161.
  Exs. Hepp 312. Anzi lich. lang. 192.
an Sandsteinblöcken auf dem Ruhberg bei Baden (B.).

316. B. stigmatea. (Ach.) Körber syst. p. 226. par. p. 185. Arnold in Flora 1858 p. 477. 1862 p. 308. 1868 p. 245. Th. Fries lich. arct. p. 230. Krmplhbr. lich. Bayr. p. 499.
  Lecidea stigmatea. Ach. lich. univ. p. 161. syn. p. 15.
  Lecidea punctata var. stigmatea. Schaerer enum. p. 130.
  Lecidea disciformis var. stigmatea. Nyland. prodr. p. 141. enum. p. 126.
  Buellia punctata var. stigmatea. Zwackh enum. nro. 223.
  var.
  Lecidea micraspis. Hepp lich. exs.
  Buellia micraspis. Anzi cat. p. 88.
  Exs. Hepp 321. Rbh. 493. Zwackh 127. Anzi lich. lang. 197.
an Gneissfelsen bei Uffhausen oberhalb Freiburg (Thiry); und im Kinzigthale (v. Zwackh); an Granit hinter dem Stifte und in der Hirschgasse zu Heidelberg, sowie an Porphyr bei Handschuchsheim (Zwackh enum.).

317. B. discolor. (Hepp) Arnold in Flora 1859 p. 151. Krmplhbr. lich. Bayr. p. 200. Anzi cat. p. 87. Zwackh enum. nro. 231.
  Buellia discolor α. Heppii. Körber par. p. 185.
  Lecidea discolor. Hepp lich. exsicc.
  Lecanora discolorans. Nyland. in Flora 1868 p. 347.
  Exs. Hepp 319. Zwackh 61. pp.
auf Sandstein in einem Waldbache am Mercur bei Baden, im Albthale bei Ettlingen und im Bache bei Wolfartsweier (B.); an Granit am Haarlasse bei Heidelberg und bei Schlierbach, sowie an umherliegenden Sandsteinen im Walde hinter der Engelwiese bei Heidelberg (Zwackh enum.).

β. candida. (Schaer.) Körber par. p. 186. Anzi cat. p. 87.
    Lecidea confervoides α. candida. Schaerer enum. p. 113.
    Lecidea discolor β. candida. Hepp lich. exs.
  Exs. Hepp 320. Anzi lich. lang. 193.
auf Granit am Kybfelsen bei Freiburg (Al. Braun in herb. Spenner).

318. B. occulta. Körber par. p. 186. Zwackh enum. nro. 209.
    Lecidea. occulta. Flotow in litt.
    Zeora confragosa var. lecidina. Flotow lich. sil. I. p. 50.
    Rinodina confragosa b. lecidina (Eltw.) Körber syst. p. 125.
  Exs. Körber 34. Zwackh 135.
an Porphyr im Gunzenbacher Thal bei Baden (B.)*); an schattigen Porphyrfelsen zwischen Handschuchsheim und Dossenheim und an Granitwänden bei Schlierbach (Zwackh enum.).

  *) Sporen braun, zweizellig, 9—12 mm. lang, 5—6 mm. breit. Arnold in litt.

319. B. badia. (Fries). Körber syst. p. 226. par. p. 187. Arnold in Flora 1859 p. 151. 1860 p. 73. 1862 p. 308. Anzi lich. venet. exs. Zwackh enum. nro. 227.
    Lecidea badia. Fries lich. eur. p. 289. pp. Nyland. prodr. p. 139. lich. Scand. p. 238.
    Lecidea Dubenii. Fries S. V. Scand. p. 114.
    Cormothecium Dubenii. Massal. geneac. p. 9.
  Exs. Zwackh 198. Anzi lich. venet. 73.
sehr schön entwickelt an Gneissfelsen bei Wolfach (v. Zwackh); an Granit hinter dem Stifte zu Heidelberg (Zwackh enum.).

    b. parasitica. Körber par. p. 187. Arnold in Flora 1860 p. 73.
    Lecidea Bayerhofferi. Schaerer enum. p. 324.
  Exs. Zwackh 119. Arnold 72.
parasitisch auf der Kruste von Imbricaria dentritica an Granit am Haarlasse bei Heidelberg und im Ludwigsthale bei Schriesheim, sowie an Sandstein im Dreitrögthälchen bei Heidelberg (Zwackh enum.).

320. B. scabrosa. (Ach.) Massal. geneac. p. 20. Körber syst. p. 227. par. p. 188. Arnold in Flora 1858 p. 478. 1862 p. 308. Krmplhbr. lich. Bayr. p. 200. Th. Fries lich. arct. p. 232. Anzi cat. p. 88. Zwackh enum. nro. 226.
    Lecidea scabrosa. Ach. meth. p. 48. Nyland. prodr. p. 142. lich. Scand. p. 247. suppl. p. 166.
    Lecidea citrinella var. scabrosa. Ach. lich. univ. p. 180. syn. p. 25.

Lecidea flavovirescens γ. scabrosa. Schaerer enum p. 125.
Fxs. Hepp 548. Zwackh 204. Arnold 97. Anzi lich. lang. 205. lich.
venet. 72.
auf Sphyridium byssoides am Rande des Weges nach der
Drachenhöhle ober dem Wolfsbrunnen bei Heidelberg (Zwackh
enum.).

321. B. saxatilis. (Schrad.) Körber syst. p. 228. par. p. 188. Anzi cat.
p. 88. Müller lich. genev. p. 64. Arnold in Flora 1862 p. 312.
Zwackh enum. nro. 225.
Calicium saxatile. Fries lich. eur. p. 400. Schaerer enum.
p. 166.
Trachylia saxatilis. Rbhrst. Crypt. flor. p. 69.
Acolium saxatile. Massal. mem. p. 150.
Lecidea saxatilis. Hepp lich. exs. Nyland. lich. Scand.
p. 237.
Lecidea micraspis. Nyland. prodr. p. 140.
Buellia micraspis. Krmplhbr. lich. Bayr. p. 199.
Exs. Hepp 145. Rbh. 800. Zwackh 401. Arnold 166. Schaerer 240.
auf Sandstein über dem Heidelberger Schlosse gegen den
Wolfsbrunnen; auf Sphyridium byssoides ebendaselbst (Zwackh
enum.).

322. B. Dubyana. (Hepp) Arnold in Flora 1858 p. 478. Körber par.
p. 188. Krmplhbr. lich. Bayr. p. 199. Müller lich. genev.
p. 64.
Lecidea Dubyana. Hepp lich. exs.
Exs. Hepp 322. Rbh. 361. Körber 167. Crypt. helv. 67.
auf Jurakalk am Buchberge bei Schaffhausen (Schenk), und
am Isteiner Klotz (de Bary).

323. B. parasema. (Ach.) Körber syst. p. 228. par. p. 190. Arnold in
Flora 1858. p. 477. Krmplhbr. lich. Bayr. p. 198. Th. Fries
lich. arct. p. 226. Müller lich. genev. p. 64. Zwackh enum.
nro. 222.
Lecidea parasema. Ach. syn. p. 17. Fries lich. eur. p. 330.
pp. Rbhrst. Crypt. flor. p. 79. Nyland. lich. Scand. p. 216.
Lecidea punctata. var. parasema. Schaerer enum. p. 129.
Hepp lich. exs.
Buellia punctata α. parasema. Anzi. cat. p. 88.

α. tersa. (Ach.) Körber. (disciformis. Hepp).
Exs. Hepp 315. Rbh. 396. Zwackh 349. Schaerer 197.
an Birnbäumen, Buchen, Weisstannen, Lerchen, Vogelbeerbäumen, Birken, Castanien, Eschen, Eichen, u. s. w., auch auf
altem Holze bei Constanz (Stzbrgr.); auf dem Feldberge und

auf den Blauen (de Bary); bei Lichtenthal, Geroldsau, Baden und Carlsruhe (B.); und bei Heidelberg (Zwackh enum.).

β. rugulosa. (Ach.) Körber.

Exs. Hepp 316. Rbh. 446.

an Buchen auf der Badener Höhe, und auf Eichen am Cäcilienberge bei Lichtenthal (B.).

γ. microcarpa. (Ach.) Körber.

Exs. Hepp 754. Schaerer 199.

an Buchen bei Constanz (Stzbrgr.); an verschiedenen Bäumen auf dem Brunnberge bei Freiburg (Thiry).

δ. saprophila. (Ach.) Körber.

Exs. Hepp 150. Schaerer 198.

an Bäumen auf dem Feldberge (Thiry).

324. B. punctiformis. (Hoffm.) Massal. ricer. p. 81. sched. p. 146.
Arnold in Flora 1858 p. 477. 1861 p. 502. Anzi cat. p. 89.
Müller lich. genev. p. 64.
Verrucaria punctiformis. Hoffmann flor. germ. III. p. 193.
Lecidea punctata var. punctiformis. Schaerer enum. p. 129.
Lecidea punctiformis. Hepp lich. exs.
Buellia punctata. Körber syst. p. 229. pp. par. p. 191.
Krmplhbr. lich. Bayr. p. 199. Zwackh enum. nro. 223.
Lecidea parasema var. myriocarpa. Ach. lich. univ. p. 176.
syn. p. 18.
Lecidea myriocarpa. Nyland. prodr. p. 141. lich. Scand.
p. 237. suppl. p. 163.

Exs. Hepp 41. Rbh. 15. 832. Zwackh 126 B. 194. Schaerer 200. Crypt. helv. 569.

an jungen Lerchen bei Constanz (Stzbrgr.); an Lerchen und Kiefern am Brunnberg bei Freiburg (Thiry); an Kiefern bei Oberschaffhausen am Kaiserstuhl (de Bary); an Weisstannen auf dem Mercur bei Baden (B.); an Pappeln bei Schluttenbach (B.); an Kiefern im Hardwald bei Carlsruhe (Al. Braun); an Eichen in der Beiertheimer Allee (B.); an Pappeln und Linden bei Carlsruhe (B.); an Lerchen bei Pforzheim (Dr. Ahles); und auf dem Eichelberg bei Bruchsal (B.); an Föhren, Lerchen, Eichen und Erlen bei Heidelberg (Zwackh enum.).

β. tumidula. Massal. ricer. p. 31.

Exs. Hepp 42.

an Weiden bei Constanz (Stzbrgr.).

325. B. Schaereri. de Notaris. framm. lich. p. 199. Massal. ricer. p. 81. Arnold in Flora 1858 p. 477. Krmplhbr. lich. Bayr. p. 199. Anzi cat. p. 89. Körber par. p. 192. Zwackh enum. nro. 224.
Lecidea microspora. Naegele in Hepp lich. exsicc.
Lecidea nigritula. Nyland. prodr. p. 141. lich. Scand. p. 238. suppl. p. 163.

Exs. Hepp 43. Rbh. 479. Zwackh 126 A. Crypt. helv. 267.

an Castanienbäumen bei Handschuchsheim (Zwackh enum.).

71. CATILLARIA. MASSAL.

326. C. leucoplaca. Massal. framm. p. 22. Arnold in Flora 1861 p. 500. Zwackh enum. nro. 205.
Lecidea leucoplaca. Fries S. V. Scand. p. 115.
Biatora leucoplaca. Hepp lich. exsicc.
Catillaria premnea. Körber syst. p. 231. par. p. 193 (nach Körber Berichtigungen und Zusätze par. p. 478. Catillaria grossa [Ram.])
Lecidea grossa. Persoon. Nyland. prodr. p. 139. lich. Scand. p. 239.

Exs. Hepp 647. Rbh. 484. Körber 192. Zwackh 423. Arnold 43.

an Eichen des Königsstuhls und in der Nähe der Brunnenstube hinter dem Stifte zu Heidelberg (Zwackh enum.).

327. C. concreta. (Whlb.) Körber syst. p. 232. par. p. 194. Arnold in Flora 1861 p. 250.
Lecidea atroalba var. concreta Fries lich. eur. p. 312. Rbnhrst. Crypt. flor. p. 83. Nyland. prodr. p. 129.
Lecidea confervoides ♂. concreta. Schaerer enum. p. 113.
Buellia confervoides. Krmplhbr. lich. Bayr. p. 200. Anzi cat. p. 87. symb. p. 19.
Lecidea atroalba var. chlorospora. Nyland. in Bot. Notis. 1853 p. 96. lich. Scand. p. 233.
Buellia concreta. Zwackh enum. nro. 232.

Exs. Arnold 259. Schaerer 177 pp. Anzi lich. lang. 482.

auf Granit bei Sct. Wilhelm (Sickenb.); auf Sandsteinpfosten bei Carlsruhe (B.); an Sandsteinblöcken des Königsstuhls über dem Wolfsbrunnen bei Heidelberg (Zwackh enum.).

72. LECIDELLA KŒRBER.

328. L. spilota. (Fr.) Körber syst. p. 237. par. p. 207. Krmplhbr. lich.
Bayr. p. 193. Arnold in Flora 1862 p. 312.
Lecidea spilota. Fries lich. eur. p. 297. Th. Fries lich.
arct. p. 210. Anzi cat. p. 80.
Lecidea tesselata. Schaerer enum. p. 112. Nyland. prodr.
p. 132. lich. Scand. p. 227.
Exs. Hepp 723. Körber 223. Arnold 260. Anzi lich. lang. 124.
auf Gneiss am Schlossberg bei Freiburg (Sickenb.).

329. L. intricata. (Hepp). Körber par. p. 207.
Biatora intricata. Hepp lich. exs.
Lecidea spilota. var. intricata. Anzi manip. p. 27.
Exs. Crypt. bad. 850. Hepp 492. Crypt. helv. 266.
an Findlingen am Schweizerbild bei Schaffhausen (Schenk).

330. L. polycarpa. (Flörcke) Körber syst. p. 237. par. p. 208. Krmplhbr.
lich. Bayr. p. 192.
Lecidea polycarpa. Flörcke. Fries lich. eur. p. 305. Schaerer
enum. p. 118. Th. Fries lich. arct. p. 212. Anzi cat. p. 80.
Nyland. lich. Scand. p. 226. suppl. p. 160.

b. ecrustacea. Anzi.
Exs. Rbh. 844. Anzi lich. lang. 399.
(nach Stzbrgr.: Paraphysibus conglutinatis; hymen. superne
obscure smaragdul.; apoth. intus alba; Sporae octonae,
8—13 mm. long. 4 mm. lat.).
an Sandsteinblöcken auf dem Ruhberg bei Baden (B.).

331. L. lapicida. (Fr.) Körber par. p. 208.
Lecidea lapicida. Fries lich. eur. p. 306. Körber syst. p.
250. Th. Fries lich. arct. p. 211. Anzi cat. p. 84. Nyland.
lich. Scand. p. 225. suppl. p. 160.

b. oxydata. Fltw. Körber l. c.
an Sandsteinblöcken auf den Hornissgrinden und auf dem Ruhberg bei Baden (B.).

332. L. pruinosa. (Ach.) Körber syst. p. 235. par. 209. Krmplhbr. lich.
Bayr. p. 347.
Lecidea pruinosa. Ach. meth. p. 55. Flotow in bot. Ztg.
1845. p. 255. Anzi cat. p. 80.
Exs. Rbh. 845. Anzi lich. lang. 358 A.

an Gneiss auf dem Schauinsland (Thiry); an Granit und Sandstein auf der Herrenwiese (Al. Braun); an Sandsteinblöcken auf dem Ruhberg (B.); an Granitblöcken bei Geroldsau (B.).

β. oxydata. (Fltw.) Körber par. l. c.

Exs. Hepp 259. Schaerer 188. Anzi lich. lang. 358 B.

an Sandsteinblöcken auf dem Ruhberg und an Granitblöcken bei Geroldsau (B.).

333. L. cyanea. (Flck.) Körber par. p. 209.
Lecidea daphoena var. cyanea. Flörcke.
Lecidea contigua var. cyanea. Schaerer enum. p. 120.
Biatora cyanea. Hepp lich. exs.
Lecidella pruinosa var. cyanea. Körber syst. p. 235.
Krmplhbr. lich. Bayr. p. 192.
Lecidea cyanea. Zwackh enum. nro. 214. secund. Zwackh in Flora 1864 p. 82.

Exs. Crypt. bad. 684. Hepp 490.

an Sandsteinblöcken auf der Herrenwiese und auf Granit bei Geroldsau (B.); an Sandstein in den Felsenmeeren des Königsstuhls bei Heidelberg und auf Granit bei Schlierbach (Zwackh enum.).

334. L. goniophila. (Flck.) Körber syst. p. 235. par. p. 210. Arnold in Flora 1858 p. 479. 1861 p. 499. Krmplhbr. lich. Bayr. p. 195.
Lecidea immersa var. goniophila. Flörcke. Ach. syn. p. 28.
Lecidea goniophila. Schaerer enum. p. 127. Massal. ricer. p. 70. Anzi cat. p. 79. Th. Fries lich. arct. p. 215. Zwackh enum. nro. 207.
Biatora goniophila. Hepp lich. exs. Müller lich. genenev. p. 54.

Exs. Hepp 129. Rbh. 745. Anzi lich. lang. 352.

auf alpinen Kalkblöcken bei Constanz (Stzbrgr.); auf Kalk bei Schaffhausen (Schenk); bei Fützen im Wuttachthale (Stzbrgr.); bei Donaueschingen, bei Lahr und auf dem Thurmberg bei Durlach (B.); auf Gneiss auf dem Feldberge und auf dem Schauinsland (Thiry); bei Kirckzarten und am Schlossberg bei Freiburg (Sickenb.); an Sandsteinblöcken auf der Herrenwiese (B.); an Granitfelsen am Haarlasse und im Neckar, sowie an umherliegenden Steinen über der Engelswiese bei Heidelberg (Zwackh enum.).

b. colorata. Arnold.
Exs. Rbh. 649. Arnold 119.
an einer Sandsteinwand in einem Steinbruche auf der südlichen Seite des Mercur bei Baden (B.).

335. **L. ochracea.** (Hepp). Arnold in Flora 1858 p. 480. Krmplhbr. lich. Bayr. p. 198. Körber par. p. 210.
Biatora ochracea. Hepp lich. exs.
Lecidea ochracea. Zwackh enum. nro. 208.
Exs. Hepp 263. Rbh. 772. Arnold 23.

auf Kalk bei Donauöschingen (B.); an umherliegenden Steinen in der Kiesgrube neben der Schwetzinger Chaussée bei Heidelberg (Zwackh enum.).

336. **L. sabuletorum.** (Schreber). Körber syst. p. 234. par. p. 213. Arnold in Flora 1858 p. 479. Krmplhbr. lich. Bayr. p. 194.
Lecidea sabuletorum var. coniops. Fries lich. eur. p. 340. Schaerer enum. p. 133. Rbnhrst. Crypt. flor. p. 78. Massal. ricer. p. 79. Beltram. lich. bass. p. 172.
Lecidea coniops. Ach. syn. p. 20.
Lecidea sabuletorum. Th. Fries lich. arct. p. 114. Anzi cat. p. 79. Zwackh enum. nro. 209.
Biatora sabuletorum var. coniops. Hepp lich. exs. Müller lich. genev. p. 54.

α. coniops. Ach.
Exs. Hepp 133. Rbh. 722. Schaerer 193.

auf Gneiss am Schlossberge bei Freiburg (Sickenb.), auf Dachziegeln zu Freiburg (Thiry); an Weinbergsmauern bei Ettlingen und an Sandsteingeländern bei Carlsruhe (B.); an Sandsteinfelsen und Steinpfosten, sowie an Granit bei Heidelberg (Zwackh enum.), auf Keupersandstein an der Ruine Steinsberg bei Sinsheim (B.).

β. aequata. (Flcke.) Körber l. c.
Exs. Hepp 6. Anzi lich. venet. 76.

auf Sandstein bei Constanz (Stzbrgr.); bei Carlsruhe (B.); und bei Heidelberg (Zwackh enum.).

337. **L. protrusa.** (Fries). Körber syst. p. 242. par. p. 213. Arnold in Flora 1861 p. 498. 1863 p. 591. 1868 p. 247.
Lecidea protrusa. Fries lich. eur. p. 324. Schaerer enum. p. 115. Rbnhrst. Crypt. flor. p. 81. Zwackh enum. nro. 219.
Lecidea enterochlora. Taylor.
Exs. Zwackh 238.

an Gneissfelsen bei Hausach im Kinzigthale (v. Zwackh); an Sandsteinfelsen, Granit und Porphyr bei Heidelberg, Schlierbach und Handschuchsheim (Zwackh enum.).

338. L. viridans. (Flot.) Körber syst. p. 242. par. p. 213. Arnold in Flora 1858 p. 480.
Lecidea viridans. Flotow in Flora 1828 p. 697. Anzi cat. p. 81. Zwackh enum. nro. 210.
Lecidea sabuletorum var. viridans. Rbhrst. Crypt. flor. p. 78.
Biatora viridans. Hepp lich. exs.

Exs. Hepp 726. Körber 107. Zwackh 203. Anzi lich. lang. 155.

an Steinen bei Villingen (Stzbrgr.); an Granitfelsen am Haarlasse, und bei Schlierbach, sowie an Sandstein bei Heidelberg und Handschuchsheim (Zwackh enum.).

339. L. immersa. (Weber). Krmplhbr. lich. Bayr. p. 193. Körber par. p. 215.
Hymenelia immersa. Körber syst. p. 328. Arnold in Flora 1858 p. 331.
Lecidea immersa. Ach. syn. p. 27. Anzi cat. p. 79.
Lecidea immersa α. calcivora. Schaerer enum. p. 126.
Lecidea calcivora. Massal. ricer. p. 78. Nyland. prodr. p. 135.
Hymenelia calcivora. Massal. geneac. p. 13.
Biatora immersa var. calcivora. Hepp lich. exs. Müller lich. genev. p. 52.

Exs. Hepp 240. Rbh. 597. Körber 111. Schaerer 201.

auf Sandstein bei Constanz und auf Jurakalk im Donauthale (Stzbrgr.).

340. L. Laureri. (Hepp) Körber syst. p. 246. par. p. 215.
Biatora Laureri. Hepp lich. exs.
Lecidea Laureri. Anzi cat. p. 184.

Exs. Hepp 4. Rbh. 340. Anzi lich. lang. 184.

an Pinus sylvestris zwischen Villingen und Schwenningen im Schwarzwalde (Stzbrgr.).

341. L. enteroleuca. (Ach.) Körber syst. p. 244. par. p. 216. Arnold in Flora 1858 p. 480. Krmplhbr. lich. Bayr. p. 196.
Lecidea enteroleuca. Ach. lich. univ. p. 177. syn. p. 19. Fries lich. eur. 331. Schaerer enum. p. 128. Rbhrst. Crypt. flor. p. 79. Massal. ricer. p. 70. Beltram. lich. bass. p. 168. Th. Fries lich. arct. p. 216. Anzi cat. p. 83. Zwackh enum. nro. 206.

Biatora enteroleuca. Hepp lich. exsicc. Müller lich. genev.
p. 53.
Lecidea parasema var. enteroleuca. Nylaud. lich. Scand.
p. 217.

α. vulgaris. Körber.
Exs. Hepp 127. Rbh. 341. Zwackh 128.
Gemein an Bäumen aller Art.

β. rugulosa. Ach.
Exs. Hepp 128. Rbh. 446. p.p. Crypt. helv. 68. Anzi lich. venet. 75.
an Pappeln bei Constanz (Stzbrgr.); an Sorbus aucuparia auf
der Badener Höhe (B.); an Tannen auf dem Ruhberg (B.);
an Prunus domestica bei Carlsruhe (Al. Braun); ebendaselbst
auch an Pappeln und Acer pseudoplatanus (B.).

γ. tumidula. (Mass.) Arnold in Flora 1858 Krmplhbr. lich.
Bayr. p. 197.
Lecidea tumidula. Massal. ricer. p. 71. Beltram. lich. bass.
p. 169.
Biatora enteroleuca var. tumidula. Hepp lich. exs. Müller
lich. genev. p. 53.
Lecidea enteroleuca var. tumidula. Anzi cat. p. 83. Zwackh
enum. nro. 206. var.
Exs. Crypt. bad. 851. Hepp 249.
an Nussbäumen bei Lichtenthal, Durlach, Bruchsal etc. (B.);
und bei Heidelberg (Zwackh enum.).

b. deusta. Mass.
Exs. Rbh. 397.
an Nussbäumen bei Lichtenthal (B.).

δ. areolata. (Fries). Arnold in Flora 1858 p. 481. Krmplhbr.
lich. Bayr. p. 196. Körber par. p. 217.
Lecidea parasema ** areolata. Fries lich. eur. p. 330.
Lecidea enteroleuca *β*. melaleuca. Körber syst. p. 244.
Biatora enteroleuca *γ*. areolata. Hepp lich. exs.
Lecidea enteroleuca var. areolata. Anzi cat. p. 83. Zwackh
enum. nro. 206 var.
Exs. Hepp 248.
an Buchen des Königsstuhles bei Heidelberg (Zwackh enum.).

ε. euphorea. (Flörcke) Körber.
Exs. Crypt. bad. 852. Hepp 250.
an alten Lattenzäunen bei Constanz und bei Hüfingen (Stzbrgr.);
an einem hölzernen Gartengeländer zwischen Carlsruhe und
Rüppurr (Al. Braun); an alten Bretterwänden bei Mannheim
(Zwackh enum.).

ξ. **ambigua.** (Massal.)

> Biatora ambigua. Massal. ricer. p. 124. sched. p. 176. Beltram. lich. bass. p. 189. Anzi cat. p. 75. Körber par. p. 160.
> Biatora enteroleuca var. ambigua. Wartmann et Schenk Crypt. helv.
> Biatora tabescens. Körber syst. p. 203. Müller lich. genev. p. 51.
> Biatora olivacea var. tabescens. Hepp lich. exs.
> Lecidella enteroleuca δ. tabescens. Krmplhbr. lich. Bayr. p. 196.
> Lecidea enteroleuca var. ambigna. Zwackh enum. nro. 206. var.

Exs. Crypt. bad. 853. Hepp 525. Rbh. 760. Körber 164. Crypt. helv. 362.

an einer Buche nächst der Thalmühle bei Engen (Stzbrgr.); an Weisstannen bei Beggingen unweit Stühlingen (Schenk); an Tannen auf dem Feldberg (Sickenb.); an Tannen auf dem Cäcilienberg und auf dem Schafberg bei Lichtenthal (B.); an verschiedenen Bäumen bei Heidelberg (Zwackh enum.).

342. L. olivacea. (Hoffm.) Arnold in Flora 1858 p. 481. Krmplhbr. lich. Bayr. p. 197. Körber par. p. 217.

> Verrucaria olivacea. Hoffmann flor. germ. III. p. 192.
> Biatora olivacea. Hepp lich. exs. Müller lich. genev. p. 53.
> Lecidea olivacea. Massal. ricer. p. 71. Beltram. lich. bass. p. 168. Anzi cat. p. 83.
> Lecidella enteroleuca α. vulgaris. 1. olivacea. Körber syst. p. 244.
> Lecidea enteroleuca var. olivacea. Schaerer enum. p. 83. Zwackh enum. nro. 206. var.

Exs. Hepp 3. Rbh. 92. post. 490. 600. Zwackh 350. Anzi lich. lang. 187. etrur. 30.

an Eichen, Lerchen und Castanien bei Constanz (Stzbrgr.); an verschiedenen Bäumen bei Kirchzarten (Sickenb.); an Ahorn auf der Badener Höhe (B.); an Weisstannen am Mercur bei Baden (B.); an Birken bei Carlsruhe (B.); an Eschen und Pappeln bei Knielingen (B.); an Sorbus aucuparia in den Felsenmeeren des Königsstuhls bei Heidelberg (Zwackh enum.).

β. **rubiginosa.** (Hepp). Arnold in Flora 1862 p. 390.
> Biatora similis-corticola. Körber par. p. 152. (nach Arnold am angef. Orte und Zwackh enum.).

Lecidea enteroleuca var. rubiginosa. Zwackh enum. nro. 206. var.

Exs. Arnold 230.

an Castanien und Eichen bei Ziegelhausen und Handschuchsheim (Zwackh enum.).

γ. carnea. (Körber).

Biatora carnea. Körber par. p. 155.
Biatora olivacea var. carnea. Arnold in Flora 1862 p. 390.
Lecidea enteroleuca var. carnea. Zwackh enum. nro. 206. var.

Exs. Arnold 278.

an jungen Castanien und Hainbuchen bei Ziegelhausen, Stift Neuburg und Handschuchsheim (Zwackh enum.).

343. L. turgidula. (Fries). Körber syst. p. 243. par. p. 217. Krmplhbr. lich. Bayr. p. 197. Arnold in Flora 1864 p. 596.

Lecidea turgidula. Fries lich. eur. p. 337. Schaerer enum. p. 130. Rbhrst. Crypt. flor. p. 78. Anzi cat. p. 82. Th. Fries lich. arct. p. 217. Nyland. lich. Scand. p. 201. suppl. p. 146. Zwackh in Flora 1864 p. 86.
Biatora turgidula. Hepp lich. exsicc.

Exs. Hepp 269. Rbh. 558. 809. Zwackh 125. Anzi lich ven.

auf altem Holze bei Kirchzarten (Sickenb.): an Tannenstrünken auf dem Ruhberge (B.); an Castanien und Eichenstrünken bei Neuenheim, Handschuchsheim und Heidelberg (Zwackh enum.).

344. L. vitellinaria. (Nyland.) Körber par. p. 459.

Lecidea vitellinaria. Nylander in Bot. Notis 1852 p. 177. lich. Scand. p. 218. Th. Fries lich. arct. p. 222. Arnold in Flora 1862 p. 389.
Lecidea pitensis. Lönnroth in Flora 1858 p. 616.

Exs. Arnold 193.

parasitisch auf Candelaria vitellina auf Schwerspath bei Badenweiler (Al. Millardet); auf Porphyr bei Lichtenthal und an Sandstein auf dem Dobel (B.).

73. LECIDEA. ACH.

345. L. fumosa. (Hoffm.) Ach. lich. univ. p. 157. Schaerer enum. p. 109. Rbhrst. Crypt. flor. p. 82. Körber syst. p. 253. par. p. 218. Arnold in Flora 1858 p. 473. 1862 p. 308. Krmplhbr. lich. Bayr. p. 189. Beltram. lich. bass. p. 171. Zwackh enum. nro. 218.
Verrucaria fumosa. Hoffmann flor. germ. III. p. 190.
Lecidea fuscoatra. Ach. meth. p. 44. syn. p. 12. Fries lich. eur. p. 316. Nyland. prodr. p. 133. lich. Scand. p. 229. Th. Fries lich. arct. p. 210.
Psora fumosa. Massal. ricer. p. 93. Anzi cat. p. 65. manip. p. 19.
Biatora fumosa. Hepp lich. exsicc. Müller lich. genev. p. 54.

α. nitida. Schaerer.

Exs. Hepp 131. Rbh. 521. Zwackh 136. Arnold 191. Anzi lich. venet. 173.

auf Gneiss auf dem Belchen (B.); auf dem Feldberg (Sickenb.); auf dem Turner bei St. Märgen (Thiry); auf dem Prangerkopf bei Freiburg (de Bary); am Kybfelsen bei Freiburg (Spenner in herb. Al. Braun); an Granit bei Ottenhöfen (B.); an Sandstein auf der Badener Höhe, und auf dem Ruhberg (B.); auf Porphyr bei Lichtenthal und im Gunzenbacher Thal bei Baden (B.); auf Sandstein und Granit bei Heidelberg (Zwackh enum.).

β. grisella. Flörcke.

Exs. Hepp 724. Rbh. 412. Zwackh 137. Anzi lich. lang. 110.

an Sandsteinen auf der Herrenwiese (Al. Braun); an Sandsteinblöcken auf dem Ruhberg (B.); an Porphyr bei Lichtenthal (B.); an Sandstein auf dem Dobel (B.); an Sandstein und Granit bei Heidelberg und Schriesheim (Zwackh enum.).

346. L. albocoerulescens. (Wulff.) Ach. lich. univ. p. 188. syn. p. 29. Rbhrst. Crypt. flor. p. 87. Massal. ricer. p. 72. Körber syst. p. 247. par. p. 219. Beltram. lich. bass. p. 170. Krmplhbr. lich. Bayr. p. 188. Anzi cat. p. 84. Zwackh enum. nro. 217.
Lecidea contigua var. albocoerulescens. Nyland. lich. Scand. p. 224.
Biatora albocoerulescens. Hepp lich. exs.

Exs. Crypt. bad. 25. Hepp 243. Rbh. 232. Körber 224. Zwackh 129, auf Gneiss im Hexenthale bei Freiburg (Thiry); auf Granit am Wege nach dem alten Schlosse bei Baden (B.); auf Sandstein im Albthale bei Ettlingen und auf dem Dobel (B.); auf Sandstein, Granit und Porphyr in Bergwäldern bei Heidelberg (Zwackh enum.).

347. **L. confluens.** (Web.) Schaerer enum. p. 118. Massal. ricer. p. 66. Körber syst. p. 250. par. p. 219. Krmplhbr. lich. Bayr. p. 186. Anzi cat. p. 85. Th. Fries lich. arct. p. 208.
Lecidea contigua var. confluens Nyland. lich. Scand. p. 125. suppl. p. 160.

Exs. Hepp 125. Zwackh 131. Schaerer 187. Crypt. helv. 365. Anzi lich. lang. 401.

auf Granit bei Berau im südlichen Schwarzwalde (Gerwig); auf Gneiss am Schlossberg bei Freiburg (Sickenb.).

348. **L. superba.** Körber syst. p. 248. par. p. 220. Krmplhbr. lich. Bayr. p. 188.

Exs. Körber 48.

auf Gneiss auf dem Feldberge (Sickenb.).

349. **L. contigua.** (Hoffm.) Fries lich. eur. p. 398. pp. Schaerer enum. p. 119. Massal ricer. p. 75. Körber syst. p. 247. par. p. 221. Beltram. lich. bass. p. 173. Krmplhbr. lich. Bayr. p. 187. Anzi cat. p. 84. Nyland. lich. Scand. p. 224. suppl. p. 159. Th. Fries lich. arct. p. 208. Arnold in Flora 1862 p. 308. 1868 p. 247. Zwackh enum. nro. 215.
Verrucaria contigua. Hoffmann flor. germ. III. p. 184.
Biatora contigua. Hepp lich. exsicc. Müller lich. genev. p. 54.

Exs. Hepp 126. Zwackh. 424. Anzi lich. lang. 158 A.

auf Gneiss auf dem Feldberge (Sickenb.); am Kybfelsen bei Freiburg (Spenner); im Kappler Thal bei Achern (Seubert); an Granitfelsen bei Schlierbach, an Sandsteinblöcken in den Felsenmeeren des Königsstuhls bei Heidelberg und an Sandsteinen bei der Ruine Waldeck unweit Heiligkreuzsteinach (Zwackh enum.).

350. **L. platycarpa.** Ach. lich. univ. p. 173. syn. p. 17. Schaerer enum. p. 123. Massal. ricer. p. 67. Rbnhrst. Crypt. flor. p. 83. Körber syst. p. 249. par. p. 221. Beltram. lich. bass. p. 172. Krmplhbr. lich. Bayr. p. 188. Anzi cat. p. 85. Arnold in Flora 1861 p. 243. 1868 p. 247. Zwackh enum. nro. 216.

Lecidea contigua var. platycarpa. Fries lich. eur. p. 300.
Nyland. lich. Scand. p. 224. suppl. p. 159.
Biatora platycarpa. Hepp. Müller lich. genev. p. 55.

Exs. Rbh. 491. (cum. L. crustulata), Schaerer 228.

auf Granit bei Bonndorf (Stzbrgr.); auf Gneiss und Granit bei Oberried (Sickenb.); auf dem Schauinsland (de Bary); bei Horben (Thiry); im Kappler Thal bei Achern (Seubert, bei Geroldsau (B.); an Sandsteinblöcken auf dem Ruhberg, an der Teufelsmühle, und auf dem Dobel (B.); auf Sandstein und Granit bei Heidelberg (Zwackh enum.).

b. steriza. Flörcke.

Exs. Hepp 265.

auf Granit bei Schriesheim (Dierbach in herb. Bausch).

351. L. crustulata. (Ach.) Flörcke Deutschl. lich. nro. 81. Schaerer enum. p. 128. Rbnhrst. Crypt. flor. p. 84. Massal. ricer. p. 76. Körber syst. p. 249. par. p. 222. Arnold in Flora 1858 p. 474. 1868 p. 248. Krmplhbr. lich. Bayr. p. 190. Anzi cat. p. 85. Th. Fries lich. arct. p. 209. Zwackh enum. nro. 212.
Lecidea parasema var. crustulata. Ach. lich. univ. p. 176. syn. p. 18.
Lecidea contigua var. crustulata. Nyland. lich. Scand. p. 218 et 225. suppl. p. 159.
Biatora crustulata. Hepp lich. exs. Müller lich. genev. p. 55.

α. vulgaris. Körber.

Exs. Crypt. bad. 683. Hepp 130. Rbh. 491. pp. Crypt. helv. 570.

auf Sandstein im Catharinenwald bei Constanz (Stzbrgr.); auf Gneiss bei Tiefenstein (Stzbrgr.); bei Freiburg (de Bary); und auf dem Kandel (B.); auf Sandstein am Altvater bei Lahr (B.); auf Granit bei Geroldsau, auf Porphyr bei Lichtenthal, auf Granit in der Murg bei Rothenfels und auf Sandstein im Albthal bei Ettlingen (B.); auf Sandstein und auf Porphyr bei Heidelberg (Zwackh enum.).

b. corticola. Zwackh.

Exs. Zwackh 375.

an Buchenwurzeln auf dem Ruhberg bei Baden (B.); auf hervorstehenden Wurzeln an Wegrändern bei Heidelberg (Zwackh enum.).

β. macrospora. Körber.
 Exs. Hepp 264. Körber 225.
auf Porphyr bei Baden (B.); auf Sandstein am Königsstuhle bei Heidelberg ünd auf Granit bei der Ruine Waldeck unweit Heiligkreuzsteinach (Zwackh enum.).

352. L. sylvicola. Flotow. exs. nro. 171. Körber syst. p. 254. par. p. 223. Anzi cat. p. 85. Arnold in Flora 1863 p. 591. Nyland. lich. Scand. suppl. p. 185. Zwackh enum. nro. 211.
 Biatora sylvicola. Müller lich. genev. p. 55.
 Exs. Rbh. 675. Körber 75. Zwackh 426.
auf Granit bei Ottenhöfen (B.); an Granitfelsen bei Schlierbach (Zwackh enum.).

353. L. dispansa. Nyland. suppl. p. 186.
 Lecidea expansa. Nyland. in Flora 1865 p. 355. 1866 p. 86 et 87.
 (nach Arnold: Sporen 6—7 m.m. lang, 2—3 m.m. breit, epith. blaugrün, hypoth. braunroth, paraphys. verleimt.)
auf Sandstein am Mercur und auf Porphyr im Gunzenbacher Thal bei Baden (B. 1868).

354. L. sarcogynoides. Körber syst. p 252. par. p. 224. Zwackh enum. nro. 213.
 Exs. Körber 47.
an Granitfelsen bei Heidelberg (Zwackh enum.).

355. L. argillacea. (Bellardi sub. Lichen). Ach. method. p. 51, lich. univ. p. 184. syn. p. 25. Fries lich. eur. p. 346. Körber syst. p. 255. par. p. 227 et 462.
auf Porphyr bei Lichtenthal (B.).

74. MEGALOSPORA. MEYEN et FLOTOW.

356. M. sanguinaria. (L. sub. Lichen). Massal. ricer p. 106. Körber syst. p. 257. par. p. 228. Krmplhbr. lich. Bayr. p. 208.
 Lecidea sanguinaria. Ach. lich. univ. p. 170. syn. p. 19. Fries lich. eur. p. 335. Schaerer enum. p. 132. Rbnhrst. Crypt. flor. p. 79. Nyland. enum. p. 127. lich. Scand. p. 246. suppl. p. 166.
 Heterothecium sanguinarium. Flotow in litt.
 Biatora sanguinaria. Hepp lich. exs.
 Oedemocarpon sanguinarium. Th. Fries lich. arct. p. 223.
 Exs. Crypt. bad. 451. Hepp 483. Rbh. 311. Schaerer 231.

an Tannen, Fichten und Föhren auf dem Stuibenwasen am Feldberge (de Bary); auf der Herrenwiese (Al. Braun); auf der Badener Höhe (B.); an der Hundseck gegen die Hornissgrinde (Seubert.); und am Kaltenbrunn (Al. Braun); an alten Birken in der Nähe der Teufelsmühle im Murgthale (B.).

357. M. affinis. (Schaerer) Körber syst. p. 257. par. p. 228.
  Lecidea affinis. Schaerer enum. p. 132.
  Megalospora sanguinaria β. affinis. Krmplhbr. lich. Bayr. p. 208.
  Lecidea sanguinaria var. affinis. Nyland. lich. Scand. p. 246.
  Biatora sanguinaria β. affinis. Hepp lich. exs.
  Oedemocarpon sanguinarium β. affine. Th. Fries lich. arct. p. 223.

Exs. Hepp 727. Körber 49. Crypt. helv. 366.

an Fichten auf dem Feldberge (de Bary).

75. RHIZOCARPON. RAMOND.

358. Rh. petraeum. (Wulffen sub Lichen). Körber syst. p. 260. par. p. 230. Krmplhbr. lich. Bayr. p. 203. Th. Fries lich. arct. p. 235. Anzi cat. p. 91. Zwackh enum. nro. 233.
  Lecidea petraea. Nyland. prodr. p. 128. lich. Scand. p. 233. suppl. p. 162.
  Lecidea atroalba. Ach. syn. p. 11. Fries lich. eur. p. 310. p.p. Hepp lich. exs.
  Rhizocarpon atroalbum. Arnold in Flora. 1858 p. 479.

Exs. Hepp 36.

auf Gneiss bei Hinterzarten (Thiry); im Höllenthal (Thiry); bei Oberried (Sickenb.); auf dem Kandel (B.); und im Kinzigthale (v. Zwackh); auf Granit auf der Herrenwiese (Al. Braun); und bei Geroldsau (B.); auf Porphyr bei Lichtenthal (B.); an Granit, Porphyr und Sandstein bei Heidelberg (Zwackh enum.)

b. cinereum. Flotow.

Exs. Hepp 314. p.p.

an Sandstein bei Rippoltsau (Schwerdt).

c. grande. Fltw.

Exs. Hepp 37. Zwackh 132.

an Sandstein im Dreitrögthälchen bei Heidelberg und auf Granit über der Starkenburg bei Schriesheim (Zwackh enum.).

d. soreumaticum. Flotow.
auf Granit bei Geroldsau (B.); (vid. Körber par. p. 231. Anmerkung).

β. irriguum. Flotow.

Exs. Zwackh 133.

auf Granit bei Geroldsau (B.); an Granitfelsen bei Schlierbach (Zwackh enum.).

359. ? Rh. amphibium. (Fries). Körber par. p. 232. Zwackh enum. nro. 234.

Lecidea amphibia. Fries lich. eur. p. 307. Schaerer enum. p. 112. Th. Fries lich. exs.
Lecidea petraea var. amphibia. Nyland. lich. Scand. p. 233 et 234.

Exs. Th. Fries 45.

an Porphyr bei Handschuchsheim (Zwackh enum.) (nach Herrn von Zwackh in litt. zweifelhaft).

360. Rh. subconcentricum. (Fries). Körber par. p. 232. Arnold in Flora 1868 p. 248.

Lecidea atroalba var. subconcentrica. Fries lich. eur. p. 313. Rbnhorst. Crypt. flor. p. 84.
Rhizocarpon petraeum. Massal. ricer. p. 102. Arnold in Flora 1858 p. 478.
Rhizocarpon petraeum var. subconcentricum. Körber syst. p. 266. Krmplhbr. lich. Bayr. p. 204. Anzi cat. p. 91. Zwackh enum. nro. 223. var.
Lecidea petraea. Ach. syn. p. 15. Schaerer enum. p. 122. Hepp lich. exsicc. Müller lich. genev. p. 66.
Lichen concentricus. Davies in Trans. Linn. soc. II. p. 284. Smith Engl. Bot. tab. 246.
Lecidea petraea var. concentrica. Nyland. lich. Scand. p. 234.
Rhizocarpon concentricum. Beltram. lich. bass. p. 187.

Exs. Hepp 149. Rbh. 109. Körber 227. Schaerer 183. Anzi lich. venet. 80.

auf Porphyr am Schlosse Hohengeroldseck (B.); auf Granit und Porphyr bei Lichtenthal (B.); auf Sandstein an der Schlossgartenmauer zu Carlsruhe (B.); an Sandsteinplatten im Steinbruch Eisenhafen bei Durlach (B.); an Sandstein bei Handschuchsheim und bei Heidelberg (Zwackh enum.).

361. Lh. viridiatrum. (Flörcke). Körber syst. p. 262. par. p. 233. Krmplhbr. lich. Bayr. p. 206. Anzi cat. p. 91. Arnold in Flora 1861 p. 502. Zwackh enum. nro. 236.
  Lecidea geographica var. sphaerica. Schaerer enum. p. 106.
  Lecidea geographica var. atrovirens. Nyland. lich. Scand. p. 248.
Exs. Körber 108. Zwackh 139.

auf Gneiss im Kinzigthale (v. Zwackh); an Granit auf dem Krockenfelsen hinter dem Geroldsauer Wasserfall und auf dem Sauersberg bei Baden (B.); an Sandstein im Dreitrögthälchen bei Heidelberg und an Granit bei Schriesheim (Zwackh enum.).

362. Rh. geographicum. (L. sub. Lichen). De Candolle flor. franç. II. p. 366. Massal. ricer. p. 100. sched. p. 104. Körber syst. p. 262. par. p. 233. Arnold in Flora 1858 p. 478. 1861 p. 501. 1868 p. 248. Krmplhbr. lich. Bayr. p. 205. Anzi cat. p. 90 Beltram. lich. bass. p. 184. Th. Fries lich. arct. p. 236. Zwackh enum. nro. 235.
  Lecidea geographica. Fries lich. eur. p. 326. Schaerer enum. p. 106. Rbnhrst. Crypt. flor. p. 80. Nyland. prodr. p. 143. lich. Scand. p. 248. suppl. p. 166. Hepp lich. exsicc. Müller lich. genev. p. 66.
  Lecidea atrovirens. var. geographica. Ach. lich. univ. p. 163. syn. p. 21.
Exs. Crypt. bad. 681. Hepp 152. Rbh. 25. 518. Schaerer 172. Crypt. helv. 367.

an Klingstein auf dem Hohentwiel (Stzbrgr.); auf Gneiss bei Hinterzarten (B.); und am Kybfelsen bei Freiburg (Spenner); an Gneissfelsen im Kinzigthal (v. Zwackh); au Granitblöcken am Brigittenschlosse bei Achern (Seubert); an Sandsteinblöcken auf den Hornissgrinden, auf der Herrenwiese, auf der Badener Höhe, auf dem Ruhberg, auf dem Kaltenbrunn, an der Teufelsmühle und am Bernstein im Murgthale (B.); auf Porphyr bei Lichtenthal und hinter dem alten Schlosse zu Baden (B.); an Sandsteinplatten auf der Schlossgartenmauer zu Carlsruhe (B.); auf Sandstein, Granit und Porphyr bei Heidelberg (Zwackh enum.).

  β. **alpicolum.** (Whlbrg.) Körber syst. p. 263. par. p. 234. Th. Fries lich. arct. p. 236.
    Lecidea atrovirens var. alpicola. Wahlenberg flor. lapp. p. 474. Ach. syn. p. 22.
    Lecidea geographica var. alpicola. Schaerer enum. p. 106. Müller lich. genev. p. 66.

Lecidea alpicola. Hepp lich. exsicc. Nyland. prodr. p. 142.
lich. Scand. p. 247. suppl. p. 166.
Buellia alpicola. Krmplhbr. lich. Bayr. p. 201. Anzi cat.
p. 90.

Exs. Hepp 151. Rbh. 618. Schaerer 173. Anzi lich. lang. 199.
am Kaiserstuhl (Al. Braun in herb. Spenner ohne Angabe des Substrats).

363. Rh. lotum. Stzbrgr. nov. spec.

Thallus effusus tenuis leproso-pulverulentus pallide-ochraceo-flavescens. Apothecia crebra sparsa vel conferta (diam. 0,4 mill.) sessilia concava margine persistente elevata crassiori extus intusque atra. Hymenium (ca. 0,01 mill. altum) in hypothecio nigro-fusco hyalinum superne pallide-olivaceum e paraphysibus conglutinatis et ascis 8 sporis compositum (tinctura iodii coeruleum). Sporae submurali-divisae incolores rarius fuscidulae (0,017—0,020 mill. long., 0,008—0,010 mill. crass.).

auf Sandstein in einem Waldbache am Mercur bei Baden (B. 1865).

76. SARCOGYNE. FLOTOW.

364. S. privigna. (Ach.) Massal. geneac. p. 10. Körber syst. p. 266. par. p. 235. Krmplhbr. lich. Bayr. p. 212. Beltram. lich. bass. p. 207. Anzi cat. p. 86. Th. Fries lich. arct. p. 225. Arnold in Flora 1868. p. 248. Zwackh enum. nro. 220.

Biatorella immersa var. atrosanguinea. Massal. ricer. p. 132.
Biatorella atrosanguinea. Massal. mem. p. 130.
Lecidea privigna. Ach. method. p. 49.
Biatora privigna. Müller lich. genev. p. 56.

a. simplex. Davies.

Exs. Zwackh 398. Anzi lich. lang. 189.

an Granitfelsen bei Schlierbach, und bei Heidelberg (Zwackh enum.).

b. strepsodina. Ach.

Exs. Zwackh 143 A.B.

an sonnigen Granitfelsen am Haarlasse bei Heidelberg, und bei Schlierbach (Zwackh enum.).

β. Clavus. (D.Cand.) Körber par. p. 235.
Sarcogyne Clavus. Krmplhbr. lich. Bayr. p. 212.
Lecidea eucarpa. Nyland. prodr. p. 146.
Lecanora cervina var. eucarpa. Nyland. lich. Scand. p. 176.

an nackten Granitwänden am Haarlasse bei Heidelberg (Zwackh enum.).

365. S. pruinosa. (Smith) Massal. geneac. p. 10. sched. p. 176. Körber syst. p. 267. par. p. 235. Arnold in Flora 1858 p. 507. 1868 p. 248. Krmplhbr. lich. Bayr. p, 212. Beltram. lich. bass. p. 207. Anzi cat. p. 86. Zwackh enum nro. 221.
Lichen pruinosus. Smith Engl. Bot. tab. 2244.
Lecidea pruinosa. Rbnhrst. Crypt. flor. p. 86. Nyland. prodr. p. 146.
Lecanora cervina var. pruinosa. Nyland. lich. Scand. p. 176.
Myriosperma pruinosa. Hepp lich. exs.
Biatora myriosperma. Müller lich. genev. p. 56.

Exs. Hepp 143. Rbh. 172. Schaerer 202.

an Steinen und Mauern bei Constanz, Heiligenberg, Meersburg, Bodmann, Emmingen ab Egg, im Donauthale und im Wuttachthale (Stzbrgr.); an Kalkblöcken bei Donaueschingen (B.); auf Jurakalk bei Kleinkems (de Bary); auf Kalk bei Oberbergen am Kaiserstuhl (Sickenb.); auf Löss auf dem Schutterlindenberge und auf Muschelkalk in einem Steinbruche bei Lahr (B.); an Mauern bei Ettlingen und Carlsruhe (B.); an alten Mauern, Sandsteinfelsen, Porphyr und Granit bei Heidelberg (Zwackh enum.).

77. ARTHROSPORUM. MASSAL.

366. A. accline. (Flotow). Massal. geneac. p. 20. sched. p. 119. Körber syst. p. 270. par. p. 242. Arnold in Flora 1858 p. 474. Krmplhbr. lich. Bayr. p. 206. Beltram. lich. bass. p. 176. Anzi cat. p. 92. Zwackh enum. nro. 204.
Lecidea acclinis. Flotow in litt. Nyland. prodr. p. 123. lich. Scand. p. 219.
Biatora acclinis. Hepp lich. exs.
Patellaria acclinis. Müller lich. genev. p. 60.
Arthrosporum populorum. Massal. mem. p. 128.

Exs. Hepp 281. Rbh. 204.

an Bäumen bei Kirchzarten (Sickenb.); an Weiden und Crataegus am Rhein bei Knielingen (B.); an Nussbäumen bei Heidelberg und an Pappeln bei Schwetzingen (Zwackh enum.).

78. SCHISMATOMMA. FLOTOW.

367. Sch. dolosum. (Fries). Massal. ricer. p. 57. Körber syst. p. 272. par. p. 245. Arnold in Flora 1858 p. 696. Krmplhbr. lich. Bayr. p. 266.
    Lecidea dolosa. Fries lich. eur. p. 337. Rbhrst. Crypt. flor. p. 79.
    Parmelia periclea. Ach. meth. p. 156.
    Lecanora periclea. Ach. syn. p. 150.
    Platygrapha periclea. Nyland. prodr. p. 162. lich. Scand. p. 256. suppl. p. 187.
    Schismatomma periclcum. Th. Fries gen. p. 92. Zwackh enum. nro. 239.
    Platygrapha dolosa. Anzi cat. p. 95.
    Lecanactis dolosa. Müller lich. genev. p. 67.
    Lecidea abietina. Schaerer enum. p. 126.
    Biatora abietina. Naegele et Hepp lich. exs.
Exs. Hepp 140. 517. Rbh. 28. Körber 17. Zwackh 52.

an Tannen bei Schaffhausen (Schenk); bei Hausach im Kinzigthal (v. Zwackh); im Gunzenbacher Thal bei Baden (B.); im Murgthal bei Gernsbach (B.), und im Würmthal bei Pforzheim (Dr. Ahles); an alten Eichen im Hardwald bei Carlsruhe (Al. Braun.); bei Wiesloch (Märklin); und bei Heidelberg (Zwackh enum.).

Fam. XIII. BAEOMYCEAE. FÉE.

79. SPHYRIDIUM. FLOTOW.

368. Sph. byssoides. (L. sub Lichen.) Th. Fries lich. arct. p. 177. Beltram. lich. bass. p. 54. Körber par. p. 246. Zwackh enum. nro. 144.
    Biatora byssoides. Fries lich. eur. p. 257.
    Baeomyces byssoides. Schaerer enum. p. 183. Massal. ricer. p. 139. Krmplhbr. lich. Bayr. p. 115. Hepp lich. exs.
    Baeomyces rufus. Wahlenberg flor. lapp. p. 449. Ach. syn. p. 280. Nyland. syn. p. 176. lich. Scand. p. 48. suppl. p. 108. Müller lich. genev. p. 24.
    Sphyridium fungiforme. Körber syst. p. 273. Arnold in Flora 1858 p. 100. Anzi cat. p. 17.

α. **rupestre.** Pers.
Exs. Rbh. 413.
an Steinen verschiedener Art bei Freiburg (de Bary); auf Granit bei Geroldsau, auf Porphyr bei Lichtenthal und auf Sandstein bei Grünwettersbach (B.).

β. **carneum.** Flörcke.
Exs. Crypt. bad. 122. Hepp 480. Rbh. 26. Crypt. helv. 165.
auf Erde bei Salem, Constanz, Villingen, Freiburg, Baden, Daxlanden, Heidelberg u. s. w.

80. BAEOMYCES. PERS.

369. **B. roseus.** Persoon in Usteri ann. VII. p. 19. Wahlenberg flor. lapp. p. 449. Ach. syn. p. 280. Fries lich. eur. p. 246 Schaerer enum. p. 182. Massal. ricer. p. 138. sched. p. 61. Körber syst. p. 274. par. p. 246. Arnold in Flora 1858 p. 101. Krmplhbr. lich. Bayr. p. 116. Beltram. lich. bass. p. 55. Nyland. syn. p. 179. lich. Scand. p. 48. Th. Fries lich. arct. p. 176. Anzi cat. p. 18. Müller lich. genev. p. 25. Zwackh enum. nro. 143.
Exs. Crypt. bad. 24. Hepp 119. Rbh. 27.
sehr verbreitet auf Haideboden bei Constanz, Freiburg, Furtwangen, Lahr, Baden, Gernsbach, Carlsruhe, Heidelberg u. s. w.

Fam. XIV. GRAPHIDEAE. ESCHWEILER.

Subfam. 1. OPEGRAPHEAE. KŒRBER.

81. LECANACTIS. ESCHW.

370. **L. abietina.** (Ach.) Körber syst, p. 276. par. p. 247. Arnold in Flora 1858 p. 694. Krmplhbr. lich. Bayr. p. 262. Zwackh enum. nro. 240.
Lecidea abietina. Ach. lich. univ. p. 188. syn. p. 30. Rbhrst. Crypt. flor. p. 122. Nyland. prodr. p. 138. lich. Scand. p. 241.
Schismatomma abietinum. Massal. ricer. p, 56.
Lecidea leucocephala. Schaerer enum. p. 130.
Exs. Rbh. 499. Körber 230. Zwackh 421. Arnold 88.
an Eichen bei Daxlanden (Gmelin 1796. seither mit Apothecien nicht mehr beobachtet).

b. spermogonifera. Arnold in Flora 1858 p. 694.
Krmplhbr. lich. Bayr. p. 262.
Pyrenothea vermicellifera. Fries lich. eur. p. 451. Massal. ricer. p. 153. Hepp lich. exs.
Lecanactis abietina var. vermicellifera. Zwackh enum. nro. 240 var.

Exs. Crypt. bad. 673. Hepp 110. Zwackh 25 A—D. 26 A. B. Anzi lich. venet. 84.

an alten Eichen bei Constanz (Leiner); an alten Tannen im Hardwalde bei Carlsruhe (B.); an verschiedenen Bäumen bei Heidelberg (Zwackh enum.).

371. L. biformis. (Flörcke sub Lecidea). Körber syst. p. 277. par. p. 248. Arnold in Flora 1858 p. 693. Krmplhbr. lich. Bayr. p. 261. Zwackh enum. nro. 241.
Arthonia biformis. Schaerer enum. p. 243.
Lecanactis impolita b. biformis. Rbhrst. Crypt. flor. p. 18.

Exs. Crypt. bad. 304. Zwackh 48. Arnold 59.

an Eichen im Hardwalde bei Carlsruhe (Al. Braun); im Durlacher Walde (B.); und bei Heidelberg (Zwackh enum.).

b. spermogonifera. Arnold in Flora 1858 p. 693. Krmplhbr. lich. Bayr. p. 261.
Thrombium byssaceum. Schaerer enum. p. 223. Hepp lich. exsicc.
Pyrenothea byssacea. Massal. ricer. p. 150.
Pyrenothea insculpta. Rbhrst. Crypt. flor. p. 23.
Arthonia pruinosa forma spermogonifera. Nyland. in Flora 1855 p. 297.
Lecanactis biformis form. byysacea. Zwackh enum. nro. 241.

Exs. Hepp 229. Rbh. 392. 805. Zwackh 47 A. B. Schaerer 286.

an alten Eichen im Hardwalde bei Calsruhe (B.); und bei Heidelberg (Zwackh enum.).

c. spilomatica. Flörcke. Zwackh en. l. c.

Exs. Zwackh 49 A. B.

an Eichen bei Heidelberg (Zwackh enum.).

372. L. illecebrosa. (Duf.) Fries lich. eur. p. 376. Rbhrst. Crypt. flor. p. 17. Körber syst. p. 277. par. p. 248. Arnold in Flora 1858 p. 694. Krmplhbr. lich. Bayr. p. 262. Zwackh enum. nro. 242.
Opegrapha illecebrosa. Dufour in journ. phys. V. p. 216.
Lecidea corticola var. farinosa. Ach. lich. univ. p. 187. syn. p. 32.
Lecidea alboatra α. amylacea. Schaerer enum. p. 122.
Lecidea amylacea. Nyland. prodr. p. 137.

Lecidea farinosa. Nyland. lich. Scand. p. 240.
Schismatomma illecebrosum et amylaceum. Massal. ricer. p. 56.

Exs. Crypt. bad. 303. Hepp 533. Rbh. 415. Körber 196. Zwackh 124.

an alten Eichen im Mooswalde bei Freiburg (de Bary); im Würmthale bei Pforzheim (Dr. Ahles); im Hardwalde bei Carlsruhe (B.); hinter dem Stifte zu Heidelberg und im Walde gegen Neckargemünd (Zwackh enum.).

373. L. plocina. (Ach.) Massal. catagr. Graph. p. 678. Arnold in Flora 1861 p. 664. 1862 p. 306. Zwackh enum. nro. 243.
Lecidea plocina. Ach. lich. univ. p. 155. syn. p. 16.
Opegrapha plocina. Körber syst. p. 280. par. p. 250.
Lecidea premnea var. saxicola. Nyland. prodr. p. 138.
Biatora premnea var. saxicola. Hepp lich. exsicc.
Lecanactis scabrida. Zwackh in schedul.

Exs. Hepp 515. Zwackh 301. Arnold 292.

an Gneissfelsen im Kinzigthale bei Haslach (v. Zwackh); an Sandsteinblöcken am Bernstein im Murgthale (B.); an der Unterseite von Felsen und Steinen, sowie an alten Sandsteinmauern über dem alten Schlosse und in den Felsenmeeren des Königsstuhls bei Heidelberg, und an Granit über dem Haarlasse und bei Schlierbach (Zwackh enum.)

82. OPEGRAPHA. HUMBOLDT.

374. O. zonata. Körber syst. p. 279. par. p. 251. Arnold in Flora 1858 p. 691. 1861 p. 246. Krmplhbr. lich. Bayr. p. 260. Anzi cat. p. 94. Stzbrgr. Opegr. p. 11 et in Flora 1865 p. 72. Zwackh enum. nro. 245.
Lecanactis zonata. Massal. Catagr. p. 4.

Exs. Rbh. 517. Körber 18. Arnold 183.

auf Gneiss auf dem Schauinsland (Alexis Millardet); an Gneissfelsen im Kinzigthale (v. Zwackh); auf Granit bei Geroldsau (B.); auf Porphyr im Gunzenbacher Thal bei Baden (B.); an Granit bei Schlierbach und am Haarlasse bei Heidelberg; an Porphyr bei Handschuchsheim; an Sandsteinblöcken des Königsstuhls — hier auch an die Rinde alter Sorbusstämme übergehend (Zwackh enum.) —; an diesen Orten steril, jedoch mit Früchten auf Granit bei Ziegelhausen (Alexis Millardet).

375. O. vulgata. Ach. lich. univ. p. 155. syn. p. 73. Leight. Graph. p. 23. 24. Hepp lich. exs. Krmplhbr. lich. Bayr. p. 257. Anzi cat. p. 95. Arnold in Flora 1861 p. 268 et p. 660. Nyland. prodr. p. 158. lich. Scand. p. 255. Müller lich. genev. p. 68. Zwackh enum. nro. 249.
Opegrapha atra var. stenocarpa et var. vulgata. Schaerer enum. p. 153. 154.
Opegrapha atra β. abbreviata. Körber syst. p. 283.
Opegrapha atra β. vulgata. Körber par. p. 254.

Exs. Hepp 344. Rbh. 497. 820. Körber 346. Zwackh 6, 147, 407. Crypt. helv. 478.

an verschiedenen Bäumen bei Oberschaffhausen am Kaiserstuhl (Sickenb.); an Weisstannen bei Geroldsau, Lichtenthal und Gernsbach (B.); an Eichen im Sallenwäldchen bei Carlsruhe (B.); an alten Linden bei Pforzheim (Dr. Ahles); an alten Buchen bei Heidelberg (Zwackh enum.).

β. **lithyrga.** (Ach.) Stzbrgr. Opegr. p. 7 et in Flora 1865 p. 71. Nyland. lich. Scand. p. 255.
Opegrapha lithyrga. Ach. lich. univ. p. 247. excl. var. β. et syn. p. 72. Hepp lich. exsicc.
Opegrapha lithyrga α. grisea et β. ochracea. Körber syst. p. 281. par. p. 252 et 253. Zwackh enum. nro. 250.

Exs. Crypt. bad. 302. Hepp 348. Rbh. 795. Körber 138. Zwackh 1 A.B. 3. 354.

an Gneissfelsen im Kinzigthal (v. Zwackh); auf Granit bei Geroldsau, auf Porphyr bei Lichtenthal und im Gunzenbacher Thal bei Baden (B.); an schattigen Felswänden und an der Unterseite von Felsblöcken von Granit, Porphyr und Sandstein bei Heidelberg; bei Schlierbach an den oberen Theil des Rhizoms von Farrenkräutern übergehend (Zwackh enum.).

376. O. varia. Persoon in Usteri ann. VII. p. 30. Fries lich. eur. p. 364. Schaerer enum. p. 156. Rbhrst. Crypt. flor. p. 21. Massal. mem. p. 103. Körber syst. p. 285. par. p. 253. Arnold in Flora 1858 p. 693. Krmplhbr. lich. Bayr. p. 257. Beltram. lich. bass. p. 260. Th. Fries lich. arct. p. 238. Nyland. prodr. p. 154. lich. Scand. p. 252. Anzi cat. p. 95. Müller lich. genev. p. 68. Zwackh enum. nro. 247.

α. **lichenoides.** Persoon (notha Autt.)
Exs. Hepp 165. Rbh. 21 a. 33. 533. Zwackh 4,5 C. Schaerer 282. Crypt. helv. 368.

an Eichen und Birnbäumen bei Constanz (Stzbrgr.); an Eichen, Ulmen, Linden etc. bei Carlsruhe (B.); und Heidelberg (Zwackh enum.).

β. pulicaris. (Lightf.) Fries lich. eur. p. 364. Schaerer enum.
p. 156. Massal. mem. p. 104. Arnold iu Flora 1858 p. 693.
Krmplhbr. lich. Bayr. p. 258. Nyland. prodr. p. 155. lich.
Scand. p. 253. Beltram. lich. bass. p. 261. Anzi cat. p. 95.
Körber par. p. 253. Müller lich. genev. p. 95. Zwackh enum.
nro. 247 var.
Opegrapha vulvella. Ach, syn. p. 77.
Exs. Crypt. bad. 668. Hepp 892. Zwackh 5 B. 406. Schaerer 97.
Crypt. helv. 166.

an alten Weiden bei Constanz (Stzbrgr.); an Lerchen ebendaselbst (Leiner); an Epheu bei Schaffhausen (Schenk); an Nussbäumen bei Carlsruhe (B.); an Nussbäumen und alten Pappeln bei Heidelberg (Zwackh enum.).

b. phaea. Schaerer.
Exs. Hepp 166.

an Buchen bei Constanz (Stzbrgr.); an Bäumen bei Freiburg (Spenner).

c. saxicola. Stzbrgr. Opegr. p. 14.

an Sandstein alter Mauern gegen den Wolfsbrunnen bei Heidelberg (v. Zwackh sec. Stzbrgr. l. c.)

γ. diaphora. (Ach.) Fries lich. eur. p. 365. Schaerer enum.
p. 157. Massal. mem. p. 104. Arnold in Flora 1858 p. 693.
Krmplhbr. lich. Bayr. p. 257. Beltram. lich. bass. p. 262.
Anzi cat. p. 95. Körber par. p. 253. Nyland. prodr. p. 155.
lich. Scand. p. 253. Müller lich. genev. p. 68. Zwackh enum.
nro. 247 var.
Opegrapha notha var. diaphora. Ach. syn. p. 77.
Exs. Crypt. bad. 667. Hepp 891. Zwackh 5 A. Schaerer 98.

an Eichen und Baumstrünken bei Constanz (Stzbrgr. et Leiner); an Eichen bei Carlsruhe (B.); an alten Eschen und Ulmen bei Heidelberg (Zwackh enum.).

b. signata. Ach.
Exs. Crypt. bad. 669. Hepp 894. Crypt. helv. 573.

an Weiden bei Constanz (Stzbrgr.); an Obstbäumen ebendaselbst (Leiner).

c. saxicola. Stzbrgr. Opegr. p. 12 et 15 et in Flora 1865 p. 73.
Opegraphae variae formae. Fries lich. eur. p. 364. 365.
Nyland. prodr. p. 156. lich. Scand. p. 253.
Opegrapha varia v. chlorina f. saxicola. Krmplhbr. lich.
Bayr. p. 257.

Opegrapha saxatilis. Leight. Graph. p. 9. Nyland. prodr. p. 159. pp. Körber syst. p. 281. par. p. 252. Arnold in Flora 1858 p. 691. 1860 p. 78. 1861 p. 658. Anzi cat. p. 94. Zwackh enum. nro. 246.
Opegrapha Mougeotii. Massal. mem. p. 103. Anzi lich venet. exs.
Opegrapha saxicola β. amylacea. Massal. mem. p. 103. Anzi lich. venet. exs.
Opegrapha Körberiana. Müller lich. genev. p. 67.
Opegrapha pruinosa. Hepp lich. exs.
Exs. Hepp 765. Rbh. 620. Zwackh 2, 145 B. Anzi lich. lang. 407. lich. venet. 103. 106.

bei Heidelberg: in Mauerritzen gegen den Wolfsbrunnen auf Thon, an Mauern gegen den Wolfsbrunnen, auf Sandsteinen im Schlossgarten, an Mauern am Kohlhofe, auf Epheu und dürren Rubusstengeln im Schlossgarten (Zwackh enum. und Stzbrgr. Opegr. p. 18.)

δ. rimalis. Persoon in Ach. lich. univ. p. 260. Ach. syn. p. 77. Fries lich. eur. p. 365. Schaerer enum. p. 157. Krmplhbr. lich. Bayr. p. 258. Nyland. prodr. p. 156. lich. Scand. p. 253. Müller lich. genev. p. 68.
Exs. Hepp 893. Rbh. 163.

an Weisstannen bei Geroldsau und an Lerchen auf dem Eichelberg bei Bruchsal (B.).

ε. ochrocarpa. Zwackh in Flora 1864 p. 87.

an Ulmen im Schlossgarten zu Carlsruhe (v. Zwackh).

377. O. atra. Persoon in Usteri annal. VII. p. 30. Fries lich. eur. p. 366. Schaerer enum. p. 153. Rbhrst. Crypt. flor. p. 19. Leighton Graph. p. 18. Massal. mem. p. 106. Körber syst. p. 283. par. p. 254. Arnold in Flora 1858 p. 692. Krmplhbr. lich. Bayr. p. 257. Nyland. prodr. p. 157. lich. Scand. p. 254. Beltram. lich. bass. p. 263. Anzi cat. p. 96. Müller lich. genev. p. 68. Zwackh enum. nro. 248.
Exs. Schaerer 93.

an Nussbäumen bei Constanz (Stzbrgr.); an verschiedenen Bäumen bei Kirchzarten (Sickenb.) und bei Freiburg (Thiry); an Tannen bei Geroldsau, an Nussbäumen bei Lichtenthal, an Stechpalmen im Carlsruher Schlossgarten, an Alnus incana im Daxlander Walde und an Eschen im Durlacher Walde (B.); an Eschen, Eichen und Sorbus bei Heidelberg (Zwackh enum.).

β. stenocarpa. (Ach.) Schaerer enum. p. 153.
Exs. Hepp 341. Rbh. 164.

an Eschen, Nussbäumen, Birnbäumen und Schwarzpappeln bei Constanz (Stzbrgr.).

γ. arthonioidea. Leighton exs. nro. 338. Arnold in Flora 1861 p. 660. Zwackh enum. nro. 248. var.

an Erlen bei Handschuchsheim (Zwackh enum.).

378. O. saxicola. Ach. syn. p. 71. Massal. mem. p. 102. (excl. synon. et varr.). Nyland. lich. Scand. p. 254. Stzbrgr. Opegr. p. 23. Opegrapha rupestris. Persoon in Usteri ann. XI. p. 20. Leighton Graph. p. 11. Hepp lich. exs. Nyland. prodr. p. 156. Arnold in Flora 1860 p. 178. Krmplhbr. lich. Bayr. p. 229. Müller lich. genev. p. 67. Opegrapha saxatilis. Schaerer enum. p. 159. pp. Krmplhbr. lich. Bayr. p. 259. (excl. synon. et f. pruinosa). Opegrapha gyrocarpa. Körber syst. p. 280. pp. par. p. 251 pp.

Exs. Hepp 346. Zwackh 145 A. Schaerer 94.

auf Sandsteinmauern bei Constanz (Stzbrgr.).

379. O. herpetica. Ach. lich. univ. p. 248. syn. p. 72. Fries lich. eur. p. 368. Schaerer enum. p. 155. Rbhrst. Crypt. flor. p. 19. Leighton Graph. p. 20. Massal. mem. p. 105. Körber syst. p. 284. par. p. 254. Arnold in Flora 1858 p. 692. Krmplhbr. lich. Bayr. p. 258. Anzi cat. p. 95. Müller lich. genev. p. 68. Zwackh enum. nro. 251.

α. vera. Leighton Graph. p. 20. Anzi cat. p. 95.

Exs. Hepp 555.

an verschiedenen Bäumen bei Kirchzarten (Sickenb.); an Tannen bei Geroldsau, Lichtenthal und Gernsbach (B.); an Eschen im Durlacher Wald und in den Rheinwaldungen bei Knielingen (B.); an Birken und Eschen bei Heidelberg (Zwackh enum.).

β. rubella. (Pers). Leighton Graph. p. 22. Schaerer enum. p. 155. Massal. mem. p. 105. Arnold in Flora 1858 p. 692. 1861 p. 660. Krmplhbr. lich. Bayr. p. 258. Anzi cat. p. 96. Müller lich. genev. p. 68. Zwackh enum. nro. 251. var.

Exs. Hepp 557. Rbh. 585. Schaerer 95.

an Buchen bei Constanz (Stzbrgr.); an jungen Eichen auf dem Cäcilienberge bei Lichtenthal (B.); an Eschen bei Carlsruhe (Al. Braun); an Buchen und Linden am Königsstuhle bei Heidelberg und an Corylus im Heidelberger Schlossgarten (Zwackh enum.).

γ. subocellata. Ach. syn. p. 73. Leighton Graph. p. 21. Schaerer enum. p. 156. Massal. mem. p. 105. Körber syst. p. 284. par. p. 254. Arnold in Flora 1858 p. 692. 1861 p. 660. Krmplhbr. lich. Bayr. p. 258. Beltram. lich. bass. p. 266. Anzi cat. p. 96. Müller lich. genev. p. 69. Zwackh enum. nro. 251. var.

Opegrapha rubecula. Massal. mem. p. 106. teste Körber
par. p. 254.
Exs. Crypt. bad. 446. Hepp 556. Rbh. 443. 781. Zwackh 7. Schaerer
281. Crypt. helv. 70.

an jungen Eschen und an Thuja bei Constanz (Stzbrgr.); an verschiedenen Bäumen bei Kirchzarten (Sickenb.); an Weisstannen am Mercur bei Baden (B.); an Eschen in den Rheinwaldungen bei Knielingen und Daxlanden (B.); an Eschen bei Heidelberg (Zwackh enum.).

δ. tenera. Zwackh enum. nro. 251. var.

Exs. Zwackh 355.

an alten Buchen auf dem Königsstuhle bei Heidelberg (Zwackh enum.).

83. ZWACKHIA. KŒRBER.

380. Z. involuta. (Wallr.) Körber syst. p. 286. par. p. 255.
Graphis involuta (a) Wallroth. Crypt flor. p. 329.
Opegrapha involuta. Krmplhbr. lich. Bayr. p. 259. Anzi cat. p. 96.
Opegrapha viridis. Pers. Th. Fries in Flora 1865 p. 537.
Opegrapha siderella. Ach. syn. p. 79. Hepp lich. exs. Zwackh enum. nro. 252.
Opegrapha atra var. siderella. Fries lich. eur. p. 368.
Opegrapha herpetica var. siderella. Schaerer enum. p. 155.
Rbhrst. Crypt. flor. p. 19. Massal. mem. p. 105. Beltram. lich. bass. p. 265.

Exs. Hepp 164. Rbh. 35. Körber 116. Zwackh 8. Schaerer 96.

an Tannen, Buchen, und andern Bäumen im Kinzigthale (v. Zwackh); an Eschen bei Knielingen, an Hainbuchen im Hardwalde bei Carlsruhe und an Buchen im Rittnertwalde bei Durlach (B.); an Buchen und Hainbuchen bei Heidelberg (Zwackh enum.).

b. spermogonifera. Zwackh. enum. nro. 252.

Exs. Zwackh 408.

an einem Carpinusstamme hinter dem Stift Neuburg bei Heidelberg (Zwackh enum.).

84. GRAPHIS. ADANSON.

381. G. elegans. (Borr.). Nyland. prodr. p. 151. Hepp lich. exsicc. Körber par. p. 255.
Opegrapha elegans. Borrer Engl. Bot. tab. 1852. Schaerer enum. p. 152. Fries lich. eur. p. 370.
Aulacographa elegans. Leigthon Graph. p. 45. Massal. catagr. Graph. 678. Arnold in Flora 1861 p. 661.

Exs. Hepp 552. Rbh. 527. 641. Körber 286. 317.

an alten Stämmen von Ilex aquifolium bei St. Georgen auf dem Schwarzwalde (B.).

382. G. scripta. (L. sub Lichen.) Ach. lich. univ. p. 265. synops. p. 81. Rbhrst. Crypt. flor. p. 18. Massal. mem. 107. Körber syst. p. 287. pp. par. p. 256. Arnold in Flora 1858 p. 693. 1861 p. 661. Krmplhbr. lich. Bayr. p. 260. Beltram. lich. bass. p. 270. Anzi cat. p. 97. Nyland. prodr. p. 149. lich. Scand. p. 251. Müller lich. genev. p. 69. Zwackh enum. nro. 244.
Opegrapha scripta. Ach. method. p. 30. Fries lich. eur. p. 370. Schaerer enum. p. 150.

α. vulgaris. Körber.

Exs. Rbh. 394.

an der Rinde verschiedener Laubbäume durch das ganze Land verbreitet.

1. limitata. Pers.

Exs. Crypt. bad. 670. Hepp 885. Rbh. 165. Körber 76. Schaerer 87. 88.

an Buchen bei Constanz, Freiburg, Baden, Carlsruhe, Heidelberg u. s. w.

2. pulverulenta. Pers.

Exs. Hepp 46. 886. Schaerer 89.

an Buchen und Sorbus Aria bei Constanz (Stzbrgr.); an Bnchen und Birken bei Kirchzarten und Freiburg (Sickenb.); an Buchen bei Lichtenthal und Ettlingen (B.).

3. recta. Humboldt.

Exs. Hepp 888. Zwackh 306.

an Buchen bei Constanz (Stzbrgr.); bei Kirchzarten (Sickenb.); und auf dem Lorettoberg bei Freiburg (Spenner); an Haselnussstauden bei Müllheim (B.); an Birken, sowie an Zwetschgen- und Kirschenbäumen bei Heidelberg (Zwackh enum.).

4. abietina. Schaerer.

Exs. Crypt. bad. 513. Hepp 887. Zwackh 305. Schaerer 90.

an Weisstannen bei Constanz (Stzbrgr.), und bei Oberried (Sickenb.); an Rothtannen auf der Descheck bei Schönwald (Wasserscheide zwischen Rhein und Donau) (B.); an Weisstannen im Haslacher Stadtwalde (v. Zwackh), und bei Achern, Lichtenthal, Baden und Gernsbach (B.).

β. serpentina. Ach.

Exs. Rbh. 173. (sub Gr. scripta var pulverulenta.) Schaerer 91. Crypt. helv. 71.

an Eichen und Erlen bei Constanz (Stzbrgr.); an verschiedenen Bäumen bei Oberried (Sickenb.); an Eschen bei Gütenbach (B.); an Vogelbeerbäumen bei Lichtenthal (B.); an Buchen bei Gaiberg (Märklin).

1. eutypa. Leighton.

an Erlen bei Constanz (Stzbrgr.); an einer alten Weisstanne am Cäcilienberge bei Lichtenthal (B.); an Eschen, Kirschen, Buchen, Sorbus und Castanien bei Heidelberg (Zwackh enum.).

2. divaricata. Leight. Graph. p. 35.

Exs. Hepp 553. Rbh. 584.

an Haselnussstauden hinter dem Geroldsauer Wasserfall (B.), und auf dem Königsstuhle bei Heidelberg (Zwackh enum.).

3. radiata. Leight. Graph. p. 40.

Exs. Crypt. bad. 671. Hepp 890.

an Eschen bei Constanz (Stzbrgr. et Leiner); an Buchen und an Corylus bei Heidelberg (Zwackh enum.).

4. spathea. Leigthton Graph. p. 36.

Exs. Crypt. bad. 672. Zwackh. 304.

an Buchen bei Constanz (Stzbrgr. et Leiner); an Weisstannen im Haslacher Stadtwalde (v. Zwackh); an glatter Tannenrinde bei Heidelberg. (Zwackh enum.).

5. juglandis. Massal. mem. p. 108.

Exs. Hepp 340. (sub G. eutypa) Anzi lich. venet. 109.

an Nussbäumen bei Lichtenthal (B.); und bei Handschuchsheim (Zwackh enum.).

6. minuta. Leigthon. Graph. p. 32.
an der Rinde alter Buchen hinter dem Stifte zu Heidelberg (Zwackh enum.).

85. MELASPILEA. NYLANDER.

383. M. gibberulosa. (Ach.) Zwackh enum. nro. 269.
>Arthonia gibberulosa. Ach. lich. univ. p. 142. Hepp lich. exs. Krmplhbr. lich. Bayr. p. 264. Anzi catal. p. 94.
>Coniangium gibberulosum. Arnold in Flora 1858 p. 695. 1860 p. 8.
>Hazslinszkya gibberulosa. Körber par. p. 258.
>Melaspilea deformis. Nyland. prodr. p. 170. lich. Scand. p. 263.
>Opegrapha varia var. deformis. Schaerer enum. p. 158. Rbhrst. Crypt. flor. p. 21.

Exs. Hepp 350. Zwackh 148. Arnold 287. Schaerer 283. pp.
an Weisstannen am Cäcilienberge bei Lichtenthal (B.); an Nussbäumen über dem Schlosse bei Heidelberg (Zwackh enum,).

86. ENTEROGRAPHA. FÉE.

384. E. Hutchinsiae. (Leight) Massal. Catagr. Graph. p. 679. Körber par. p. 259. Arnold in Flora 1861 p. 662. et 663. Zwackh enum. nro. 253.
>Platygramma Hutchinsiae. Leighton. Graph. p. 49. et lich. exs. 130.
>Opegrapha Hutchinsiae. Körber syst. p. 282. Hepp lich. exsicc.
>Stigmatidium Hutchinsiae. Nyland. prodr. p. 160. pp.
>Stigmatidium germanicum. Massal. miscell. p. 19.

Exs. Hepp 532. Rbh. 681. Zwackh 302 B. Arnold 293.
auf Gneiss bei Hausach und bei Haslach im Kinzigthale (v. Zwackh); auf Granit beim Geroldsauer Wasserfall, und auf Porphyr im Gunzenbacher Thal bei Baden (B.); an Sandsteinblöcken im Würmthal bei l'forzheim (Dr. Ahles); an Porphyrfelsen bei Handschuchsheim, und an Granit bei Schlierbach (Zwackh enum.).

β. **Zwackhii.** Massal. Catagr. Graph. p. 679. Arnold in Flora 1861 p. 663. Zwackh enum. nro. 253 var.
  E x s. Zwackh 302 A.
an Sandsteinblöcken der Felsenmeere bei Heidelberg, hier auch an die Rinde alter Sorbusstämme übergehend (Zwackh enum.).

385. E. Flotowii. Massal. Catagr. Graph. p. 679. Arnold in Flora 1861 p. 663.
  Opegrapha tenuis. Zwackh in sched.
  E x s. Zwackh 307.
an Tannen im Haslacher Stadtwald (v. Zwackh); (soll nach Zwackh enum. ein status juvenilis der Enterographa rimata (Flotow) sein).

Subfam. 2. ARTHONIEAE. KŒRBER.

87. ARTHOTHELIUM. MASSAL.

386. A. spectabile. (Flotw.) Massal. ricer. p. 54. Körber syst. p. 293. par. p. 260. Zwackh enum. nro. 266.
  Arthonia spectabilis. Flotow in litt. ad. Schaerer. Anzi cat. p. 93.
  Opegrapha scripta var. arthonioidea. Schaerer enum. p. 151.
  Graphis scripta var. arthonioidea Rbhrst. Crypt. flor. p. 19.
  E x s. Crypt. bad. 445. Hepp 536. Rbh. 418. 685. Zwackh 356. Crypt. helv. 269. Anzi lich. lang 206.
an Eschen, Hainbuchen und Eichen im Durlacher Wald bei Carlsruhe (B.); an Fraxinus Ornus im Carlsruher Schlossgarten (B.); an Hainbuchen in den Rheinwaldungen bei Knielingen (B.); an Buchen und Hainbuchen bei Heidelberg (Zwackh enum.).

387. A. fuscocinereum. (Zwackh). Massal. Catagr. Graph. p. 683. Körber par p. 261. Zwackh enum. nro. 267.
  Arthonia fuscocinerea. Zwackh in sched.
  Phlyctis fuscocinerea. Hepp in litt. Krmplhbr. lich. Bayr p. 171.
  E x s. Zwackh 311.
an Buchen und Hainbuchen auf dem Königsstuhle bei Heidelberg (Zwackh enum.).

386. A. Ruanum. (Massal). Körber par. p. 263. Zwackh enum. nro. 268.
Arthonia Ruana. Massal. ricer. p. 49. Krmplhbr. lich. Bayr.
p. 264. Anzi symb. p. 264.

E x s. Rbh. 474. Zwackh 310. A. B. Anzi lich. lang. 383.

an Weisstannen im Güntersthale bei Freiburg (Alexis Millardet); an Pinus Picea im Haslacher Stadtwald (v. Zwackh); an Weisstannen am Mercur bei Baden (B.); an einer Birke in den Felsenmeeren des Königsstuhls, selten und vereinzelt an Buchen daselbst, und sehr schön an Sorbus am Michaelsbrunnen hinter dem Königsstuhle bei Heidelberg (Zwackh enum.).

88. ARTHONIA. (ACH.) KŒRBER.

Subgen. 1. CONIOCARPON. D.C.

389. A. gregaria. (Weigel). Körber syst. p. 291. par. p. 264. Anzi manip. p. 30.

Sphaeria gregaria. Weigel obs. bot. p. 43.
Coniocarpon gregarium. Schaerer enum. p. 242. Massal. ricer. p. 46. mem. p. 116. Arnold in Flora .1858 p. 694. Beltram. lich. bass. p. 274. Hepp lich. exs. Krmplhbr. lich. Bayr. p. 262.
Arthonia cinnabarina. Wallroth Crypt. flor p. 320. Nyland. prodr. p. 163. lich Scand. p. 257. Müller lich. genev. p. 71. Zwackh enum. nro. 254.
Coniocarpon cinnabarinum. De Candolle flor. franç. II. p. 323. Fries lich. eur. p. 379. Rbhrst. Crypt. flor. p. 75.

E x s. Crypt. bad. 27. Hepp 162. Rbh. 120. 703. Körber 289. Zwackh 11 A. B. Arnold 150. Schaerer 239. Crypt. helv. 72. Anzi lich. lang. 518.

an Eschen bei Constanz (Stzbrgr.); an Eichen bei Salem (Jack); an Tannen im Kinzigthal (v. Zwackh); an Corylus beim Geroldsauer Wasserfall (B.); an Eichen bei Lichtenthal (B.); im Walde zwischen Daxlanden und Forchheim (Alex. Braun); und auf der Rheininsel Kastenwörth (B.); an Buchen im Durlacher Wald bei Carlsruhe (B.); an Eschen in den Knielinger Rheinwaldungen (B.); an Vogelbeerbäumen, Zitterpappeln, Eichen und Hainbuchen bei Heidelberg (Zwackh enum.).

390. A. ochracea. Dufour in journ. de phys. 87. p. 205. Schaerer enum. p. 242. Wallroth Crypt. flor. p. 321. Körber syst. p. 292. par. p. 264. Nyland. prodr. p. 164. Anzi cat. p. 93. Zwackh enum. nro. 255.
Coniocarpon ochraceum. Fries lich. eur. p. 380. Rbhrst. Crypt. flor. p. 75. Massal. ricer p. 47. Hepp lich. exs. Arnold in Flora 1858 p. 694. Krmplhbr. lich. Bayr. p. 262.

Exs. Hepp 354. Rbh. 337. Zwackh 308.

an Tannen im Haslacher Stadtwalde (v. Zwackh); an Corylus und an Tannen im Geroldsauer Thal bei Baden (B.); an jungen Stämmen von Vogelbeerbäumen (Sorbus) und Ahorn in den Felsenmeeren des Königsstuhls bei Heidelberg (Zwackh enum.).

391. A. stellaris. Krmplhbr. lich. Bayr. p. 296. Anzi symb. p. 21.
Arthonia albella. Zwackh in Flora 1862 p. 531.
Coniocarpon albellum. Zwackh in sched.

Exs. Zwackh 358.

an glatter Tannenrinde bei Haslach im Kinzigthale (v. Zwackh); an Weisstannen auf dem Cäcilienberge bei Lichtenthal (B.)

Subgen. 2. EUARTHONIA. KŒRBER.

392. A. vulgaris. Schaerer spicil. p. 8 et 246. Massal. ricer. p. 48. Körber syst. p. 290. par. p. 265. Arnold in Flora 1858 p. 695. Beltram. lich. bass. p. 276. Müller lich. genev. p. 71.
Arthonia astroidea. Ach. syn. p. 6. Leighton Graph. p. 53. Nyland. Arth. p. 95. prodr. p. 166. lich. Scand. p. 259. Krmplhbr. lich. Bayr. p. 263. Anzi cat. p. 93.
Arthonia radiata. Ach. lich. univ. p. 144. Th. Fries lich. arct. p. 240. Zwackh enum. nro. 259.
Opegrapha atra var. radiata et astroidea. Schaerer enum. p. 154. 155.

1. astroidea. Ach.

Exs. Hepp 351. Rbh. 393. Schaerer 16.

an Buchen bei Constanz (Stzbrgr.); an verschiedenen Bäumen bei Kirchzarten (Sickenb.); an Weisstannen bei Geroldsau, Lichtenthal, Gernsbach und Herrenalb (B.); an Eschen, Castanien, Eichen und andern Bäumen bei Heidelberg (Zwackh enum.).

2. **anastomosans**. Ach. Hepp non Nyland.

Exs. Hepp 353.
an Buchen bei Heidelberg (Zwackh enum.).

3. **radiata**. (Pers.) Körber.
an Eschen bei Constanz (Stzbrgr.), und bei Carlsruhe (B.).

4. **Swartziana**. Ach.

Exs. Hepp 352. Rbh. 631.
an Obstbäumen bei Constanz (Stzbrgr.); an Eschen im Mooswalde bei Freiburg (de Bary); an Eschen und jungen Nussbäumen bei Heidelberg. (Zwackh enum.).

5. **epipasta**. (Ach.) Nyland. Arth. p. 96.
an jungen Ahornbäumen und an glatter Rinde von Haselnussstauden auf dem Königsstuhle bei Heidelberg (Zwackh enum.).

393. A. obscura. (Pers.) Leighton Graph. p. 56. Arnold in Flora 1861 p. 675. 1866 p. 533. Zwackh enum. nro. 260.
Opegrapha obscura. Persoon in Usteri annal. VII. p. 32.
Opegrapha atra var. obscura. Schaerer enum. p. 155. pp.
Massal. ricer. p. 49.
Arthonia gyrosa et obscura. Ach. syn. p. 5. 6.
Arthonia vulgaris 5. obscura. Körber syst. p. 291. par. p. 265.

Exs. Hepp 897. Arnold 362.
an Hainbuchen im Sallenwäldchen bei Carlsruhe (B.); an Erlen und Hainbuchen bei Handschuchsheim und hinter dem Stifte zu Heidelberg (Zwackh enum.).

394. A. pineti. Körber syst. p. 292. par. p. 266. Massal. framm. p. 9. Arnold in Flora 1860 p. 79. Krmplhbr. lich. Bayr. p. 264. Nyland. lich. Scand. p. 261. Anzi neosymb. p. 13. Zwackh enum. nro. 261.

Exs. Hepp 558. Rbh. 575. Körber 169. Zwackh 309. Arnold 243.
an Weisstannen bei Kirchzarten (Sickenb.), und im Günsterthale bei Freiburg (Alexis Millardet); an Tannen und Buchen bei Haslach im Kinzigthale (v. Zwackh); an Weisstannen bei Geroldsau und Lichtenthal (B.); an jungen Buchen bei Heidelberg (Zwackh enum.).

395. A. minutula. Nyland. Arth. p. 102. prodr. p. 169 et in Flora 1857
p. 541. Arnold in Flora 1858 p. 695. Krmplhbr. lich. Bayr.
p. 264. Zwackh enum. nro. 263.
  Opegrapha atra var. stenocarpa c. tenera. Hepp lich. exs.
  Arthonia epipasta. Körber par. p. 266 pp.
  Arthonia dispersa. (Schrad.) Nyland. lich. Scand. p. 261.
Exs. Hepp 343. Rbh. 706. 829.
an Weisstannen im Gunzenbacher Thal bei Baden (B.); an Aesculus in den Anlagen vor dem Ludwigsthore, an Cercis Siliquastrum, Liriodendron tulipifera und an Magnolien im Schlossgarten zu Carlsruhe (B.); an Populus alba und tremula am Rhein bei Knielingen und Daxlanden (B.); an Buchen im Rittnertwalde bei Durlach (B.); an glatter Rinde junger Stämme von Populus tremula, Prunus domestica und Ahorn bei Heidelberg (Zwackh enum.).

  b. thallo perfecto. Zwackh.

an der rissigen Rinde von Tulpenbäumen (Liriodendron) bei Carlsruhe und im botanischen Garten zu Heidelberg (Zwackh enum.).

396. A. microscopica. (Ehrh.) Schaerer spicil. p. 246. Hepp lich. exs.
Anzi manip. p. 31. Müller lich. genev. p. 71. Zwackh enum.
nro. 264.
  Graphis microscopica. Ehrhart Crypt. nro. 273.
  Graphis microscopica Smith. Engl. Bot. tab. 1911.
  Arthonia epipasta. Körber par. p. 266 pp.
Exs. Crypt. bad. 443. Hepp 560. Rbh. 576.
an jungen Eichen bei Constanz (Stzbrgr.), bei Freiburg (Metzler sec. de Bary); im Gunzenbacher Thal und am Mercur bei Baden (B.); auf dem Königsstuhle, auf dem Geisberge und im Neuenheimer Walde bei Heidelberg (Zwackh enum.).

  Subgen. 3. NAEVIA. MASSAL.

397. A. galactites. (D. C.) Dufoure. revis. Nyland. Arth. p. 37. Hepp
lich. exs. Körber par. p. 267. Anzi manip. p. 30.
  Verrucaria galactites. De Candolle flor. franç. II. p. 315.
  Naevia galactites. Massal. manuscr. Beltram. lich. bass.
  p. 280.
  Arthonia punctiformis. Massal. ricer. p. 50.
Exs. Crypt. bad. 512. Hepp 559. Rbh. 143. Körber 349. Zwackh
357. Anzi lich. etrur. 35.
an der Rinde von Silberpappeln in den Anlagen vor dem

Ludwigsthore bei Carlsruhe, und an Populus alba und tremula in den Rheinwaldungen bei Knielingen und bei Eggenstein- (B.).

Nota Sporen 2zellig, farblos, 13 mm. lang, 2—2⁴/₆ mal so lang als dick, 8 Sporen in einem Schlauch; ist njt Vorsicht von Naevia punctiformis, Massal. lich. Ital. exs. nro. 4, zu unterscheiden, bei welcher die Sporen viel schmäler sind. Hepp in litt. ad Bausch.

398. A. populina. Massal. ricer p. 50. Crypt. bad. exs. nro. 664.
Naevia populina. Massal. framm. p. 7. Rbh. lich. exs. Krmplhbr. lich. Bayr. p. 264.
Naevia punctiformis. Beltram. lich. bass. p. 280. (non Massal.)
Arthonia punctiformis. Massal. sched. p. 63. Körber par. p. 268. Anzi cat. p. 94. Arnold in Flora 1862 p. 393. Zwackh enum. nro. 262.

Exs. Crypt. bad. 664. Rbh. 144. Anzi lich. lang. 265.

an Populus italica bei Carlsruhe und in den Rheinwaldungen bei Knielingen (B.); an Rosscastanien in den Anlagen vor dem Ludwigsthore zu Carlsruhe (B.); an jüngeren Zweigen von Populus tremula auf dem Königsstuhle bei Heidelberg (Zwackh enum.).

Subgen. 4. LEPRANTHA. KŒRBER.

399. A. fuliginosa. (Turn.) Körber par. p. 268. Zwackh enum. nro. 257.
Spiloma fuliginosum. Turner et Borrer lich. brit. p. 37.
Arthonia biformis b. spilomatica. Schaerer enum. p. 243.
Leprantha fuliginosa. Körber syst. p. 294.
Pachnolepia fuliginosa. Massal. Catagr. Graph. p. 677. Arnold in Flora 1862 p. 394.

Exs. Arnold 209.

an Hainbuchen im Hardwald bei Carlsruhe (v. Zwackh), und bei Heidelberg (Zwackh enum.).

400. A. impolita. (Ehrh. sub Lichen.) Schaerer enum. p. 242. Leighton Graph. p. 55. Körber par. p. 268. Krmplhbr. lich. Bayr· p. 262. Anzi manip. p. 30. symb. p. 21. Zwackh enum. nro. 256.
Parmelia impolita. Ach. method. p. 160. Fries lich. eur. p. 183.
Lecanactis impolita. Rbhrst. Crypt. flor p. 18.
Leprantha impolita. Körber syst. p. 295.
Pachnolepia impolita. Massal. framm. p. 6.

Arthonia pruinosa. Ach. lich. univ. p. 147. syn. p. 7.
Nyland. Arth. p. 90. lich. Scand. p. 258.
Exs. Crypt. bad. 665. Hepp 535. Rbh. 16 et fasc. XVIII. Zwackh 149.
Anzi lich. etrur. 51.

an der Rinde alter Eichen im Rittnertwalde bei Durlach (Dr. Ahles); im Rüppurrer Wald bei Carlsruhe und auf der Rheininsel Kastenwörth bei Daxlanden (B.); an Eichen bei Walldorf (Dr. Carl Schimper).

b. spermogonifera. Krmplhbr. lich. Bayr. p. 263.
Pyrenothea stictica. Fries lich. eur. p. 452. Rbhrst. Crypt. flor. p. 23.
Thrombium sticticum. Schaerer enum. p. 223. Hepp lich. exs.
Exs. Crypt. bad. 666 Hepp 111. Rbh. 683.

an einem alten Holzbirnenbaum auf der Gänsweide bei Altenheim unweit Offenburg (Leiner).

89. CONIANGIUM. FRIES.

401. C. luridum. (Ach.) Körber syst. p. 298. par. p. 271. Arnold in Flora 1858 p. 695. Krmplhbr. lich. Bayr. p. 264. Th. Fries lich. arct. p. 241.
Arthonia lurida. Ach. lich. univ. p. 143. syn. p. 7. Schaerer enum. p. 242. Leigthon Graph. p. 57. Massal. mem. p. 114. Nyland. Arth. p. 91. prodr. p. 165. lich. Scand. p. 258. Hepp lich. exs. Anzi cat. p. 95.
Coniangium vulgare. Fries lich. eur. p. 378. Massal. framm. p. 5. Zwackh enum. nro. 265.
Coniocarpon vulgare. Rbhrst. Crypt. flor. p. 75.
Exs. Crypt. bad. 464. Hepp 161. Rbh. 473. et post 567. Zwackh 86 A—D. Schaerer 17. Crypt. helv. 167. Th. Fries 47.

an Pinus sylvestris bei Constanz (Leiner); an einer alten Eiche am Wege von Baden nach der Herrenwiese (Al. Braun); an Ilex am Cäcilienberge bei Lichtenthal (B.); an Pinus sylvestris im Hardwalde bei Carlsruhe (B.); an Eichen, Buchen, Erlen, Castanien und Carpinus bei Heidelberg (Zwackh enum.).

402. C. Krempelhuberi. (Körber.) Massal. sert. p. 82. sched. p. 50. Arnold in Flora 1858 p. 696. Körber par. p. 271. Krmplhbr. lich. Bayr. p. 265.

Leprantha Krempelhuberi. Körber in litt. ad Arnold 1855.
Arthonia patellulata. Nyland Arth. p. 102. prodr. p. 168.
lich. Scand. p. 262. suppl. p. 168.

Exs. Rbh. 148. Körber 21. Arnold 89.

an Populûs tremula am Rhein bei Daxlanden (B.).

403. C. rugulosum. Krmplhbr. in litt. ad Arnold. Körber par. p. 271. Arnold in Flora 1863 p. 603.

Abrothallus exilis. Massal. ricer. p. 88. Hepp lich. exs.
Catillaria exilis. Massal. geneac. p. 19. misc. p. 42. Arnold in Flora 1862 p. 389.
Buellia exilis. Krmplhbr. lich. Bayr. p. 202.
Lecidea lignaria β. exilis. Schaerer enum. p. 135.
Arthonia exilis. Anzi cat. p. 94.

Exs. Hepp 472. Anzi lich. lang. 210.

an canadischen Pappeln bei Carlsruhe (B.).

404. C. fuscum. Massal. Catagr. Graph. Arnold in Flora 1858 p. 696. 1862 p. 382. Krmplhbr. in Flora 1857 p. 186. lich. Bayr. p. 265.

Coniangium rupestre. Körber lich. exs.
Coniangium rupestre β. fuscum. Körber par. p. 272.
Catillaria fusca. Massal. ricer. p. 80.
Arthonia fusca. Hepp lich. exs. Anzi symb. p. 21. Müller lich. genev. p. 70.
Arthonia ruderalis. Nyland. Arth. p. 100. prodr. p. 169. lich. Scand. p. 262.

Exs. Hepp 534. Körber 110. Anzi lich. venet. 86.

an umherliegenden Kalksteinen auf dem Buchberge bei Donauöschingen. (B.).

405. C. Körberi. Lahm in litt. Arnold in Flora 1863 p. 603. Zwackh enum. in Flora 1864 p. 86.

an einer feuchten Mauer im Schlossgarten und an umherliegenden Sandsteinen im Kapuzinerhölzchen zu Heidelberg (Zwackh enum.).

90. PACHNOLEPIA. MASSAL.

406. P. lobata. (Flcke.) Massal. framm. p. 6.
Arthonia pruinosa b. lobata. Flörcke Deutschl. Lich. nro. 22.
Arthonia impolita β. lobata. Schaerer enum. p. 243.
Pachnolepia lobata et decussata. Körber syst. p 296. 297. par. p. 273.
Lecanactis lobata. Rbhrst. Crypt. flor. p. 18.
Arthonia lobata. Massal. ricer. p. 52. Zwackh enum. nro. 258.
Arthonia decussata. Flotow in der bot. Zeitung 1850 p. 570.
Opegrapha Endlicheri. Garovaglio delectus p. 30. Schaerer enum. p. 158. Anzi cat. p. 95.

Exs. Rbh. 646. 725. Zwackh 10 A. B. Anzi lich. lang. 201.

Steril an Gneissfelsen im Kinzigthal (v. Zwackh); sowie an beschatteten Felswänden und an der Unterseite von Felsblöcken von Granit, Porphyr und Sandstein in der Umgegend von Heidelberg (Zwackh enum.); nur einmal cum apoth. an einem Porphyrfelsen bei Handschuchsheim von Dr. Ahles gefunden. In den Ritzen der Porphyrfelsen über Handschuchsheim siedelt die Flechte vom Felsen auf dürre Rubusstengel über (vergl. Zwackh in Flora 1864 p. 85).

Subfam. 3. XYLOGRAPHEAE. KŒRBER.

91. XYLOGRAPHA. FRIES.

407. X. parallela. Fries syst. mycol. II. p. 197. Krmplhbr. lich. Bayr. p. 266. Th. Fries lich. arct. p. 242. Körber par. p. 242. Nyland. lich. Scand. p. 250. suppl. p. 167. Arnold in Flora 1862 p. 394. Müller lich. genev. p. 70. Anzi symb. p. 20.
Opegrapha parallela. Ach. lich. univ. p. 253. syn. p. 374.
Xylographa incerta. Massal. misc. p. 17.

Exs. Körber 257. Arnold 244. Anzi lich. lang. 346.

an Tannenstrünken am Mercur bei Baden und am Wege von Herrenalb nach dem Kaltenbrunn (B.).

92. AGYRIUUM. FRIES.

408. A. rufum. (Pers.) Fries syst. mycol. II. p. 332. Th. Fries lich. arct. p. 243. Nyland. prodr. p. 148. lich. Scand. p. 250. suppl. p. 167. Anzi symb. p. 20. Arnold in Flora 1865 p. 597.
Stictis rufa. Persoon.

Exs. Anzi lich. lang. 466.

an Tannenstrünken auf dem Feldberg (Alexis Millardet).

Subfam. 4. BACTROSPOREAE. KŒRBER.

93. PRAGMOPORA. MASSAL.

409. P. amphibola. Massal. framm. p. 13. sched. p. 109. Arnold in Flora 1858 p. 701. Anzi cat. p. 93. Körber par. p. 278. Müller lich. genev. p. 88.
Bactrospora amphibola. Th. Fries gen. p. 99. Krmplhbr. lich. Bayr. p. 276. Zwackh enum. nro. 270.
Peziza amphibola. Hepp lich. exs.

Exs. Hepp 711. Rbh. 155. Körber 19. Zwackh 303.

an Pinus sylvestris am Mercur bei Baden (B.); an Pinus Strobus in den Anlagen vor dem Ludwigsthore und an Pinus sylvestris im Hardwalde bei Carlsruhe (B.); an Pinus sylvestris und an Lerchen bei Heidelberg und Handschuchsheim. (Zwackh enum.).

410. P. lecanactis. (Mass.) Körber par. p. 279.
Opegrapha lecanactis. Massal. symm. p. 64.
Ucographa lecanactis. Massal. catagr. Graph. p. 678. Arnold in Flora 1862 p. 394.
Lecidea saprophila. Flotow in litt.
Peziza patellaria. Personn myc. eur. p. 306.
Patellaria atrata. Körber in sched.

Exs. Körber 199. Anzi lich. venet. 96.

an einem halbfaulen Nussbaume im bot. Garten zu Freiburg (Metzler teste de Bary).

Fam. XV. CALICIEAE. FRIES.

Subfam. 1. LAHMIEAE. KRBR.

94. LAHMIA. KŒRBER.

411. L. Kunzei. (Fltw.) Körber par. p. 282. Anzi symb. p. 22. Arnold in Flora 1865 p. 598. Zwackh enum. nro. 291.
Calicium Kunzei et Mosigii. Flotow in litt. ad Rabenhorst.
Exs. Rbh. 522. Körber 140. Zwackh 418. Anzi lich. lang. 386.
in den Ritzen der Rinde von Populus tremula im Durlacher Walde und in den Anlagen vor dem Ludwigsthore bei Carlsruhe (B.); sowie hinter dem Stifte und über der Hirschgasse zu Heidelberg (Zwackh enum.).

Subfam. 2. ACOLIEAE. KŒRBER.

95. ACOLIUM. DE NOTARIS.

412. A. stigonellum. (Ach.) Massal. mem. p. 151. de Notaris framm. lichenogr. in giornal. bot. it. I. p. 308. Arnold in Flora 1860 p. 80. 1861 p. 678. Krmplhbr. lich. Bayr. 274. Körber par. p. 284. Anzi manip. p. 31.
Calicium stigonellum. Ach. syn. p. 56. Fries lich. eur. p. 401.
Calicium sessile. Persoon tent. disp. fung. suppl. p. 59.
Calicium inquinans var. sessile. Schaerer enum. p. 164.
Hepp lich. exs.
Trachylia sessilis. Rbhrst. Crypt. flor. p. 69.
Trachylia stigonella. Nyland. prodr. p. 28. lich. Scand. p. 46.
Acolium tympanellum β. stigonellum. Körber syst. p. 303.
Exs. Hepp 332. Rbh. 417. Körber 350. Zwackh 209.
an Eichen im Hardwalde bei Carlsruhe (Gmelin in herb. Bausch).

413. A. corallinum. (Hepp) Körber par. p. 465.
Cyphelium corallinum. Hepp lich. exs.
Sphinctrina corallina. Zwackh enum. nro. 290.
Celidium furfuraceum. Anzi cat. p. 116. secund. Körber l. c.
Sclerococcum sphaerale. Fries syst. mycol. III. p. 257.
Exs. Hepp 531. Rbh. 752. Anzi lich. lang. 249.

auf dem thallus der Zeora sordida und Pertusaria corallina an Sandstein auf den Hornissgrinden (B.), und auf der Badener Höhe (Al. Braun); an Granit am Lauterfelsen bei Gernsbach (B.); und an Felsblöcken in den Felsenmeeren des Königsstuhles bei Heidelberg (Zwackh enum.).

NOTA. Körber hat dieses Gebilde in par. p. 299 für einen Pilz erklärt, später aber unter die parasitischen Flechten aufgenommen.

Subfam. 3. EUCALICIEAE. KŒRBER.

96. SPHINCTRINA. DE NOTARIS.

414. Sph. turbinata. (Pers) Fries S. V. Scand. p. 366. de Notaris framm. lich. p. 16. Massal. mem. p. 154. Körber syst. p. 303. par. p. 287. Nyland. prodr. p. 16. syn. p. 142. lich. Scand. p. 38. Arnold in Flora 1858 p. 700. 1861 p. 677. Krmplhbr. lich. Bayr. p. 272. Anzi cat. p. 98. Zwackh enum. nro. 288.
Calicium turbinatum. Persoon tent. fung. suppl. p. 59. Ach. syn. p. 56. Fries lich. eur. p. 402. Schaerer enum p. 163. Rbhrst. Crypt. flor. p. 70.
Cyphelium turbinatum. Achar. in act. Holm. 1816 p. 262. Hepp lich. exs.

Exs. Hepp 326. Rbh. 406. Schaerer 6. Crypt. helv. 168.

parasitisch auf dem thallus von Pertusaria communis an Buchen bei Constanz (Stzbrgr.), und bei Baden (Al. Braun); an Eichen im Hardwalde bei Carlsruhe (Al. Braun), bei Schwetzingen (Dr. Ahles), und bei Heidelberg (Zwackh enum.).

415. Sph. tubaeformis. Massal. mem. p. 155. Körber syst. p. 305. par. p. 287. Anzi manip. p. 32. Zwackh enum. nro. 289.
Calicium microcephalum. Tulasne mem. p. 78.
Sphinctrina microcephala. Nyland. prodr. p. 34. syn. p. 144.
Cyphelium microcephalum. Hepp lich. exs.

Exs. Hepp 551. Anzi lich. venet. 110.

auf der Kruste von Pertusaria melaleuca auf der Badener Höhe (B.), bei Ziegelhausen (Alexis Millardet), und hinter dem Stifte zu Heidelberg (Zwackh enum.).

416. Sph. microcephala. (Smith sub Lichen.) Körber par. p. 288. Arnold in Flora 1862 p. 395. Zwackh enum. in Flora 1864 p. 86.
Sphinctrina anglica. Nyland. syn. p. 143.
Sphinctrina microscopica. Anzi cat. p. 98.

Sphinctrina piniperda dein Sphinctrina pinicola. Körber in litt. et in schedul.

Exs. Rbh. 562. Körber 203. Zwackh 285. Arnold 245. Anzi lich. lang. 212.

an altem Eichenholze eines Geländers am Wege nach dem Wolfsbrunnen bei Heidelberg (Zwackh enum.).

97. STENOCYBE. NYLAND.

417. St. euspora. (Nyl.) Körber par. p. 288. Arnold in Flora 1865 p. 597.
Calicium eusporum. Nyland. prodr. p. 32. syn. p. 160.
Stenocybe major. Nyland. in Bot. Not. 1854 p. 84. Körber syst. p. 306. Krmplhbr. lich. Bayr. p. 272.

Exs. Rbh. 757. Zwackh 71. Arnold 152.

an Weisstannen auf dem Kaltenbrunn (B.).

98. CALICIUM. (PERS.) MASSAL.

418. C. byssaceum. Fries lich. eur. p. 399. Schaerer enum. p. 170. Rbhrst. Crypt. flor. p. 70. Th. Fries lich. arct. p. 249. Nyland. syn. p. 160. lich. Scand. p. 43. suppl. p. 107. Körber par. p. 289.
Stenocybe byssacea. Nyland. Bot. Notis 1854 p. 84. Körber syst. p. 307. Krmplhbr. lich. Bayr. p. 272. Arnold in Flora 1862 p. 395. Anzi manip. p. 32.
Calicium pullulatum. Achar. in Act. Holm. 1816. p. 121.

Exs. Rbh. 103. post 165. Körber 22. Th. Fries 48. Anzi lich. lang. 264.

an jungen Erlenzweigen am Wege von Geroldsau nach der Herrenwiese (B.), und unterhalb des Geroldsauer Wasserfalls (Arnold).

419. C. pusillum. Flörcke Deutschl. lich. nro. 188. Rbhrst. Crypt. flor. p. 74. Körber syst. p. 308. par. p. 290. Arnold in Flora 1858 p. 697. 1862 p. 394. Nyland. syn. p. 157. lich. Scand. p. 42. suppl. p. 107. Th. Fries lich. arct. p. 249. Anzi cat. p. 100. Müller lich. genev. p. 20. Zwackh enum. nro. 274.
Calicium subtile. Ach. in Vet. Act. Holm. 1816 p. 117. Fries lich. eur. (b.) p. 388. Nyland. prodr. p. 30. monogr. Cal. p. 21. Krmplhbr. lich. Bayr. p. 269.
Cyphelium pusillum. Massal. mem. p. 158.
Calicium nigrum γ. pusillum. Schaerer enum. p. 169.

Exs. Hepp 338. Rbh. 463. Zwackh 13. A. C. D. 14. Anzi lich. lang. 214.

an alten Eichen und Schwarzpappeln im Carlsruher Schlossgarten und an eichenen Planken des Parkzauns bei Carlsruhe (B.); an alten Eichen, Obstbäumen und Castanien bei Heidelberg (Zwackh enum.).

420. C. parietinum. (Ach.) Nyland. syn. p. 158. lich. Scand. p. 42. suppl. p. 107. Zwackh enum. in Flora 1862 p. 535. 1864 p. 86.

Calicium parietinum. Ach. in vet. Act. Holm. 1816. p. 260 pp.

Cyphelium parietinum. Arnold in Flora 1861 p. 677. 1862 p. 394.

Exs. Zwackh 13 B. Arnold 288.

an altem Holze bei Kirchzarten (Sickenb.); an alten Bretterzäunen im Kinzigthale (v. Zwackh); an einem Tannenstrunke am Mercur bei Baden (B.); an altem morschem Fichtenholze bei Heidelberg (Alexis Millardet).

421. C. alboatrum. Flörcke Deutschl. lich. nro. 26. Körber syst. p. 309. par. p. 290. Th. Fries lich. arct. p. 249. Nyland. syn. p. 157. lich. Scand. p. 42. Anzi symb. p. 22.

Cyphelium alboatrum. Massal. mem. p. 158. Krmplhbr. lich. Bayr. p. 272.

Exs. Hepp 156. Rbh. 39. Anzi lich. lang. 505.

an alten Eichen im Hardwald bei Carlsruhe (B.).

β. nigricans. (Fries) Hepp.

Coniocybe nigricans. Fries lich. eur. p. 384. Schaerer enum. p. 174. Rbhrst. Crypt. flor. p. 74.

Calicium pusiolum. Ach. vet. Act. Holm. 1817 p. 231. Nyland. syn. p. 158. lich. Scand. p. 42.

Exs. Crypt. bad. 676. Hepp 157. Schaerer 250. Crypt. helv. 169.

an einer alten Eiche im Sct. Catharinenwalde bei Constanz (Stzbrgr.).

422. C. corynellum. Ach. method. p. 94. syn. p. 56. Fries lich. eur. p. 398. Schaerer enum. p. 166. Körber syst. p. 309. par. p. 291. Nyland. prodr. p. 31. syn. p. 152. lich. Scand. p. 40. Zwackh enum. nro. 276,

Exs. Hepp 764. Zwackh 141.

an Sandsteinblöcken in einem Felsenmeere des Königsstuhls bei Heidelberg (Zwackh enum.).

423. C. paroicum. Ach. meth. p. 89. Nyland. syn. p. 145. lich. Scand. p. 38.
> Calicium chlorinum α paroicum. Körber par. p. 292.
> Calicium corynellum b. paroicum. Fries lich. eur. p. 398.
> Cyphelium chlorinum. Krmplhbr. lich. Bayr. p. 272.
> Cyphelium paroicum. Arnold in Flora 1862 p. 57 et 306.
> Chaenotheca paroica. Zwackh enum. nro. 284.

Exs. Arnold 206.

an der Unterfläche von Sandsteinblöcken über dem Wolfsbrunnen bei Heidelberg (Zwackh enum.).

424. C. arenarium. (Hampe). Körber par p. 293.
> Cyphelium arenarium. Hampe in litt. Massal. misc. p. 20. Arnold in Flora 1861 p. 677. 1862 p. 306.
> Coniocybe citrina. Leighton Ann. of nat. Hist. 1857 p. 130.
> Calicium citrinum. Nyland. syn. 149. Krmplhbr. lich. Bayr. p. 298.
> Cyphelium Pulverariae. Auerswald in Hedwigia II. nro. 2 et in Rbhrst. lich. exs.
> Calicium corynellum β. filiforme. Schaerer enum. p. 325.
> Chaenotheca arenaria. Zwackh enum. nro. 283.

Exs. Rbh. 387. Zwackh 286. Arnold 205.

auf dem thallus der Biatora lucida an hervorstehenden Wurzeln im Haslacher Gemeindewalde im Kinzigthale (v. Zwackh); an hervorstehenden dünnen Wurzeln am Rande eines Waldweges hinter Ziegelhausen (Zwackh enum.).

425. C. sphaerocarpum. Körber par. p. 293.
> Calicium arenarium. Ahles in litt.

an Baumwurzeln bei Petersthal unweit Heidelberg (Dr. Ahles).

426. C. curtum. Turner et Borrer lich. brit. p. 148. Fries lich. eur. p. 387. Arnold in Flora 1858 p. 697. 1861 p. 676. Hepp lich. exs. Krmplhbr. lich. Bayr. p. 268. Th. Fries lich. arct. p. 248. Anzi cat. p. 100. Nyland lich. Scand. p. 42. suppl. p. 107. Körber par. p. 294.
> Calicium nigrum. var. curtum. Schaerer enum. p. 169. Rbnhrst. Crypt. flor. p. 74. Massal. mem. p. 152. Körber syst. p. 308. pp. Müller lich. genev. p. 20.
> Calicium quercinum var. curtum. Nyland. prodr. p. 277. monogr. Cal. p. 19.

Exs. Crypt. bad. 516. Hepp 337. Rbh. 512. Schaerer 248. pp. Anzi lich. lang. 345.

an der Rinde von Tannen und Föhren bei Constanz (Stzbrgr. et Leiner); an Planken des Parkzauns bei Carlsruhe und Stutensee (B.).

427. C. lenticulare. Ach. in Act. Holm. 1816 p. 262. . Fries lich. eur.
p. 386. Körber syst. p. 310. par. p. 295.
Trichia lenticularis. Hoffmann veget. crypt. II. tab. 4.
Calicium quercinum. Persoon tent. suppl. p. 59. Flörcke
Deutschl. lich. nro. 66. Massal. mem. p. 152. Nyland. prodr.
p. 31. monogr. Cal. p. 19. lich. Scand. p. 41. Arnold in Flora
1858 p. 697. Krmplhbr. lich. Bayr. p. 267.
Calicium lenticulare var. quercinum. Schaerer enum. p. 168.
Rbh. Crypt. flor. p. 73.
Exs. Rbh. 106. Zwackh 98. Anzi lich. venet. 111.

an Eichen im Hardwald bei Carlsruhe (Al. Braun); an Schwarzpappeln im Carlsruher Schlossgarten (v. Zwackh).

428. C. cladoniscum. Schleicher. Massal. mem. p. 153. Körber syst. p.
310. par. p. 295. Anzi cat. p. 101. Müller lich. genev. p. 20.
Zwackh enum. nro. 275.
Calicium lenticulare var. cladoniscum. Schaerer enum. p. 168.
Calicium lenticulare var. claviculare. Schaerer spicil. p. 235.
Exs. Rbh. 716. Zwackh 18. B. Anzi lich. lang. 213.

an faulen Stämmen auf dem Feldberge (Sickenb.), an der Höllensteige (de Bary), und am Kreutzkopfe bei Freiburg (Thiry); an faulenden Tannenstrünken bei Haslach im Kinzigthale (v. Zwackh); an faulem Holze auf der Herrenwiese (Al. Braun); an hohlen Weiden am Rhein bei Knielingen (Gmelin in herb. Bausch); an alten Castanienstrünken bei Heidelberg (Zwackh enum.).

429. C. decipiens. Massal. mem. p. 153.
Exs. Hepp 604. Rbh. 544.

an einer alten Eiche bei Constanz (Stzbrgr.).

430. C. hyperellum. Ach. lich. univ. p. 237. syn. p. 59. Fries lich. eur.
p. 389. Schaerer enum. p. 166. Rbhrst. Crypt. flor. p. 73.
Massal. mem. p. 152. Körber syst. p. 311. par. p. 296. Nyland. prodr. p. 278. monogr. Cal. p. 16. syn. p. 152. lich.
Scand. p. 41. suppl. p. 106. Arnold in Flora 1860 p. 79.
1861 p. 676. Krmplhbr. lich. Bayr. p. 268. Th. Fries lich.
arct. p. 245. Müller lich. genev. p. 20.
Exs. Hepp 333. Arnold 105. Schaerer 241.

an der Rinde alter Föhren bei Donauöschingen (B.).

431. C. trachelinum. Ach. lich. univ. p. 237. syn. p. 58. Fries lich.
eur. p. 390. Rbhrst. Crypt. flor. p. 73. Massal. mem. p. 152.
Körber syst. p. 311. par. p. 296. Nyland. monogr. Cal. p. 18.
syn. p. 154. lich. Scand. p. 41. suppl. p. 107. Arnold in
Flora 1858 p. 698. 1861 p. 676. 1862 p. 394. Krmplhbr. lich.
Bayr. p. 268. Th. Fries lich. arct. p. 246. Anzi cat. p. 101.
Müller lich. genev. p. 20. Zwackh enum. nro. 277.

Calicium salicinum. Persoon in Usteri annal. VII. p. 20. Flörcke Deutscl. Lich. nro. 84.
Calicium hyperellum var. salicinum. Schaerer enum. p. 167.

Exs. Hepp 160. 763. Rbh. 114. Zwackh 15. Schaerer 243. Crypt. helv. 270.

an alten Obstbäumen und an Weiden bei Constanz (Stzbrgr.); an eichenen Planken des Parkzauns bei Carlsruhe und Stutensee (B.); an alten Eichen und Castanien bei Heidelberg (Zwackh enum.).

432. C. adspersum. Persoon ic. et descr. fung. p. 39. Ach. syn. p. 56. Massal. mem. p. 153. Körber syst. p. 312. par. p. 296. Arnold in Flora 1858 p. 698. Krmplhbr. lich. Bayr. p. 266.
Calicium roscidum. Ach. in Act. Holm. 1816 p. 275. Flörcke Deutschl. Lich. nro. 42. Fries lich. eur. p. 396. Massal. mem. p. 153. Nyland. monogr. Cal. p. 17. syn. p. 153. lich. Scand. p. 41. Th. Fries lich. arct. p. 246. Zwackh enum. nro. 272.
Calicium adspersum var. roscidum. Schaerer enum. p. 167. Rbhrst. Crypt. flor. p. 71.

Exs. Rbh. 41. Körber 53. Zwackh 99. Schaerer 244. 245.

an Eichen im Hardwalde bei Carlsruhe (B.), und im Drachenhöhlenwalde bei Heidelberg (Zwackh enum.).

433. C. trabinellum. Ach. method. suppl. p. 15. et in Act. Holm. 1816 p. 270. Massal. mem. p. 153. Körber syst. p. 313. par. p. 296. Arnold in Flora 1858 p. 698. Krmplhbr. lich. Bayr. p. 267. Th. Fries lich. arct. p. 247. Anzi cat. p. 101. Müller lich. genev. p. 19. Nyland. lich. Scand. suppl. p. 107. Zwackh enum. nro. 273.
Calicium adspersum var. trabinellum. Schaerer enum. p. 167. Rbhrst. Crypt. flor. p. 71.
Calicium roscidum var. roscidulum. Nyland. monogr. Cal p. 17. syn. p. 154.
Calicium roscidum var. trabinellum. Nyland. lich. Scand. p. 41.

Exs. Hepp 334. Rbh. 236. 511. Zwackh 18 A. Schaerer 246.

an faulenden Stämmen bei Hinterzarten (Thiry); an alten Strünken in den Castanienwäldern bei Heidelberg (Zwackh enum.).

b. minimum. (Schaer.) Hepp.

Calicium adspersum δ. minimum. Schaerer enum. p. 168.

Exs. Hepp 335.

auf faulem Holze bei Constanz (Stzbrgr.).

99. CYPHELIUM. DE NOTARIS.

434. C. melanophaeum. (Ach.) Massal. mem. p. 157. Körber syst. p. 314. par. p. 297. Arnold in Flora 1858 p. 698. 1861 p. 677. Krmplhbr. lich. Bayr. p. 270. Anzi. cat. p. 99.

    Calicium melanophaeum. Ach. in Act. Holm. 1816 p. 276. Fries lich. eur. p. 392. Schaerer enum. p. 171. Rbhrst. Crypt. flor. p. 72. Nyland. prodr. p. 30. monogr. Cal. p. 14. syn. p. 151. lich. Scand. p. 40.
    Chaenotheca melanophaea. Zwackh enum. nro. 279.

Exs. Zwackh 16. Anzi lich. venet. 116.

an Pinus sylvestris bei Carlsruhe (Al. Braun), und bei Pforzheim (Dr. Ahles); an Lerchen auf dem heiligen Berge bei Heidelberg und an Föhren in dem Walde zwischen Friedrichsfeld und Schwetzingen (Zwackh enum.).

435. C. trichiale. (Ach.) Massal. mem. p. 156. Körber syst. p. 314. par. p. 297. Arnold in Flora 1858 p. 698. 1861 p. 676. Krmplhbr, lich. Bayr. p. 269. Anzi cat. p. 99.

    Calicium trichiale. Ach. lich. univ. p. 243. syn. p. 62. Fries lich. eur. p. 389 (a.) Schaerer enum. p. 172 (α.) Rbhrst. Crypt. flor. p. 72. Nyland. prodr. p. 29. monogr. Cal. p. 12. syn. p. 149. lich. Scand. p. 39. suppl. p. 106.
    Chaenotheca trichialis. Th. Fries lich. arct. p. 251. Müller lich. gen. p. 20. Zwackh enum. nro. 281.

Exs. Crypt. bad. 849. Hepp 759. Rbh. 591. Schaerer 10. Crypt. helv. 170.

an Pinus sylvestris bei Constanz (Stzbrgr.); an Lerchen im Lorettowalde daselbst (Julius Kirsner); an Kiefern bei Kirchzarten (Sickenb.), bei Littenweiler und im Güntersthale bei Freiburg (Thiry); an Lerchen im Hardwalde bei Carlsruhe (B.); an Eichen ebendaselbst (Seubert); an Lerchen auf dem Eichelberg bei Bruchsal (B.); an Eichen, Lerchen, Föhren und Castanienstrünken bei Heidelberg (Zwackh enum.).

    β. filiforme. Schaerer.

Exs. Hepp 158. Rbh. 104. Schaerer 11.

an Eichen bei Constanz (Stzbrgr.); an alten Birken in den Felsenmeeren des Königsstuhles bei Heidelberg (Zwackh enum.),

γ. granulato. verrucosum. Schaerer.
an Eichen bei Constanz (Stzbrgr.) und bei Kirchzarten (Sickenb.).

436. C. stemoneum. (Ach.) Massal. mem. p. 157. Körber syst. p. 315. par. p. 297. Arnold in Flora 1858 p. 699. 1861 p. 676. Krmplhbr. lich. Bayr. p. 270. Anzi cat. p. 100.
Calicium stemoneum. Ach. in Act. Holm. 1816 p. 278. Schaerer enum. p. 174. (α. et β.) Rbhrst. Crypt. flor. p. 73.
Calicium trichiale var. stemoneum. Ach. lich. univ. p. 243. syn. p. 62. Nyland. prodr. p. 29. monogr. Cal. p. 12. syn. p. 150. lich. Scand. p. 40.
Chaenotheca stemonea. Müller lich. genev. p. 20. Zwackh enum. nro. 282.

Exs. Crypt bad. 515. Hepp 760. Rbh. 513. Zwackh 12. Schaerer 13. 249. Crypt. helv. 171.

an Eichenstämmen und Fichten bei Constanz (Stzbrgr.); an Weisstannen auf dem Randen (Schenk); an verschiedenen Bäumen auf dem Feldberge, bei Kirchzarten und im Mooswalde bei Freiburg (Sickenb.); am Brunnberge bei Freiburg (Thiry); an Eichen, Birken, Castanien und Föhren bei Heidelberg (Zwackh enum.).

437. C. brunneolum. (Ach.) Massal. mem. p. 157. Körber syst. p. 316. par. p. 298. Krmplhbr. lich. Bayr. p. 271. Anzi cat. p. 100. Arnold in Flora 1862 p. 395.
Calicium brunneolum. Ach. in Act. Holm. 1816 p. 279. Fries lich. eur. p. 393. Schaerer enum. p. 172.
Calicium trichiale var. brunneolum. Nyland. syn. p. 151. lich. Scand. p. 40. suppl. p. 106.
Chaenotheca brunneola. Müller lich. genev. p. 20. Zwackh enum. nro. 280.

Exs. Zwackh 17. Schaerer 9.

an faulem Holze am Brunnberge bei Freiburg (Thiry), und im Haslacher Stadtwalde im Kinzigthale (v. Zwackh); an faulenden Castanienstrünken bei Heidelberg und Handschuchsheim (Zwackh enum.).

438. C. chrysocephalum. (Turn.) Massal. mem. p. 157. Körber syst. p. 316. par. p. 298. Arnold in Flora 1858 p. 699. 1861 p. 676. Krmplhbr. lich. Bayr. p. 271. Anzi cat. p. 100.
Lichen chrysocephalus. Turner et Borrer lich. brit. p. 143.
Calicium chrysocephalum. Ach. syn. p. 60. Schaerer enum. p. 170. Rbhrst. Crypt. flor. p. 72. Nyland. prodr. p. 29. monogr. Cal. p. 10. syn. p. 146. lich. Scand. p. 39. suppl. p. 106.

Chaenotheca chrysocephala. Th. Fries lich. arct. p. 250.
Zwackh enum. nro. 277.

Exs. Hepp 329. Rbh. 105. 211 et post 515. Schaerer 12.

an Tannen am Feldberg (Sickenb.); an Kiefern auf dem Schauinsland (Alexis Millardet); an Lerchen bei Pforzheim (Dr. Ahles); an Lerchen auf dem heiligen Berge, an Pinus sylvestris gegen den Wolfsbrunnen und an Birken am Königsstuhle bei Heidelberg (Zwackh enum.).

439. C. phaeocephalum. (Turn.) Körber syst. p. 317. par. p. 299. Krmplhbr. lich. Bayr. p. 270. Arnold in Flora 1865 p. 597.

Lichen phaeocephalus. Turner in transact. Linn. societ. VIII. p. 260.

Calicium phaeocephalum. Turner et Borrer lich. brit. p. 145. Fries lich. eur. (a) p. 394. Schaerer enum. (α) p. 171. Rbhrst. Crypt. flor. p. 72. Nyland. syn. p. 147. lich. Scand. p. 39.

Calicium saepiculare. Ach. lich. univ. p. 240. syn. p. 61.

Chaenotheca phaeocepha'a. Th. Fries lich. arct. p. 251.

Exs. Rbh. 592. 834. Körber 260. Zwackh 242.

an Weisstannen im Stadtwalde von Haslach im Kinzigthale (v. Zwackh).

440. C. chlorellum. (Wahlb.) Massal. mem. p. 158. Körber syst. p. 317. par. p. 299. Hepp lich. exsicc. Arnold in Flora 1858 p. 699. 1861 p. 676.

Calicium chlorellum. Wahlenberg in Ach. meth. p. 95. Flora lapp. p. 487. Ach. syn. p. 60. Rbhrst. Crypt. flor. p. 71.

Calicium phaeocephalum var. chlorellum. Fries lich. eur. p. 395. Schaer. enum. p. 171. Nyland. lich. Scand. p. 39. suppl. p. 106.

Cyphelium phaeocephalum β. chlorellum. Krmplhbr. lich. Bayr. p. 270.

Chaenotheca phaeocephala β. chlorella. Th. Fries lich. arct. p. 251.

Chaenotheca chlorella. Müller lich. genev. p. 20.

Lichen acicularis. Engl. Bot. tab. 2385.

Chaenotheca acicularis. Zwackh enum. nro. 278.

Exs. Crypt. bad. 677. Hepp 328. Körber 204. Zwackh 19. Anzi lich. venet. 114.

an Eichen bei Constanz (Leiner); an Tannen bei Haslach im Kinzigthale (v. Zwackh); an Populus nigra im Carlsruher Schlossgarten (B,); an alten Eichen im Neuhofe und im Schwetzinger Garten (Zwackh enum.).

100. CONIOCYBE. ACH.

441. C. pallida. (Pers.) Fries lich. eur. p. 383. Schaerer enum. p. 174. Rbnhrst. Crypt. flor. p. 74. Massal. mem. p. 159. Nyland. prodr. p. 33. monogr. Cal. p. 26. lich. Scand. p. 44. Arnold in Flora 1858 p. 700. 1865 p. 598. Krmplhbr. lich. Bayr. p. 273. Körber par. p. 300. Müller lich. genev. p. 21. Zwackh enum. nro. 286.
Calicium pallidum. Persoon in Usteri annal. VII. p. 20.
Coniocybe stilbea. Ach. in vet. acad. Handl. 1816 p. 286. Körber syst. p. 319.
Calicium cantherellum. Ach. syn. p. 61.

α. leucocephala. Wallroth.
Exs. Hepp 155. Rbh. 36. 696. Zwackh 101.
an alten Eichen und Ulmen bei Carlsruhe (B.).

β. xanthocephala. Wallroth.
Exs. Crypt. bad. 447. Hepp 44. Zwackh 102. Schaerer 7. Crypt. helv. 172.
an Obstbäumen bei Constanz (Stzbrgr. et Leiner); an einer alten Eiche im Drachenhöhlenwalde bei Heidelberg, und an Ulmen im Schwetzinger Garten (Zwackh enum.).

442. C. hyalinella. Nylander prodr. p. 33. syn. p. 164. lich. Scand. p. 44. Arnold in Flora 1865 p. 598.
Coniocybe pallida α. leucocephala. Körber par. p. 300. pr. part.
Exs. Crypt. bad. 675. Rbh. 115. Körber 231. Arnold 317.
an Birnbäumen bei Constanz (Stzbrgr.); an alten Ulmen im Carlsruher Schlossgarten- und im Sallenwäldchen bei Carlsruhe (B.).

Nota. Arnold zieht die Constanzer Flechte zu Coniocybe pallida var. leucocephala.

443. C. crocata. Körber par. p. 300 et 465. Anzi neosymb. p. 4.
Exs. Rbh. 736.
auf vertrocknetem Tannenharz auf dem Ruhberg hinter Lichtenthal, und auf dem Kaltenbrunn (B.).

Nota. Körber erklärt dieses Gewächs für eine Flechte, andere Botaniker halten dasselbe für einen Pilz; de Bary hält es für Helotium aureum. Persoon; Rabenhorst hat es in den Fungi eur. exs. unter nro. 677. als Eustylbum Rehmianum Rbh. vertheilt.

444. C. furfuracea. (L.) Ach. in Act. Holm. 1816 p. 288. Fries lich. cur. p. 382. Schaerer enum. p. 175. Rbhrst. Crypt. flor. p. 75. Körber syst. p. 318. par. p. 301. Nyland. prodr. p. 33. monogr. Cal. p. 24. syn. p. 161. lich. Scand. p. 43. suppl. p. 107. Arnold in Flora 1858 p. 700. Krmplhbr. lich. Bayr. p. 273. Th. Fries lich. arct. p. 252. Anzi cat. p. 99. Müller lich. genev. p. 21. Zwackh enum. nro. 285.
Mucorfurfuraceus. L. spec. pl. 1655.
Calicium capitellatum. Ach. lich. univ. p. 241. syn. p. 60.

α. vulgaris. Schaerer.

Exs. Crypt. bad. 514. Hepp 758. Rbh. 37. Schaerer 14.

an hervorstehenden und entblössten Baumwurzeln im Werrathale (Leiner), bei Freiburg (Al. Braun.), im Kinzigthale (v. Zwackh), bei Wolfartsweier und Daxlanden (B.), und bei Heidelberg, hier auch an Felsen (Zwackh enum.).

b. fulva. L.

Exs. Rbh. 38. Schaerer 296.

an Birken auf dem Auerhahnkopfe (Dr. Ahles), und am Fusse alter Föhren gegen den Wolfsbrunnen bei Heidelberg (Zwackh enum.).

β. sulphurella. Wahlenberg.

Exs. Hepp 154. Rbh. 652. Körber 292. Arnold 318.

an alten Schwarzpappeln im Mannheimer Schlossgarten (Zwackh enum.).

445. C. gravilenta. Ach. in Act. Holm. 1816 p. 289. Fries lich. eur. p. 383. Schaerer enum. p. 175. Rbhrst. Crypt. flor. p. 74 Nyland. monogr. Cal. p. 26. enum. p. 93. Körber syst. p. 319. par. p. 301. Arnold in Flora 1858 p. 700. Krmplhbr. lich. Bayr. p. 274. Anzi cat. p. 99. Zwackh enum. nro. 287.
Calicium gracilentum. Ach. lich. univ. p. 243. syn. p. 62.

Exs. Hepp 45. Rbh. 107. Zwackh 21. Arnold 18.

auf der Unterseite von Steinen in den Ritzen alter Mauern und an Felsen, sowie an Wurzeln, dürren Stengeln und über Moosen bei Heidelberg und Handschuchsheim (Zwackh enum.); an ähnlichen Stellen zwischen Wolfartsweier und Grünwettersbach (B.).

B. PYRENOCARPI.

Fam. XVI. DACAMPIEAE. KŒRBER.

101. ENDOPYRENIUM. FLOTOW.

446. E. rufescens. (Ach.) Körber syst. p. 323. par. p. 302. Müller lich. genev. p. 72.
> Endocarpon rufescens. Ach. lich. univ. p. 304. syn. p. 100. Nyland. prodr. p. 175. lich. Scand. p. 265. Anzi cat. p. 103. Endocarpon pusillum var. rufescens. Fries lich. eur. p. 411. Schaerer enum. p. 234 Rbhrst. Crypt. flor. p. 29.
> Placidium rufescens. Massal. sched. p. 114. Arnold in Flora 1858 p. 532. Krmplhbr. lich. Bayr. p. 231. Beltram. lich. bass. p. 211.
> Dermatocarpon rufescens. Th. Fries lich. arct. p. 254. Zwackh enum. nro. 294.

Exs. Hepp 219. Rbh. 5. Zwackh 22. Crypt. helv. 369.

an Jurakalkfelsen bei Efringen und Istein (Al. Braun); auf Löss bei Lilienthal (de Bary) und bei Bötzingen am Kaiserstuhl (B.); an alten Mauern in Handschuchsheim, bei Neuenheim, und an Granitfelsen am Haarlasse bei Heidelberg (Zwackh enum.); an Mauern bei Hemsbach (Prof. Mettenius),

447. E. hepaticum. (Ach.) Körber par. p. 302. Arnold in Flora 1868 p. 249.
> Endocarpon hepaticum. Ach. lich. univ. p. 298. Nyland. Pyrenoc. p. 15. lich. Scand. p. 265.
> Dermatocarpon hepaticum. Th. Fries lich. arct. p. 255.
> Placidium rufescens var. trapeziforme. Massal sched. p. 114. Arnold in Flora 1858 p. 532.
> Endocarpon rufescens β. trapeziforme. Anzi cat. p. 103.
> Dermatocarpon rufescens var. trapeziforme. Zwackh enum. nro. 294.
> Endopyrenium pusillum. Körber syst. p. 323. pp.
> Placidium pusillum. Krmplhbr. lich. Bayr. p. 231. pp.
> Endocarpon pusillum et Hedwigii. Autorum pr. part.

Exs. Kneiff et Hartm. 30. Hepp 220. Rbh. 150. 405.

auf Löss am Schutterlindenberg bei Lahr (B.); auf Erde bei Kork (Kneiff et Hartm.); auf Löss bei Jöhlingen (B.); auf steinigem Boden bei Schriesheim und Leutershausen (Zwackh enum.).

448. E. Michelii. (Mass.) Körber par. p. 303.
    Placidium Michelii Massal. sched. p. 100. Arnold in Flora 1858 p. 532. Beltram. lich. bass. p. 211.
    Endocarpon Michelii. Anzi cat. p. 103.
    Dermatocarpon Michelii. Zwackh enum. nro. 295.
    Endopyrenium pusillum. Körber syst. p. 323 pp.
    Placidium pusillum. Krmplhbr. lich. Bayr. p. 231. pr. p.
    Endocarpon pusillum. Aut. pr. parte.
Exs. Rbh. 151. 404. Anzi lich. lang. 348.
an Lösswänden bei Malsch unweit Ettlingen (Al. Braun), bei Durlach (Al. Braun), bei Jöhlingen und Obergrombach (B.); auf Lössboden am Westabhange des heiligen Berges bei Handschuchsheim und bei Ziegelhausen (Zwackh enum.).

102. PLACIDIOPSIS. BELTRAMINI.

449. Pl. Custnani. (Mass.) Körber par. p. 305.
    Placidium Custnani. Massal. sert. lich. in Lotos 1856 p. 78. sched. p. 113. Arnold in Flora 1858 p. 533. Krmplhbr. lich. Bayr. p. 231.
    Endocarpon? Custnani. Hepp lich. exs.
    Endocarpidium Custnani. Müller lich. genev. p. 73. Wartmann et Schenk. Crypt. helv. exs.
    Dermatocarpon Custnani. Zwackh enum. nro. 296.
    Verrucaria cinerascens var. crenulata. Nyland. enum. p. 136.
Exs. Hepp 669. Zwackh 312. Crypt helv. 155.
selten und steril auf steinigem Boden zwischen Schriesheim und Leutershausen (Zwackh enum.).

103. CATOPYRENIUM. FLOTOW.

450. C. cinereum. (Pers.) Körber syst. p. 325. par. p. 306. Arnold in Flora 1858 p. 533. Krmplhbr. lich. Bayr. p. 232. Müller lich. genev. p. 73.
    Endocarpon cinereum. Persoon in Usteri annal. VII. p. 28. Schaerer enum. p. 235. Massal. ricer. p. 185. Hepp lich. exs. Anzi cat. p. 103.
    Sagedia cinerea. Fries lich. eur. p. 413.
    Endocarpon tephroides. Ach. lich. univ. p. 297. syn. p. 98.

Verrucaria tephroides. Nyland. enum. p. 136. Pyrenoc. p. 17. lich. Scand. p. 267. suppl. p. 169.
Dermatocarpon cinereum. Th. Fries lich. arct. p. 256.

Exs. Hepp 221. Rbh. 374. Körber 23. Zwackh 103.

an der Erde auf dem Randen (Schenk).

104. DERMATOCARPON. ESCHWEILER.

451. D. Schaereri. (Hepp) Körber syst. p. 326. par. p. 308. Arnold in Flora 1860 p. 75. Krmplhbr. lich. Bayr. p. 230. Müller lich. genev. p. 73.
Thelotrema Schaereri. Hepp lich. exs.
Endocarpon pusillum. Hedwig stirp. crypt. II. p. 56. Lönnroth in Flora 1858 p. 628. Zwackh enum. nro. 297.
Dermatocarpon pusillum. Anzi cat. p. 103.
Verrucaria Garovaglii. Montagne in annal. des sc. nat. sec. III. tom. IX. p. 59. Nyland. Pyrenoc. p. 20. lich. Scand. p. 268.
Endocarpon Garovaglii. Schaerer enum. p. 234.

Exs. Hepp 100. Rbh. 609. Körber 352. Zwackh 210. 403. Arnold 99. Anzi lich. lang. 218. A.

auf einer Mauer bei Oberschaffhausen am Kaiserstuhl (de Bary); auf Mauern bei Handschuchsheim und an der Peterskirche zu Heidelberg, sowie auf Erde bei Neuenheim (Zwackh enum.).

452. D. pallidum. (Ach.) Krmplhbr. lich. Bayr. p. 230.
Endocarpon pallidum. Ach. lich. univ. p. 301. syn. p. 100. Leighton Angioc. p. 19. Zwackh enum. nro. 298.
Verrucaria pallida. Nyland. Pynecorp. p. 20. lich. Scand. p. 268.
Endocarpon pusillum var. pallidum. Fries lich. eur. p. 411. Schaerer enum. p. 234.

an einer feuchten Mauer über der Brücke und an Granitfelsen im Neckar bei Heidelberg (Zwackh enum.).

Fam. XIII. PERTUSARIEAE. KŒRBER.

105. PERTUSARIA. DE CANDOLLE.

453. P. ocellata. (Wallr.) Körber in sert. sud. nro. 9. Massal. mem. p. 148. Körber syst. p. 383. par. p. 311. Zwackh enum. nro. 306.
Thelotrema ocellata. Wallroth herb.

a. corticola. Zwackh.
an Birken in den Felsenmeeren des Königsstuhles bei Heidelberg (Zwackh enum.).

454. P. corallina. (Ach.) Arnold in Flora 1861 p. 658. 1866 p. 533.
Variolaria corallina. Ach. lich. univ. p. 319.
Isidium corallinum. Ach. syn. p. 281. pp.
Pertusaria ocellata β. corallina. Körber par. p. 311.
Pertusaria sorediata var. saxicola. Hepp lich. exs. Zwackh enum. nro. 305 var.

Exs. Crypt. bad. 700. Hepp 673. Rbh. 692. Zwackh 289. Arnold 204.

auf Granit bei Neustadt (Stzbrgr.); auf Gneiss im Höllenthale bei Freiburg (B.), und im Ramsbachthale bei Oppenau (Prof. Sandberger); an Sandstein auf dem Dobel (B.); an Weinbergsmauern bei Ettlingen (B.); an Sandsteinblöcken in den Felsenmeeren des Königsstuhls bei Heidelberg (Zwackh enum.).

455. P. sorediata. Fries S. V. Scand. p. 119. Arnold in Flora 1858 p. 558. Th. Fries lich. arct. p. 259. Körber par. p. 312. Hepp lich. exs. Anzi manip. p. 36. Zwackh enum. nro. 305.
Lichen globuliferus. Engl. Bot. tab. 2008.
Variolaria globulifera. Ach. lich. univ. p. 322. syn. p. 130.
Pertusaria communis β. sorediata. b. globulifera. Fries lich. eur. p. 422.
Pertusaria communis var. globularis. Schaerer enum. p. 229. Krmplbbr. lich. Bayr. p. 255.
Pertusaria globulifera. Massal. symm. p. 71.

Exs. Crypt. bad. 316. Hepp 672. Rbh. 419. Zwackh 288. Arnold 394.

an Buchen auf der Badener Höhe (B.); an Birken im Durlacher Walde und im Hardwalde bei Carlsruhe, sowie an Hainbuchen im Rüppurrer Walde bei Carlsruhe (B.); an Buchen, Sorbus und Birken bei Heidelberg und Ziegelhausen (Zwackh enum.).

b. variolosa.

an Weisstannen an der Badener Höhe, und an alten Birken im Hardwalde und im Durlacher Walde bei Carlsruhe (B.).

456. P. rupestris. (D.Cand.) Schaerer enum. p. 227. Körber syst. p. 382. par. p. 313. Krmplhbr. lich. Bayr. p. 254. Anzi cat. p. 113. manip. p. 36. Müller lich. genev. p. 49. Pertusaria communis var. rupestris. De Candolle flor. franç. II. p. 320. Zwackh enum. nro. 300 var.
Porina pertusa var. areolata. Ach. syn. p. 109.
Pertusaria communis var. areolata. Fries lich. eur. p. 421. Rbhrst. Crypt. flor. p. 15. Th. Fries lich. arct. p. 258.
Pertusaria areolata. Massal. ricer. p. 189. Hepp lich. exs. Arnold in Flora 1858 p. 557,

Exs. Hepp 670. Rbh. 545. Zwackh 244.

auf Gneiss am Kybfelsen bei Freiburg (Spenner); an Sandsteinfelsen auf dem Altvater bei Lahr (B.); an Sandsteinblöcken auf dem Mercur bei Baden, an der Teufelsmühle und am Bernstein im Murgthale (B.); an Granitfelsen bei Forbach im Murgthale (Seubert); an Sandsteinfelsen bei Heidelberg und an Granit bei Schlierbach (Zwackh enum.).

b. variolosa. Schaer.

an Weinbergsmauern bei Ettlingen (B.), und an Felsen bei Heidelberg (Zwackh enum.).

457. P. communis. De Candolle flor. franc. II. p. 320. Fries lich. eur. p. 420. Schaerer enum. p. 229. Rbhrst. Crypt. flor. p. 15. Leighton Angioc. p. 27. Massal. ricer. p. 187. sched. p. 33. Körber syst. p. 385. par. p. 313. Arnold in Flora 1858 p. 557. Krmplhbr. lich. Bayr. p. 254. Th. Fries lich. arct. p. 258. Beltram. lich. bass. p. 257. Nyland. enum. p. 116. lich. Scand. p. 178. Anzi cat. p. 113. Müller lich. genev. p. 49. Zwackh enum. nro. 300.
Porina pertusa. Ach. lich. univ. p. 308. syn. p. 109.

α. pertusa. L. sub Lichen.

Exs. Hepp 222. pp. 676. Rbh. 116. Zwackh 290. Schaerer 118. Crypt. helv. 74.

an Eichen, Buchen und sonstigen Bäumen häufig.

β. variolosa. (Wallroth) Krbr.

Exs. Crypt. bad. 699. B. Hepp 677. Zwackh 296. Schaerer 237. Crypt. helv. 370.

in verschiedenen Formen (orbiculata Ach., effusa. Wallr., discoidea Pers.) an Laubbäumen überall häufig.

458. P. velata. (Smith). Nylander lich. Scand. p. 179 et in Flora 1865 p. 338.
> Lichen velatus. Smith Engl. Bot. tab. 2062.
> Parmelia velata. Turner in trans. Linn. societ. IX. (1808) tab. 12.

bei Constanz einmal gefunden ((Stzbrgr.).

459. P. coccodes. (Ach.) Nylander lich. Scand. p. 178.
> Isidium coccodes. Ach. lich. univ. p. 578. syn. p. 28.).
> Pertusaria ceuthocarpa. Körber syst. p. 387. par. p. 314.
> Massal. symm. p. 71. Arnold in Flora 1858 p. 558. 1861 p. 657. Krmplhbr. lich. Bayr. p. 255. Nyland. prodr. p. 98. Hepp lich. exs. Zwackh enum. nro. 307.

Exs. Hepp 674. Zwackh 294.

an Buchen in den Waldungen des Königsstuhls und des Auerhahnkopfes bei Heidelberg, sowie der Berge um Ziegelhausen, sehr selten auch an Birken und Eichen (Zwackh enum.).

β. isioides. Ahles.

Exs. Hepp 678. Schaerer 237.

häufig an Eichen und Buchen bei Heidelberg (Zwackh enum.).

460. P. melaleuca. (Smith) Duby. Bot. gall. p. 673. Leighton Angioc. p. 29. Nyland. prodr. p. 99. Zwackh enum. nro. 303.
> Pertusaria Wulfenii. De Candolle flor. franç. II. p. 230.
> Massal. ricer. p. 189. Körber par. p. 314. (non. syst. p. 424.) Arnold in Flora 1858 p. 558. Anzi manip. p. 35. et lich. exs.
> Pertusaria Wulfenii. d. decipiens. Fries lich. eur. p. 424.
> Pertusaria pustulata. Anzi cat. p. 113.

Exs. Crypt. bad. 699. Hepp 935. Rbh. 666. Zwackh 359. Arnold 149. Anzi lich. lang. 223.

an Rosskastanien auf der Insel Mainau (Stzbrgr.); an Buchen bei Freiburg (de Bary); an Buchen bei Geroldsau (B.); an jüngeren Baumstämmen und Aesten von Buchen, Eichen, Castanien, Erlen und Birken bei Heidelberg, Ziegelhausen, Neuenheim und Handschuchsheim (Dr. Ahles, Zwackh enum,).

461. P. cyclops. Körber par. p. 315.
> Pertusaria Wulfenii b. cyclops. Hepp mnscr.
> Pertusaria Wulfenii β. glabrata. Anzi manip. p. 35.

Exs. Körber 268. Anzi lich. lang. 350.

an Buchen auf dem Rosskopf bei Freiburg (de Bary 1866 von Hepp mit Pertusaria Wulfenii nro. 935. ausgegeben).

462. P. de Baryana. Hepp in litt.

an Buchen auf dem Blauen (de Bary 1865. Millardet 1866).

463. P. leioplaca. (Ach.) Schaerer enum. p. 230. Massal. ricer. p. 188. Körber syst. p. 386. par. p. 317. Nyland. enum. p. 117. lich. Scand. p. 181. suppl. p. 141. Arnold in Flora 1858 p. 5·8. Krmplhbr. lich. Bayr. p. 255. Th. Fries lich. arct. p. 259. Hepp lich. exs. Beltram. lich. bass. p. 258. Anzi cat. p. 113. Müller lich. genev. p. 49. Zwackh enum. nro. 302.
Porina leioplaca. Ach. lich. univ. p. 309. syn. p. 110.

Exs. Hepp 675. Zwackh 291. 293. Schaerer 119.

an Rosscastanien bei Constanz (Stzbrgr.); an Buchen, Hainbuchen, Linden, Weisstannen am Feldberg, Schauinsland, Rosskopf (de Bary); an Buchen bei Geroldsau und an Eichen bei Knielingen (B.); an Eschen im Durlacher Wald (Seubert); an Buchen und Castanien bei Heidelberg (Zwackh enum.).

464. P. Massalongiana. Beltramini lich. bass. p. 258. Zwackh enum. nro. 301.
Pertusaria leucostoma. Massal. ricer p. 188. sched. p. 145.
Pertusaria leioplaca var. leucostoma. Körber syst. p. 386. Anzi cat. p. 113.
Pertusaria leioplaca var. juglandis. Hepp lich. exs. Müller lich. genev. p. 50. Körber par. p. 317.
Pertusaria plena. Anzi manip. p. 35.

Exs. Crypt. bad. 39. Hepp 425. Rbh. 152. post. 194. 477. Crypt. helv. 174. Anzi lich. lang. 224.

an Nussbäumen bei Constanz und Meersburg (Stzbrgr.); an Eschen bei Freiburg (de Bary); an Nussbäumen bei Baden und Lichtenthal (B.); an Nussbäumen und Castanien bei Handschuchsheim, Ziegelhausen und Schriesheim (Zwackh enum.).

b. variolosa. Zwackh.

gemein an Nussbäumen.

465. P. chlorantha. Zwackh lich. exs. et enum. nro. 308. Körber par. p. 318.
Pertusaria leioplaca var. chlorantha. Hepp in litt.

Exs. Zwackh 295.

an Buchen in den Wäldern des Königsstuhls bei Heidelberg (Zwackh enum.).

466. P. fallax. (Ach.) Hooker Engl. Bot. f. 1731. Leighton Angioc. p. 29. Massal. ricer. p. 188. Krmplhbr. lich. Bayr. p. 255. Arnold in Flora 1861. p. 657. 1868 p. 249. Anzi manip. p. 36. Hepp lich. exs. Körber par. p. 319. Zwackh enum. nro. 304.
Porina fallax. Ach. syn. p. 110.
Pertusaria Wulfenii. Fries. Körber syst. et al. Autt. pr. parte.
Exs. Crypt. bad. 859. Hepp 679. Zwackh 292. Anzi lich. etrur. 40.

an Buchen auf dem Blauen (de Bary), auf dem Schauinsland (Spenner), auf der Badener Höhe, bei Geroldsau und im Albthale bei Ettlingen (B.); an Weisstannen am Mercur bei Baden und am Schlosse Eberstein im Murgthale (B.); an alten Buchen und an Eichen auf dem Königsstuhle bei Heidelberg und bei Ziegelhausen (Zwackh enum.).

β. **variolosa.** (Fries). Körber.
Isidium lutescens. Turn. et Borrer.
Exs. Hepp 680. Rbh. 200. Zwackh 297. Schaerer 238. Anzi lich. etr. 41.

an Eichen, Tannen, Fichten, Buchen, Castanien u. s. w. bei Freiburg, Baden, Carlsruhe, Heidelberg etc.

Fam. XVIII. VERRUCARIEAE. FRIES.

106. SEGESTRELLA. FRIES.

467. S. Ahlesiana. Körber par. p. 324.
Sagedia septemseptata. Hepp in litt.
Sagedia Heppii. Massal. in litt.
Exs. Zwackh 360.

im Würmthale bei Pforzheim an hie und da überfluteten Sandsteinblöcken von Herrn Prof. Dr. Ahles entdeckt.

468. S. illinita. (Nyland.) Körber par. p. 325.
Verrucaria illinita. Nylander olim.
Verrucaria chlorotica var. illinita. Nyland. prodr. p. 187.
Sagedia illinita. Körber syst. p. 366.
Verrucaria muscorum. Fries lich. eur. p. 432. Schaerer enum. p 221.
Porina muscorum. Massal. ricer. p. 191. sched. p. 164.
Arnold in Flora 1858 p. 556. Krmplhbr. lich. Bayr. p. 253.

Pyrenula muscorum. Hepp lich. exs.
Sagedia muscorum. Müller lich. genev. p. 77.
Segestria muscorum. Zwackh enum. nro. 314.
Exs. Hepp 464. Körber 205. Zwackh 45.

Moose incrustirend am Grunde von Baumstämmen bei Heidelberg; über der Hirschgasse auch einmal von einer Eiche auf Sandstein übergehend gefunden. (Zwackh enum.).

β. faginea. Hepp.
Exs. Crypt. bad. 663. Hepp 708. Rbh. 623. Zwackh 36. 362.

an Acer campestre bei Constanz (Leiner); am Grunde der Stämme von Eschen, Buchen, Carpinus, Sorbus und Eichen bei Heidelberg (Zwackh enum.).

γ. lactea. (Körber). Zwackh.
Exs. Zwackh 44.

an der rissigen Rinde einer alten Eiche hinter dem Stifte zu Heidelberg (Zwackh enum.).

469. S. sphaeroides. (Wallr.) Zwackh enum. nro. 316. sub Segestria.
Verrucaria sphaeroides. Wallroth Crypt. flor. p. 300.
Pyrenula sphaeroides. Hepp lich. exs.
Exs. Hepp 959. Zwackh 41.

an der Rinde älterer Erlen im Schlossgraben auf dem Schlosse zu Heidelberg (Zwackh enum.).

470. S. fragilis. Arnold in litt. Zwackh enum. in Flora 1862 p. 551. 1864 p. 82. Arnold in Flora 1863 p. 330.
Exs. Zwackh 43. F.

an Cornus sanguinea im Schlossgraben und an Ahorn und Erlen im Schlossgarten zu Heidelberg (Zwackh enum.).

471. S. lectissima. Fries lich. eur. p. 430. Krmplhbr. lich. Bayr. p. 253. Anzi cat. p. 106. Körber par. p. 325.
Segestria lectissima. Zwackh enum. nro. 310.
Verrucaria lectissima. Nyland. prodr. p. 187. lich. Scand. p. 278.
Sagedia lectissima. Hepp lich. exs. Arnold in Flora 1861 p. 538.
Segestria umbonata. Schaerer enum. p. 207.
Segestrella umbonata β. lectissima. Körber syst. p. 332.
Segestrella thelostoma. Massal. ricer. p. 158.
Verrucaria irrigua var. erysiboda. Leigthon Angioc. p. 56.
Exs. Hepp 696. Rbh. 650. Zwackh 23. Schaerer 285.

auf Gneiss bei Kirchzarten (Sickenb.); an Gneiss und Granit im Kinzigthale und im Guttachtbale (v. Zwackh); an Granit bei Geroldsau und an Porphyr im Gunzenbacher Thal bei Baden (B.); an Sandsteinblöcken bei Schluttenbach (B.); an Granitfelsen bei Schlierbach und an Sandsteinblöcken hinter dem Königsstuhle bei Heidelberg (Zwackh enum.).

107. SYCHNOGONIA. KŒRBER.

472. S. Bayerhofferi. (Zwackh) Körber syst. p. 333. par. p. 325. Zwackh enum. nro. 309.
 Segestrella Bayerhofferi. Zwackh in sched.
 Pyrenula Bayerhofferi. Hepp lich. exs.
 Thelopsis rubella. Nyland. lich. paris. et prodr. p. 196.
 Segestrella lectissima var. corticola. Nyland. in litt. ad. v. Zwackh.
 Exs. Hepp 707. Rbh. 578. Zwackh 50. Arnold 251.

an Buchen im Sallenwäldchen bei Carlsruhe (v. Zwackh); an Buchen, Eichen, Pappeln, Linden und Sorbus bei Heidelberg, sowie an Castanien bei Neuenheim und im Mühlthale bei Handschuchsheim (Zwackh enum.).

108. STAUROTHELE. TH. FRIES.

473. St. clopima. (Wahlb.) Th. Fries lich. arct. p. 263. Zwackh enum. nro. 321.
 Verrucaria clopima. Wahlenberg fl. lapp. p. 464. Ach. meth. suppl. p. 20. Nyland. lich. Scand. p. 269.
 Thelotrema clopimum. Hepp lich. exs. Anzi cat. p. 104.
 Dermatocarpon clopimum. Massal. geneac. p. 21. Arnold in Flora 1860 p. 75.
 Endocarpon clopimum. Lönnroth in Flora 1858 p. 630.
 Stigmatomma clopimum. Krmplhbr. lich. Bayr. p. 253. Arnold in Flora 1862 p. 309.
 Stigmatomma clopimum, cataleptum, et spadiceum. Körber syst. p. 338 et 339. par. p. 329 et 330.
 Exs. Crypt. bad. 846. Hepp 101. 949. Rbh. 495. Körber 27. Zwackh 313. Arnold 125. Anzi lich. lang. 234. B.

an Granitfelsen im Neckar und in der Weschnitz bei Weinheim (Dr. Ahles, Zwackh enum.).

109. SPHAEROMPHALE. REICHENBACH.

474. Sph. fissa. (Tayl.) Körber syst. p. 335. par. p. 331.
Verrucaria fissa. Taylor. flor. hibern. II. p. 95.
Endocarpon fissum. Leighton. Angioc. p. 20. Lönnroth in
Flora 1858 p. 630.
Thelotrema fissum. Hepp lich. exs. Anzi cat. p. 104.
Staurothele fissa. Zwackh enum. nro. 323.

Exs. Hepp 103. Zwackh 105. Anzi lich. lang. 234. A.
an einer stets feuchten Stelle an Granitfelsen am Haarlasse
bei Heidelberg (Zwackh enum.).

475. Sph. elegans. (Wallr.) Körber syst. p. 335. par. p. 331.
Verrucaria elegans. Wallroth Crypt. flor. p. 309.
Endocarpon lithinum. Leight. Angioc. p. 19.
Endocarpon elegans. Lönnroth in Flora 1858 p. 630.
Staurothele elegans. Zwackh enum. nro. 322.

Exs. Körber 171. Zwackh 27.
an Granitfelsen und an Sandsteinen im Neckar bei Heidelberg
(Zwackh enum.).

110. SPORODICTYON. MASSAL.

476. Sp. Schaererianum. Massal. emend. Körber lich. exs. nro. 321.
non. parerg. p. 332. Krmplhbr. in Flora 1868 p. 285.
Polyblastia Schaereriania. Müller lich. genev. p. 79.
Lecanora atra ε. verrucoso-areolata. Schaerer enum.
p. 73.
Verrucaria verrucoso-areolata. Nyland. prodr. p. 192
pyrenoc. p. 34. lich. Scand. p. 270.
Thelotrema verrucoso-areolatum. Anzi cat. p. 105.

Exs. Körber 321. Crypt. helv. 476. Anzi lich. lang. 236.
auf weissem Jurakalk bei Werrnwag im Donauthale (Stzbrgr.).

III. PYRENULA. ACH.

477. P. nitida. (Schrad.) Ach. syn. p. 125. Schaerer enum. p. 212. Massal. ricer. p. 162. Körber syst. p. 359. par. p. 333. Krmplhbr. lich. Bayr. p. 253. Anzi cat. p. 109. Müller lich. genev. p. 90. Zwackh enum. nro. 317.

Verrucaria nitida. Schrader Journ. für die Bot. 1801 p. 79. Ach. lich. univ. p. 279. Fries lich. eur. p. 443. Rbhrst. Crypt. flor. p. 13. Nyland. prodr. p. 167. pyrenoc. p. 45. lich. Scand. p. 279.

Bunodea nitida. Massal. symm. p. 74. Arnold in Flora 1858 p. 556. Beltram. lich. bass. p. 252.

Exs. Crypt. bad. 442. Hepp 467. Rbh. 2. Zwackh 30. A. Schaerer 111. Crypt. helv. 173.

häufig an Buchen, Hainbuchen, Ahorn, Eschen etc., bei Salem, Constanz, Freiburg, Baden, Carlsruhe, Heidelberg etc.

β. nitidella. Flörcke.

Verrucaria nitida b. minor. Leight. lich. exs. 28.
Pyrenula nitida β. minor. Hepp lich. exs.

Exs. Crypt. bad. 140. Hepp 468. Rbh. 86. 451. Zwackh 30. B. Crypt. helv 271.

seltener als die Stammform an verschiedenen Laubbäumen, bei Salem an Eschen (Jack); bei Carlsruhe an Eschen, Buchen, Hainbuchen und an Fraxinus Ornus im Schlossgarten (B.); bei Heidelberg an Eschen, Linden und Hainbuchen (Zwackh enum.).

478. P. glabrata. (Ach.) Massal. ricer. p. 162. Körber syst. p. 360. par. p. 334. Arnold in Flora 1858 p. 555. Krmplhbr. lich. Bayr. p. 252. Anzi cat. p. 109. Müller lich. genev. p. 91. Zwackh enum. nro. 318.

Verrucaria glabrata. Ach. syn. p. 91. Schaerer enum. p. 222. Rbh. Crypt. flor. p. 12. Nyland. prodr. p. 188. enum. p. 139.

Verrucaria alba b. Fries lich. eur. p. 444.

Exs. Crypt. bad. 40. Hepp 227. Rbh. 87. Körber 237. Zwackh 34. 35. B. Schaerer 110.

an Hainbuchen bei Salem (Jack), und bei Constanz (Stzbrgr.); an Buchen auf der Badener Höhe und im Scheibenharder Walde bei Carlsruhe (B.); an Buchen und Hainbuchen bei Heidelberg (Zwackh enum.).

β. microcarpa. Hepp.

Exs. Hepp 466. Zwackh 35. A.

an Buchen bei Constanz (Stzbrgr.); an Eichen über dem Haarlasse bei Heidelberg (Zwackh enum.).

479. P. leucoplaca. (Wallr.) Körber syst. p. 361. par. p. 334. Müller lich. genev. p. 91.
>Pyrenula leucoplaca *α*. chrysoleuca. Hepp lich. exs.
Verrucaria leucoplaca. Wallroth Crypt. flor. p. 299.
Verrucaria alba *β*. leucoplaca. Schaerer enum. p. 219.
Verrucaria chrysoleuca dein Verrucaria Schaereri. Flotow in litt.
Verrucaria tarrea. Ach. syn. p. 96. pr. parte. Nyland. prodr. p. 188. pyrenoc. p. 47. lich. Scand. p. 279.
Pyrenula quercus. Massal. mem. p. 138. Zwackh enum. nro. 320.

Exs. Hepp 957. Körber 85. Zwackh 33. 215.

an Castanien bei Heidelberg (Dr. Ahles); an Eichen bei Handschuchsheim und im Schwetzinger Garten, an Castanien bei Schriesheim, und an Espen auf dem Königsstuhle bei Heidelberg (Zwackh enum.).

480. P. coryli. Massal. ricer. p. 164. Arnold in Flora 1858 p. 555.
>Krmplhbr. lich. Bayr. p. 252. Beltram. lich. bass. p. 251. Anzi cat.p. 109. Körber par. p. 334. Hepp lich. exs. Zwackh enum. nro. 319.

Exs. Hepp 465. Rbh. 85. Körber 236. Zwackh 216.

an Corylus Avellana bei dem Schlosse Eberstein im Murgthale (B.), und im Schlossgarten zu Heidelberg (Zwackh enum.).

112. POLYBLASTIA. MASSAL.

481. P. lactea. Massal. sched. p. 91. Beltram. lich. bass. p. 227. Körber par. p. 336. Arnold in Flora 1868 p. 249.
>Blastodesmia lactea. Massal. ricer. p. 181.
Microglena lactea. Lönnroth in Flora 1858 p. 634.
Pyrenula Naegelii. Hepp lich. exs.

Exs. Hepp 469. Rbh. 201.

an der Rinde junger Pinus sylvestris am Mercur bei Baden (B.).

482. P. fallaciosa. (Stzbrgr.) Arnold in Flora 1863 p. 604. Zwackh enum. in Flora 1864 p. 82.
>Sporodictyon fallaciosum. Stizenberger in litt.
>Arthopyrenia punctiformis var. fallax (Hepp) Arnold in Flora 1862 p. 392. Zwackh enum. 1862 nro. 340. var.

Exs Arnold 269.

an Birken bei Heidelberg (Zwackh enum.).

483. P. intercedens. (Nyland.) Lönnroth in Flora 1858 p. 631. Krmplhbr. lich. Bayr. p. 244. Körber par. p. 343. Müller lich. genev. p. 79.
>Verrucaria intercedens. Nyland. pyrenocarp. p. 33. lich. Scand. p. 276.
>Thelotrema intercedens. Anzi cat. p. 105.
>Thelotrema muralis. Hepp lich. exs.
>Polyblastia hyperborea. Th. Fries lich. arct. p. 266. sec. Nyland. lich. Scand. p. 292.

Exs. Hepp 445. Arnold 146. Un. it. crypt de 1867 nro. 63.

auf Sandstein bei Meersburg und Constanz (Stzbrgr.).

484. P. rugulosa. Massal. mem. p. 139. Lönnroth in Flora 1858 p. 631. Müller lich. genev. p. 79. Zwackh enum. in Flora 1864 p. 86. Arnold in Flora 1868 p. 249.
>Thelotrema rugulosum. Hepp lich. exs.

Exs. Hepp 951. Arnold 250. Anzi lich. venet. 140.

auf Mörtel alter Mauern bei Heidelberg, Neuenheim, Handschuchsheim und Weinheim (Zwackh enum.).

113. ACROCORDIA. MASSAL.

485. A. gemmata. (Ach.) Körber syst. p. 356. par. p. 346. Anzi cat p. 109. Arnold in Flora 1863 p. 604. Zwackh enum. nro. 324.
>Verrucaria gemmata. Ach. lich. univ. p. 278. syn. p. 90. Fries lich. eur. p. 444. Nyland. pyrenocarp. p. 53. lich. Scand. p. 280.
>Pyrenula gemmata. Hepp lich. exs.
>Thelidium gemmatum. Krmplhbr. lich. Bayr. p. 247.
>Arthopyrenia gemmata. Müller lich. genev. p. 88.
>Verrucaria alba. Schaerer enum. p. 219.

Exs. Hepp 104. Rbh. 89. Zwackh 32. B. Schaerer 105.

an Buchen im Sallenwäldchen bei Carlsruhe, an Pappeln im Durlacher Walde und am Rhein bei Knielingen (B.); an

Buchen auf dem Königsstuhl bei Heidelberg (Dr. Ahles); an Eichen, Hainbuchen und Linden am Haarlasse, hinter dem Stifte und im Schlossgarten zu Heidelberg (Zwackh enum.).

486. A. glauca. Körber syst. p. 357. par. p. 346.
Acrocordia gemmata forma glauca. Zwackh enum. nro. 324.
Pyrenula sphaeroides. Schaerer enum. p. 213.
Pyrenula gemmata β. sphaeroides. Hepp lich. exs.
Thelidium gemmatum β. sphaeroides. Krmplhbr. lich. Bayr. p. 247.
Exs. Hepp 448. Körber. 144. Zwackh 31. A.

bei Heidelberg an den oben bezeichneten Orten an mehr schattigen Stellen (Zwackh enum.).

487. A. tersa. Körber syst. p. 356. par. p. 346. Zwackh enum. nro. 325.
Thelidium tersum. Krmplhbr. lich. Bayr. p. 247.
Exs. Rbh. 29. Zwackh 31. B. Anzi lich. venet. 132.

an einem Nussbaume im Heidelberger Schlossgarten und an Espen im Heidelberger Stadtwalde (Zwackh enum.).

114. THELIDIUM. MASSAL.

488. Th. Nylanderi. (Hepp) Arnold in Flora 1858 p. 554. Krmplhbr. lich. Bayr. p. 246. Körber par. p. 350.
Sagedia Nylanderi. Hepp lich. exs.
Thelidium Zwackhii var.? Zwackh enum. in Flora 1864 p. 87. (nach Lahm in litt. ad Zwackh ist diese Pflanze Thel. Nylanderi).
Exs. Hepp 440. Rbh. 594. Arnold 304

an einer Granitwand bei Schlierbach (Zwackh enum.).

489. Th. epipolaeum. (Ach. Massal. symm. p. 105. Körber syst. p. 354. par. p. 353.
Verrucaria epipolaea. Ach. syn. p. 95 et Schaerer enum. p. 218. pp.
Sagedia pyrenophora β. arenaria Hepp lich. exs.
Sagedia arenaria. Anzi cat. p. 106.
Exs. Hepp 98. Arnold 87. Anzi lich. lang. 450.

am Kaiserstuhl (Al. Braun in herb. Spenner),

115. SAGEDIA. ACH.

490. S. macularis. (Wallr.) Körber syst. p. 363. par. p. 354. Krmplhbr. lich. Bayr. p. 250. Arnold in Flora 1861 p. 246.
  Verrucaria macularis. Wallroth. Crypt. flor. p. 301. Schaerer enum. p. 213. pp.
  Segestria chlorotica var. macularis. Zwackh enum. nro. 311. var.
Exs. Körber 118. Zwackh 153.
an Sandstein bei Wolfartsweier (B.), und im Würmthale bei Pforzheim (Dr. Ahles); an Granit und Porphyr bei Heidelberg und Handschuchsheim (Zwackh enum.).

  ß. chlorotica. (Ach.) Körber syst. p. 364. par. p. 354.
    Verrucaria chlorotica. Schaerer enum. p. 213. Nylander pyrenocarp. p. 36. lich. Scand. p. 277. pp.
    Sagedia chlorotica. Massal. ricer. p. 159. Anzi symb. p. 26.
    Segestria chlorotica. Th. Fries gen. p. 106. Zwackh enum. nro. 311.
  Exs. Hepp 693. Zwackh 152.
an feuchten Granitfelsen bei Schlierbach und Heidelberg, und an Sandstein in den Felsenmeeren des Königsstuhls bei Heidelberg (Zwackh enum.).

491. S. carpinea. (Pers.) Massal. ricer. p. 160. Arnold in Flora 1858. p. 553. Krmplhbr. lich. Bayr. p. 249. Anzi neosymb. p. 17.
  Verrucaria carpinea. Persoon in Ach. method. p. 120. Ach. lich. univ. p. 281. syn. p. 88. Fries lich. eur. p. 448. Schaerer enum. p. 221. Rbhrst. Crypt. flor. p. 12.
  Arthopyrenia carpinea. Müller lich. genev. p. 89.
  Segestria carpinea. Zwackh enum. nro. 313.
  Verrucaria chlorotica forma carpinea. Nyland. prodr. p. 186. enum. p. 138. lich. Scand. p. 278.
  Verrucaria aenea. Wallroth Crypt. flor. p. 299.
  Sagedia aenea. Körber syst. p. 364. par. p. 356. Beltram. lich. bass. p. 245. Anzi cat. p. 107.
  Verrucaria fusiformis. Leighton Angioc. p. 42.
  Pyrenula fusiformis. Hepp lich. exs.
Exs. Crypt. bad. 845. Hepp 459. Rbh. 628. (sub. Arthopyrenia olivacea). 759. Körber 323. Zwackh 39 B. D. 40. 42. 43. Arnold 242. Anzi lich. venet. 139.
an Hainbuchen bei Hausach im Kinzigthal (v. Zwackh); an Buchenwurzeln auf dem Iwerst bei Baden. (B.); an Buchen

auf dem Cäcilienberge bei Lichtenthal (B.); an Eschenwurzeln im Schlossgarten zu Carlsruhe (B.); an Bäumen und Sträuchen verschiedener Art im Schlossgarten, auf dem Königsstuhl, im Kapuzinerhölzchen und hinter dem Stifte zu Heidelberg (Zwackh enum.).

492. S. abietina. Körber syst. p. 365. par. p. 356.
Sagedia aenea b. abietina. Hepp in litt. Wartmann et Schenk Crypt. helv. exs.
Exs. Körber 322. Crypt. helv. 574.

an der Rinde und an entblössten Wurzeln von Weisstannen am Cäcilienberge bei Lichtenthal (B.).

493. S. affinis. Massal. mem. p. 138. sched. 183. Anzi cat. p. 107. Krmplhbr. lich. Bayr. p. 249. Arnold in Flora 1862 p. 392. Körher par. p. 357.
Segestria affinis. Zwackh enum. nro. 312.
Pyrenula minuta. Naegele manscr. et Hepp lich. exs.
Arthopyrenia minuta. Müller lich. genev. p. 88.
Verrucaria palans. Nyland. in bot. Ztg. 1861 p. 338.
Exs. Hepp 458. Rbh. 561. Körber 234. Zwackh 46. 316. Anzi lich. lang. 222.

an der Rinde von Nussbäumen bei Hechtsberg im Kinzigthal (v. Zwackh), bei Ettlingen (B.), und bei Heidelberg (Zwackh enum.).

116. VERRUCARIA. WIGGERS.

Sect. 1. AMPHORIDIUM. MASSAL.

494. V. cinerea. (Mass.) Körber par. p. 361. Müller lich. genev. p. 75.
Amphoridium cinereum. Massal. sert. lich. in Lotos 1856 p. 80.

auf weissem Jurakalk bei Schaffhausen (Schenk teste Hepp).

495. V. calciseda. De Candolle flor. franç. II. p. 317. Arnold in Flora 1858 p. 537. 1861 p. 535. Nyland. pyrenocarp p. 62. Beltram. lich. bass. p. 223. Krmplhbr. lich. Bayr. p. 239. Anzi cat. p. 111. Müller lich. genev. p. 76. Körber par. p. 363.
Verrucaria rupestris. Körber syst. p. 346. pp.
Verrucaria rupestris var. calciseda. Schaerer enum. p. 217.
Massal. ricer. p. 172.
Verrucaria Schraderi. Ach. lich. univ. p. 284. syn. p. 93.
Exs. Crypt. bad. 662. Hepp 428. Schaerer 104.

auf weissem Jurakalk im Donauthale, bei Engen und Emmingen ab Egg (Stzbrgr.), und bei Schaffhausen (Schenk); an Kalksteinblöcken bei Grimmelshofen im Wuttachthale (Jack et Leiner); auf Muschelkalk bei Donauöschingen (B.); auf Jurakalk am Isteiner Klotz (de Bary); auf Muschelkalk bei Lahr (B.); auf Keupersandstein an der Ruine Steinsberg bei Sinsheim (B.).

Sect. 2. LITHOICEA. MASSAL.

496. V. macrostoma. (Duf.) De Candolle flor. franç. p. 319. Fries lich. eur. p. 439. Schaerer enum. p. 214. Massal. ricer. p. 148. Körber syst. p. 343. par. p. 367. Krmplhbr. lich. Bayr. p. 234. Anzi manip. p. 34. Zwackh enum. nro. 332.

Lithoicea macrostoma. Massal. mem. p. 142. sched. p. 116. Arnold in Flora 1858 p. 535.

Verrucaria nigrescens var. macrostoma. Nyland. prodr. p. 181. enum. p. 137.

Exs. Zwackh 214. 404. Anzi lich. etrur. 39.

auf Mörtel an der nördlichen Mauer des Fasanengartens zu Carlsruhe (B.); auf Mörtel alter Mauern des Heidelberger Schlosses, bei Neuenheim und an Mauern der Strasse längs des Neckars bei Heidelberg (Zwackh enum.).

497. V. nigrescens. Persoon in Usteri ann. XIV. p. 36. Fries lich. eur. p. 438. Rbhrst. Crypt. flor. p. 9. Massal. ricer. p. 177. Nyland. prodr. p. 180. pyrenoc. p. 23. lich. Scand. p. 271. Tb. Fries lich. arct. p. 267. Anzi cat. p. 109. Müller lich. genev. p. 74. Arnold in Flora 1868 p. 250. Zwackh enum. nro. 327.

Pyrenula nigrescens. Ach. syn. p. 126. Schaerer enum. p. 210.

Lithoicea nigrescens. Massal. mem. p. 142. sched. p. 105. Arnold in Flora 1858 p. 534. Beltram. lich. bass. p. 215.

Verrucaria fuscoatra. Wallroth Crypt. flor. p. 307. Körber syst. p. 341. par. p. 367.

Verrucaria controversa β. nigrescens. Krmplhbr. lich. Bayr. p. 235.

α. munda. Körber.

Exs. Hepp 434. 941. Rbh. 665. 700.

an alten Mauern bei Constanz (Stzbrgr.), und bei Müllheim (B.); auf Jurakalk am Isteiner Klotz (B.); auf Kalk am Schönberg bei Freiburg (Thiry); auf Porphyr am Schlosse Hohengeroldseck (B.); auf Kieselsteinen in einer Kiesgrube am Rhein bei Meissenheim (B.); auf Porphyr bei Lichtenthal (B.); auf Kalk und an Sandsteinen auf dem Thurmberg bei Durlach (B.); an Sandstein alter Mauern bei Heidelberg und an sonnigen Granitfelsen bei Schriesheim (Zwackh enum.); auf Keupersandstein an der Ruine Steinsberg bei Sinsheim (B.).

>β. maculata. Hepp in litt.

an Porphyr am Bachufer bei Altenbach (Zwackh enum.).

498. V. virens. Nyland. lich. Scand. p. 270.

>β. obfuscans. Nyland. lich. du jard. de Luxemb. (Soc. bot. de France 1866 p. 370.)

selten an Sandsteinmauern bei der Hirschgasse zu Heidelberg (v. Zwackh).

>(Sporen 15 - 16 mm. lg., 6—7 mm. breit, habituell mit einem Originale von Nylander (comm. ad Arnold) übereinstimmend.)

499. V. tectorum. (Mass.) Körber par. p. 368.
>Lithoicea tectorum. Massal. symm. p. 91.

Exs. Anzi lich. venet. 156.

auf Porphyr am Schlosse Hohengeroldseck bei Lahr (B.).

500. V. catalepta. (Ach.) Schaerer spicil. p. 337. Rbhrst. Crypt. flor. p. 11. Massal. ricer. p. 171. Nyland. enum. p. 136. pyrenoc. p. 22. Krmplhbr. lich. Bayr. p. 234. Hepp lich. exs. Körber par. p. 368. Müller lich. genev. p. 74. Zwackh enum. nro. 331.
>Pyrenula catalepta. Ach. syn. p. 120. Schaerer enum. p. 211.
>Lithoicea catalepta. Massal. mem. p. 143. Arnold in Flora 1859 p. 153.
>Verrucaria alutacea. Körber syst. p. 342.

Exs. Hepp 433. Zwackh 150. Schaerer 284.

an Granitfelsen unterhalb des Schlosses und in der Hirschgasse zu Heidelberg (Zwackh enum.).

501. V. apatela. (Mass.) Krmplhbr. lich. Bayr. p. 235. Körber par. p. 369. Zwackh enum. nro. 330.
>Lithoicea apatela. Massal. framm. p. 33. symm p. 88. Arnold in Flora 1858 p. 535.

Exs. Arnold 81. Anzi lich. venet. 157.

an alten Mauern am Handschuchsheimer Kirchhofe (Zwackh enum.).

502. V. viridula. (Schrad.) Schaerer enum. p. 215. Körber syst. p. 343. par. p. 369. Krmplhbr. lich. Bayr. p. 235. Nyland. pyren. p. 23. lich. Scand. p. 271. Anzi cat. p. 110. Müller lich. genev. p. 75. Zwachk enum. nro. 328.
    Endocarpon viridulum. Schrad. spic. p. 192.
    Sagedia viridula. Fries lich. eur. p. 414 pp. Leighton Angioc. p. 23.
    Lithoicea viridula. Massal. sched. p. 121. symm. p. 86. Beltram. lich. bass. p. 217. Arnold in Flora 1861 p. 535. 1866 p. 531.
    Exs. Hepp 91. Zwackh 315. Arnold 365.

an Sandsteinen im Bache bei Wolfartsweier (B.); an Sandstein auf dem Heidelberger Schlosse, sowie bei Neuenheim und Schriesheim (Zwackh enum.).

503. V. fuscella. (Turn.) Schaerer enum. p. 215. Massal. ricer. p. 176. Körber syst. p. 342. par. p. 370. Hepp lich. exs. Krmplhbr. lich. Bayr. p. 234. Anzi cat. p. 110. Müller lich. genev. p. 74. Zwackh enum. nro. 326.
    Sagedia fuscella. Fries lich. eur. p. 413. Rbhrst. Crypt. flor. p. 16.
    Lithoicea fuscella. Massal. mem. p. 142. Arnold in Flora. 1858 p. 535.
    Verrucaria nigresçns var. fuscella. Nyland. prodr. p. 181. enum. p. 137.
    Verrucaria subfuscella. Nyland. lich. Scand. p. 271.
    Exs. Hepp 426. Zwackh 213. Arnold 388.

an Sandstein alter Mauern bei Handschuchsheim und Neuenheim, und an alten Bretterwänden an der Kaisershütte bei Mannheim (Zwackh enum.).

    β. glaucina. (Ach.) Schaerer enum. p. 215. Massal. ricer. p. 176. Körber syst. p. 342. par. p. 370. Anzi cat. p. 110.
    Verrucaria glaucina. Ach. syn. p. 94. Fries lich. eur. p. 439. Rbhrst. Crypt. flor. p. 9. Krmplhbr. lich. Bayr. p. 236. Müller lich. genev. p. 74.
    Lithoicea glaucina. Arnold in Flora 1858 p. 535.
    Catopyrenium glaucinum. Massal. symm. p. 75. Beltram. lich. bass. p. 214.
    Verrucaria fuscella var. multipunctata (Turn.) Zwackh enum. nro. 326. var.
    Exs. Hepp 90. Rbh. 466.

auf Porphyr am Schlosse Hohengeroldseck (B.); an Granitblöcken im Bache oberhalb des Geroldsauer Wasserfalls (B.); an Sandstein alter Mauern des Heidelberger Schlosses und bei Neuenheim, an Granit bei Schriesheim (Zwackh enum.).

504. V. hydrela. Ach. syn. p. 94. Massal. ricer. p. 174. Körber syst. p. 344. par. p. 371. Krmplhbr. lich. Bayr. p. 237.
> Pyrenula hydrela. Schaerer enum. p. 209.
> Lithoicea hydrela. Massal. mem. p. 142. Beltram. lich. bass. p. 217.
> Lithoicea elaeomelaena. Massal. descriz. p. 30. Arnold in Flora 1858 p. 534.

Exs. Hepp 435. Rbh. 333. Körber 80. Arnold 129. Anzi venet. 152.

an Granitblöcken in der Oos oberhalb des Geroldsauer Wasserfalls (B.); an Porphyr in einem Waldbache im Gunzenbacher Thal bei Baden (B.).

505. V. chlorotica. Ach. lich. univ. p. 283. syn. p. 94. Hepp lich. exs. Crypt. bad. exs. Arnold in Flora 1858 p. 536.
> Lithoicea chlorotica. Arnold in Flora 1859 p. 153. 1861 p. 246. p. 535.
> Verrucaria elaeina. Massal. ricer. p. 174. Krmplhbr. lich. Bayr. p. 237. Anzi cat. p. 111. pp. Körber par. p. 371.
> Lithoicea elaeina. Massal. mem. p. 142.
> Verrucaria hydrela. Th. Fries lich. arct. p. 270. Zwackh enum. nro. 336.

Exs. Crypt. bad. 305. Hepp 94. Rbh. 344 b. Zwackh 29. Arnold 171.

an Granitblöcken in der Oos bei Geroldsau, auf Porphyr in einem Bache im Gunzenbacher Thal bei Baden, auf Sandstein in einem Waldbache am Mercur bei Baden, und in einem Bache bei Schluttenbach, an Granitkieseln in der Murg bei Rothenfels und an Sandsteinblöcken im Bache bei Wolfartsweier (B.); an feuchten Felsen und überflutheten Steinen in Gebirgsbächen und am Haarlasse bei Heidelberg (Zwackh enum.).

β. **calcarea.** Arnold in Flora 1861 p. 262. (sub Lithoicea.)
> Verrucaria papillosa. Körber syst. p. 350. nach Arnold am angef. Orte.
> Verrucaria hydrela var. papillosa. Zwackh enum. nro. 336. var.

Exs. Arnold 51. Körber 233.

an umherliegenden kleinen Steinen an schattig feuchten Stellen im Heidelberger Schlossgarten (Zwackh enum.).

506. V. Leightoni. Hepp. Arnold in Flora 1861 p. 536. Zwackh enum. in Flora 1862 p 563. nro. 337 et in Flora 1864 p. 87.
> Amphoridium. Leightoni Massal. sched. p. 30. Arnold in Flora 1866 p. 532.
> Verrucaria margacea. Körber par. p. 372. pp.
> Verrucaria umbrina. Auct. pr. part.

Exs. Hepp 95.

auf Sandstein an der nördlichen Mauer des Fasanengartens zu Carlsruhe (B.); an Sandsteinmauern im Schlossgarten und am Philosophenwege zu Heidelberg (Zwackh enum.).

 b. mortarii. Arnold in Flora 1866 p. 532.
  Verrucaria Leigthoni var. carnea. Arnold in litt. Zwackh in Flora 1864 p. 87.

an einer alten Weinbergsmauer ober Neuenheim bei Heidelberg (Zwackh enum.).

507. V. applanata. Hepp in litt. Zwackh enum. nro. 334.
 Verrucaria hymenea. Körber syst. p. 344 pp.
 Verrucaria margacea. Körber par. p. 372 pp.

Exs. Zwackh 212.

an Gneissfelsen bei Hausach im Kinzigthal (v. Zwackh); auf Porphyr hinter dem Kloster Lichtenthal (B.); an Granitfelsen bei Schlierbach (Zwackh enum.).

508. V. mauroides. Schaerer enum. p. 215. Körber syst. p. 348. Zwackh enum. nro. 329.
 Verrucaria nigrescens var. mauroides. Müller lich. genev. p. 74.
 Lithoicea mauroides. Massal. mem. p. 142.
 Verrucaria margacea. Körber par. p. 372 pp. et par. p. 376.

Exs. Zwackh 151.

an Porphyrfelsen bei Handschuchsheim (Zwackh enum.).

Sect. 3. EUVERRUCARIA. KŒRBER.

509. V. lecideoides. (Mass.) Hepp lich. exs. Krmplhbr. lich. Bayr. p. 236. Körber par. p. 376. Müller lich. genev. p. 75. Anzi symb. p. 24. Zwackh enum. in Flora 1864 p. 87.
 Thrombium lecideoides. Massal. ricer. p. 157.
 Catopyrenium lecideoides. Massal. sched. p. 17. Arnold in Flora 1858 p. 534.
 Verrucaria amphibola var. lecideoides. Nyland. enum. p. 136.

 β. minuta. Mass.

Exs. Hepp 683. Arnold 266.

an Granitfelsen am Haarlasse bei Heidelberg (Zwackh enum.).

510. V. laevata. (Mosig.) Leighton Angioc. p. 44. Schaerer enum. p. 217. Körber syst. p. 349. par. p. 378. Anzi cat. p. 110. Arnold in Flora 1861 p. 536.

Exs. Rbh. 774. Körber 81.

an Granitblöcken in der Oos bei Geroldsau (1858 von Herrn Bezirksgerichtsrath Arnold zuerst gefunden); auf Granit im Seebache bei Ottenhöfen (B.).

511. V. muralis. Ach. method. p. 115. syn. p. 95. Fries lich. eur. p. 384. Schaerer enum. p. 218. Massal. riccr. p. 175. symm. p. 76. Körber syst. p. 347. par. p. 378. Krmplhbr. lich. Bayr. p. 242. Beltram. lich. bass. 220. Nyland. pyrenocarp. p. 32. lich. Scand. p. 275. suppl. p. 170. Anzi cat. p. 112. Arnold in Flora 1862 p. 313. Zwackh enum. nro. 333.

Verrucaria rupestris form. muralis. Th. Fries lich. arct. p. 271.

Verrucaria confluens γ. muralis. Arnold in Flora 1861 p. 263.

Exs. Rbh. 408. Arnold 174. Th. Fries 25.

auf Dachziegeln zu Constanz (Stzbrgr.); an Mauern zu Freiburg (de Bary); auf Kalksinter, Muschelkalk und Keupersandstein bei Lahr (B.); auf Kieselsteinen in einer Kiesgrube bei Meissenheim (B.); an Sandstein in einem Waldbache am Mercur bei Baden (B.); auf Mörtel an der Kirchhofmauer zu Gernsbach und an der Stadtmauer zu Ettlingen (B.); an Ziegelsteinen alter Mauern in Neuenheim, an Sandstein und Porphyr bei Handschuchsheim und an Granit bei Schriesheim (Zwackh enum.).

512. V. papillosa. Ach. lich. univ. p. 286. Körber par. p. 379. Krmplhbr. lich. Bayr. p. 241. Anzi cat. p. 111. neosymb. p. 15. Müller lich. genev. p. 77.

Verrucaria chlorotica form. umbrosa. Körber in litt. Arnold in Flora 1858 p. 537.

Exs. Rbh. 572. Körber 172.

auf Muschelkalk bei Donauöschingen (B.).

513. V. maculiformis. Krmplhbr. in Flora 1858 p. 303. et lich. Bayr. p. 242. Arnold in Flora 1858 p. 536. 1859 p. 153. Hepp lich. exs. Müller lich. genev. p. 77. Anzi symb. p. 24. Zwackh enum. nro. 335.

Exs. Hepp 685. Anzi lich. lang. 367.

an Kalksteinen in der Kiesgrube an der Schwetzinger Strasse bei Heidelberg (Zwackh enum.).

117. THROMBIUM. WALLROTH.

514. Thr. epigaeum. (Pers.) Wallroth Crypt. flor. p. 294. Schaerer enum. p. 222. Rbhrst. Crypt. flor. p. 24. Massal. ricer. p. 156. Arnold in Flora 1858 p. 541. Krmplhbr. lich. Bayr. p. 252. Körber par. p. 382. Zwackh enum. nro. 338.

Sphaeria epigaea. Persoon syn. fung. append. p. 27.
Verrucaria epigaea. Ach. lich. univ. p. 295. syn. p. 96.
Fries lich. eur. p. 431. Hepp lich. exs. Körber syst. p. 350.
Nyland. prodr. p. 186. pyrenoc. p. 35. lich. Scand. p. 276.
suppl. p. 189. Anzi cat. p. 112. Müller lich. genev. p. 74.

Exs. Hepp 439. Schaerer 106.

in Hohlwegen bei Kirchzarten (Sickenb.), und bei Freiburg (Al. Braun); auf Lehmboden hinter dem Schaafhofe bei Lichtenthal (B.); auf Löss am Schutterlindenberg bei Lahr (B.); auf sandiger Erde im Hardwalde bei Carlsruhe (Al. Braun); auf lehmhaltigem Boden der Waldwege bei Handschuchsheim und Heidelberg (Zwackh enum.).

118. LEPTORHAPHIS. KŒRBER.

515. L. oxyspora. (Nyl.) Körber syst. p. 371. par. p. 384. Arnold in Flora 1858 p. 552. Krmplhbr. lich. Bayr. p. 252.

Verrucaria oxyspora. Nyland. in Bot. Notis 1852 p. 179. prodr. p. 191. pyrenoc. p. 61.
Pyrenula oxyspora. Hepp lich. exs.
Campylacia oxyspora. Anzi cat. p. 112.
Arthopyrenia oxyspora. Müller lich. genev. p. 90.
Verrucaria epidermidis. Autt. pr. part.
Verrucaria epidermidis α. vulgaris et δ. albissima. Schaerer enum. p. 220.
Leptorhaphis epidermidis. Th. Fries lich. arct. p. 273 Zwackh enum. nro. 346.
Verrucaria albissima. Nyland. lich. Scand. p. 282.

Exs. Hepp 460. Rbh. 117. Körber 88. Zwackh 107. Schaerer 107. 108.

häufig an glatter Birkenrinde, bei Heidelberg auch an Kirschbaumrinde (Zwackh enum.).

516. L. tremulae. (Flörcke). Körber syst. p. 372. par. p. 384. Th. Fries lich. arct p. 274.
    Verrucaria stigmatella var. tremulae. Ach. lich. univ. p. 277. pp.
    Campylacia tremulae. Massal. sched. p. 184. Beltram. lich. bass. p. 249.
    Sagedia tremulae. Anzi neosymb. p. 17.
    Pyrenula tremulae. Hepp lich. exs.
    Sagedia (Campylacia) salicis. Massal. symm. p. 97. framm. p. 24.
    Verrucaria albissima form. populicola. Nyland lich. Scand. p. 283.
Exs. Hepp 706. Rbh. 147. Körber 119. Anzi lich. lang. 521.
an Pappeln am Landgraben bei Carlsruhe (B.).

517. L. quercus. (Beltr.) Körber par. p. 385. Th. Fries in Flora 1866 p. 284.
    Campylacia quercus. Beltramini lich. bass. p. 250.
Exs. Körber 324.
an jungen Eichen am Jagdhaus bei Baden (B.).

518. L. amygdali. (Mass.) Zwackh enum. nro. 347. Körber par. p. 386. Anm.
    Campylacia amygdali. Massal. sched. p. 184.
Exs. Mass. lich. it. 351.
an der Rinde von Mandelbäumen bei Heidelberg (Zwackh enum.).

119. ARTHOPYRENIA. MASSAL.

519. A. grisea. (Schleicher). Körber syst. p. 369. par. p. 389. Müller lich. genev. p. 90. Th. Fries lich. arct. p. 272.
    Verrucaria epidermidis var. grisea. Schaerer enum. p. 220.
    Sagedia grisea.. Anzi cat. p. 107.
    Sagedia decipiens. Massal. misc. p. 30.
Exs. Rbh. 88.
an Birken bei Salem (Jack).

520. A. Zwackhii. Hepp lich. exs. sub Pyrenula.
    Arthopyrenia grisea. Massal. in litt. Zwackh enum. nro. 343.
    Pyrenula punctiformis var. grisea. Hepp in litt.
    Arthopyrenia megalospora. Lönnroth in Flora 1858 p. 684.?
Exs. Hepp 954. Zwackh 363.

an Haselnussstauden oberhalb des Geroldsauer Wasserfalls (B.); an Birken bei Ziegelhausen und in den Felsenmeeren des Königsstuhls bei Heidelberg, hier auch an glatter Ahornrinde (Zwackh enum.).

521. A. analepta. (Ach.) Massal. ricer. p. 165. sched. p. 113. Körber syst. p. 367. pp. par. p. 389. Arnold in Flora 1858 p. 552. 1861 p. 536. Krmplhbr. lich. Bayr. p. 250. Beltram. lich. bass. p. 237. Th. Fries lich. arct. p. 272. Zwackh enum. nro. 339.
Verrucaria analepta. Ach. syn. p. 88. Schaerer enum. p. 221. Rbhrst. Crypt. flor. p. 12.
Verrucaria epidermidis var. analepta. Fries lich. eur. p. 447. Nyland. prodr. p. 190. lich. Scand. p. 281.
Pyrenula punctiformis var. analepta. Hepp lich. exs.
Arthopyrenia punctiformis var. analepta. Anzi cat. p. 108. Müller lich. genev. p. 89.
Exs. Hepp 451. Körber 295. Zwackh 419. Schaerer 287.

an Weissdorn bei Hausach im Kinzigthal (v. Zwackh); an Sorbus Aria auf der Badener Höhe, und am Cäcilienberge bei Lichtenthal, an Betula pubescens auf dem Kaltenbrunn, an Erlen und Hainbuchen bei Carlsruhe und an Pappeln bei Daxlanden (B.); an Crataegus Mespilus und sonstigen Laubbäumen bei Heidelberg (Zwackh enum.).

522. A. stenospora. Körber par. p. 390. Th. Fries in Flora 1866 p. 453.
Arthopyrenia punctiformis. Autt. pp.
Exs. Zwackh 108. B. Hepp 454.

an der Rinde von Laubhölzern im Kinzigthal und bei Heidelberg (v. Zwackh).

523. A. fraxini. Massal. ricer. p. 167. sched. p. 162. Beltram. lich. bass. p. 233. Körber par. p. 390.
Pyrenula punctiformis γ. vera a fraxinea. Hepp lich. exs.
Arthopyrenia punctiformis c. fraxini. Anzi cat. p. 108.
Verrucaria punctiformis et epidermidis. Autt. pr. part.
Exs. Hepp 453. Rbh. 146.

an Eschen am Rhein bei Knielingen (B.).

524. A. cinereopruinosa. (Schaerer) 368. par. p. 391. Massal. symm. p. 117. Anzi cat. p. 108. Zwackh enum. nro. 341.
Verrucaria cinereopruinosa. Schaerer enum. p. 221. Rbhrst. Crypt. flor. p. 13.
Arthopyrenia punctiformis var. cinereopruinosa. Arnold in Flora 1858 p. 552. Krmplhbr. lich. Bayr. p. 251.
Pyrenula punctiformis var. cinereopruinosa. Hepp lich. exs.
Exs. Körber 355.

an verschiedenen Bäumen bei Kirchzarten (Sickenb.); an Silberpappeln und Eschen am Rhein bei Knielingen (B.).

a. Hederae. Hepp.

Exs. Hepp 105. exempl. sinist.

an Epheu bei Constanz (Stzbrgr.).

b. buxicola. Hepp.

Exs. Hepp 105. exempl. dextr. Rbh. 630. Crypt. helv. 73.

an Buxus sempervirens im Schlossgarten zu Heidelberg (Zwackh enum.).

β. pinicola. (Hepp) Zwackh enum. nro. 341. var.

Pyrenula cinereopruinosa var. pinicola. Hepp lich. exs.
Arthopyrenia pinicola. Massal. symm. p. 118. Beltram lich. bass. p. 236.

Exs. Hepp 106. Zwackh 420.

an Rothtannen am Mercur bei Baden (B.); an dünnen Zweigen von Pinus sylv. auf dem heiligen Berge bei Heidelberg und an Viburnum-Stämmchen bei Neuenheim (Zwackh enum.).

γ. galactina. Massal. symm. p. 117. sched. p. 118. Arnold in Flora 1860 p. 76. Zwackh enum. nro. 341. var.

Verrucaria cinereopruinosa var. galactites. Schaerer enum. p. 221. Rbhrst. Crypt. flor. p. 13.
Pyrenula punctiformis δ. cinereopruinosa c. galactites. Hepp lich. exs.
Arthopyrenia cinereopruinosa β. galactites. Anzi cat. p. 108. Müller lich. genev. p. 89.

Exs. Hepp 107. Arnold 103.

an Pappeln bei Constanz (Stzbrgr.); an Populus italica am Rhein bei Knielingen (B.); an Populus tremula auf dem Königsstuhl bei Heidelberg und an Populus italica bei Mannheim (Zwackh enum.).

525. A. microspila. Körber par. p. 392.

Pyrenula rhyponta. Hepp lich. exs.
Arthopyrenia rhyponta. Zwackh enum. nro. 345. Arnold lich. exs.

Exs. Hepp 449. Arnold 241.

auf dem thallus von Graphis scripta an Buchen im Albthale bei Ettlingen (B.); an Buchen, Eichen und Linden bei Heidelberg (Zwackh enum.).

526. A. cerasi. (Schrad.) Massal. ricer. p. 167. sched. p. 73. Körber syst. p. 369. par. p. 393. Arnold in Flora 1858 p. 552. Krmplhbr. lich. Bayr. p. 251. Beltram. lich. bass. p. 238. Anzi cat. p. 108. Müller lich. genev. p. 90. Zwackh enum. nro. 342.
>Verrucaria cerasi. Schrader syst. Samml. p. 174. Ach. lich. univ. p. 276.
>Verrucaria epidermidis var. cerasi. Ach. syn. p. 89. Fries lich. eur. p. 447. Schaerer enum. p. 220. Rbhrst. Crypt. flor. p. 12. Nyland. lich. Scand. p. 281.
>Pyrenula cerasi. Hepp lich. exs.

Exs. Hepp 457. Rbh. 145. Zwackh 106. Anzi lich. lang. 106.

häufig an glatter Rinde der Kirschbäume bei Müllheim, Freiburg, Baden, Carlsruhe, Durlach, Heidelberg u. a. a. Orten.

527. A. Persoonii. Massal. symm. p. 110. Körber par. p. 393. Beltram. lich. bass. p. 238. ff.
>Arthopyrenia punctiformis. Krmplhbr. lich. Bayr. p. 251. pp. Anzi cat. p. 108. pp. Zwackh enum. nro. 340.
>Arthopyrenia analepta. Körber syst. p. 367. pp.
>Pyrenula punctiformis. Hepp lich. exs. pp.

α. atomaría. (Ach.) Körber par. p. 393.
>Verrucaria punctiformis var. atomaria. Ach. syn. p. 87. Scaerer enum. p. 220. pp.
>Verrucaria atomaria. De Candolle flor. franç. II.· p. 313. Müller lich. genev. p. 89.
>Arthopyrenia punctiformis var. atomaria. Arnold in Flora 1858 p. 552. 1861 p..536. Krmplhbr. lich. Bayr. p. 251. Anzi cat. p. 108. Zwackh enum. nro. 340. var.
>Pyrenula punctiformis var. atomaria. Hepp lich. exs.
>Arthopyrenia. Persoonii var. punctiformis. Massal. sched. p. 141. symm. p. 112. Beltram. lich. bass. p. 238.

Exs. Hepp 456. Rbh. 629. Zwackh 216. Arnold 203.

an Eschen bei Constanz (Stzbrgr.); an Haselnussstauden bei Geroldsau; an Populus tremula im Gunzenbacher Thal bei Baden; an Eschen und Populus alba bei Knielingen, und an Populus italica am Rhein bei Daxlanden und im Durlacher Wald bei Carlsruhe (B.); an Castanien, Zitterpappeln und sonstigen Laubbäumen bei Heidelberg (Zwackh enum.).

β. lactea. (Ach.)·
>Verrucaria stigmatella var. lactea. Ach. lich. univ. p. 277.
>Verrucaria punctiformis var. lactea. Schaerer enum. p. 220. Rbhrst. Crypt. flor. p. 13.
>Arthopyrenia lactea. Massal. ricer. p. 168.

Arthopyrenia stigmatella var. lactea. Massal. symm. p. 119. sched. p. 117. Beltram. lich. bass. p. 234.
Arthopyrenia punctiformis var. lactea. Krmplhbr. lich. Bayr. p. 251. Anzi cat. p. 108. Müller lich. genev. p. 89.
Pyrenula punctiformis var. lactea. Hepp lich. exs.

Exs. Hepp 455. Rbh. 328. Crypt. helv. 272.

an Eschen am Rhein bei Knielingen (B.).

528. A. fumago. (Wallr.) Körber syst. p. 370. par. p. 394. Arnold in Flora 1858 p. 252. Krmplhbr. lich. Bayr. p. 252. Anzi neosymb. p. 16. Th. Fries lich. arct. p. 272. Zwackh enum. nro. 345.
Verrucaria fumago. Wallroth Crypt. flor. p. 298. Schaerer enum. p. 220. Rbhrst. Crypt. flor. p. 12.
Arthopyrenia rhyponta. Massal. ricer. p. 166.
Verrucaria rhyponta. Nyland. prodr. p. 191. pyrenocarp. p. 60. lich. Scand. p. 281.

Exs. Rbh. 229. (sub Arthop. rhyponta.) Körber 175. Zwackh 368. Anzi lich. lang. 471. lich. venet. 121.

an Pappeln im Schlossgarten zu Carlsruhe (B.), und im Schlossgarten zu Heidelberg, sowie an Nussbäumen bei Schlierbach (Zwackh enum.).

120. MICROTHELIA. KŒRBER.

529. M. micula. (Flotow). Körber syst. 373. par. p. 397. Arnold in Flora 1860 p. 77. Th. Fries lich. arct. p. 274. Anzi cat. p. 112. Zwack enum. nro. 348.
Verrucaria micula. Flotow in litt.
Tichothecium micula. Krmplhbr. lich. Bayr. p. 276.
Verrucaria biformis. Fries lich. eur. p. 446. Schaerer enum. p. 222. Rbhrst. Crypt. flor. p. 11.
Microthelia biformis. Massal. misc. p. 28. framm. p. 26.
Pyrenula biformis. Hepp lich. exs.
Verrucaria cinerella. Nyland. pyrenoc. p. 60. lich. Scand. p. 281. pp.

Exs. Hepp 108. Rbh. 391. Körber 89. Zwackh 37. 110.

an alten Linden im Schlossgarten zu Carlsruhe (B.), und im Schlossgarten zu Heidelberg (Zwackh. enum.).

530. M. adspersa. Körber lich. exs.

Exs. Körber 326.

an Castanienstrünken bei Sasbachwalden (B.).

531. M. atomaria. (Ach.) Körber syst. p. 373. par. p. 397. Massal. misc.
p. 28. Arnold lich. exs.
Lichen atomarius. Ach. prodr. p. 16.
Tichothecium atomarium. Krmplhbr. lich. Bayr. p. 299.
Verrucaria cinerella. Flotow in Zwackh exs.
Microthelia cinerella. Zwackh enum. nro. 349. Crypt.
bad. exs.
Pyrenula melanospora. Hepp lich. exs.
Exs. Crypt. bad. 843. Hepp 710. Körber 115. Zwackh 217. Arnold 147.
an Mispelbäumen bei Constanz (Stzbrgr.); an Crataegus und Mespilus bei Heidelberg (Zwackh enum.).

121. STRICKERIA. KŒRBER.

532. St. Kochii. Körber lich. exs. et par. par. p. 400. Arnold in Flora 1864 p. 314.
Exs. Crypt. bad. 844. Körber 264.
in den Ritzen der Robinia Pseudacacia bei Kirchzarten (Sickenb.), und bei Carlsruhe (B.).

Ser. II. LICHENES HOMOEOMERICI. WALLR.

Ordo. IV. LICHENES GELATINOSI. KŒRBER.

A. DISCOCARPI.

Fam. XIX. LECOTHECIEAE. KŒRBER.

122. LECOTHECIUM. TREVISAN.

533. L. corallinoides. (Hoffm.) Trevisan. Ann. delle. Sc. di Bot. III. p. 464. Körber syst. p. 398. par. p. 403. Th. Fries lich. arct. p. 285. Anzi cat. p. 8. Zwackh enum. nro. 374.
   Stereocaulon corallinoides. Hoffmann flor. germ. III. p. 129.
   Biatora corallinoides. Hepp lich. exs.
   Patellaria corallinoides. Müller lich. genev. p. 58.
   Lecidea triptophylla var. corallinoides. Schaerer enum. p. 99.
   Collema nigrum. Ach. lich. univ. p. 628. syn. p. 308.
   Lecothecium nigrum. Massal. ricer. p. 109.
   Placynthium nigrum. Massal. mem. p. 118. sched. p. 185. Arnold in Flora 1858 p. 95. 1862 p. 381. Krmplhbr. lich. Bayr. p. 102. Beltram. lich. bass. p. 35.
   Pannaria nigra. Nyland. lich. Scand. p. 126.

Exs. Crypt. bad. 841. Hepp 9. Rbh. 110. Schaerer 226. Crypt. helv. 175.

an Ufermauern bei Meersburg und an Steinen bei Heiligenberg (Jack); an einer Mauer bei Constanz (Stzbrgr.); an Kalk- und Sandsteinfelsen bei Schaffhausen (Schenk); auf Schutt von weissem Jurakalk bei Emmingen ab Egg (Stzbrgr.); an Kalksteinen am Buchberg bei Donauöschingen (B.); bei Freiburg (de Bary), und am Kaiserstuhl (Spenner); auf Muschelkalk in einem Steinbruche zwischen Lahr und Heiligenzell (B.);

an freiliegenden Kalksteinen auf dem Thurmberge und an Sandsteinen in dem Steinbruche Eisenhafen bei Durlach (B.); an Mauern und auf Sandstein bei Heidelberg (Zwackh enum.).

534. L. tremniacum. (Mass.) Körber parerg. p. 404. Anzi lich. ven. exs. Racoblenna tremniaca. Massal. mem. p. 134. Arnold in Flora 1858 p. 94. Krmplhbr. lich. Bayr. p. 101.
Exs. Anzi lich. venet. 15.
steril an Sandsteinblöcken auf der Badener Höhe. (B.).

Fam. XX. MYRIANGIEAE. NYLANDER.

123. ATICHIA. FLOTOW.

535. A. Mesigii. Flotow. Körber syst. p. 425. par. p. 407.
Collema glomerulosum. Ach. lich. univ. p. 641. syn. p. 518.
var. minor. Millardet. Arnold lich. exs.
Hyphodictyon lichenoides. Millardet actes de la societé helvet. des sc. nat. 1866.
Exs. Rbh. 828. Arnold 338.
auf den Nadeln von Weisstannen bei Freiburg (Millardet); in den Wäldern am Mercur bei Baden und auf der Seelache bei Lichtenthal, sowie in den Anlagen vor dem Ludwigsthore bei Carlsruhe (B.).

Fam. XXI. COLLEMEAE. FRIES.

124. PHYSMA. MASSAL.

536. Ph. compactum. (Ach.) Massal. neag. p. 6. misc. p. 21. Arnold in Flora 1858 p. 93. 1867 p. 119. Krmplhbr. lich. Bayr. p. 101. Anzi cat. p. 2. Müller lich. genev. p. 84. Körber par. p. 408. Zwackh enum. nro. 365.
Collema compactum. Ach. syn. p. 313. pp.
Lempholemma compactum. Körber syst. p. 401.
Collema chalazanum. Ach. lich. univ. p. 630. et syn. p. 309. pr. part. Nyland. syn. p. 104. et lich. Scand. p. 28. pr. part.
Exs. Hepp 661. Rbh. 358. Körber 120. 180. Zwackh 164. pp. Anzi lich. venet. 7.

über Moosen am Jsteiner Klotz (de Bary); bei Güntersthal unweit Freiburg (Alexis Millardet), am Haarlasse bei Heidelberg und bei Handschuchsheim (Zwackh enum.).

537. Ph. chalazanum. (Ach.) Arnold in Flora 1867 p. 119.
    Collema chalazanum. Ach. lich. univ. p. 630. et syn. p. 309. pr. part. Nyland syn. p. 104. et lich. Scand. p. 28, pr. part.
    Physma franconicum. Massal. misc. p. 21. Arnold in Flora 1858 p. 94. Krmplhbr. lich. Bayr. p. 100. Müller lich. genev. p. 84.
    Physma compactum var. franconicum. Zwackh enum. nro. 365. var.
    Exs. Hepp 662. Zwackh 164 pp Anzi lich. venet. 8.

auf Erde alter Mauern in Neuenheim und am Haarlasse bei Heidelberg (Zwackh enum.).

538. Ph. Mülleri. Hepp in litt. Müller lich. genev. p. 84. Arnold in Flora 1867 p. 119.
    Exs. Crypt. bad. 661. Hepp 933. Rbh. 701.

steril auf nassen Moosen sitzend an Felsblöcken im Rheine bei Laufenburg (Leiner).

125. COLLEMA. HOFFMANN.

539. C. byssinum. Hoffmann flor. germ. III. p. 105. Körber par. p. 410.
    Leptogium byssinum. Nyland. syn. p. 120. Arnold in Flora 1864 p. 593. Th. Fries in Flora 1866 p. 453. Zwackh enum. nro. 370.
    Collema cheileum β. byssinum. Körber syst. p. 403.
    Exs. Zwackh 174. Arnold 337.

auf Lehmboden bei Lauf (B.); auf Erde bei Schlierbach (Millardet); bei Handschuchsheim und am Rande des Friesenwegs bei Heidelberg (Zwackh enum.).

540. C. quadratum. Lahm in litt. Körber par. p. 411. Arnold in Flora 1864 p. 314. 1867 p. 130 et p. 561. Nyland suppl. p. 105. Zwackh enum. nro. 359.
    Psorotichia furfurea. Körber olim in litt.
    Exs. Körber 269. Zwackh 412.

an der Rinde alter Buchen auf dem Königsstuhle bei Heidelberg (Zwackh enum.).

541. C. microphyllum. Ach. lich. univ. p. 630. syn. p. 310. Massal. mem. p. 83. sched. p. 111. Körber syst. p. 406. par. p. 412. Anzi cat. p. 3. Krmplhbr. lich. Bayr. p. 96. Th. Fries lich. arct. p. 279. Beltram. lich. bass. p. 23. Arnold in Flora 1867 p. 130 et p. 561. Zwackh. enum. nro. 358.
    Collema nigrescens δ. microphyllum. Schaerer euum. p. 252.
    Collema fasciculare c. microphyllum. Rbhrst. Crypt. flor. p. 50.
    Exs. Hepp 214. Rbh. 416. Körber 210. Zwackh 168. 220.

an einer alten Weide bei Carlsruhe (Al. Braun); an der Rinde alter Nussbäume bei Durlach (B.), und bei Heidelberg (Zwackh enum.).

542. C. cheileum. Ach. lich. univ. p. 630. syn. p. 310. Massal. mem. p. 81. Körber syst. p. 402. (excl. var. β.) par. p. 412. (excl. var. β.) Arnold in Flora 1858 p. 86. 1867 p. 133. Krmplhbr. lich. Bayr. p. 95. Nyland. prodr. p. 22. syn. p. 111. lich. Scand. p. 31. Anzi cat. p. 2. manip. p. 2. Müller lich. genev. p. 86. Zwackh enum. nro. 353.
    Collema cheileum form. furfuraceum. Schaerer enum. p. 257.
    Exs. Hepp 923. Zwackh 157. Anzi lich. etrur. 1.

auf Kalkmauern bei Badenweiler (B.); auf Löss am Kaiserstuhl (de Bary); auf Erde am Haarlasse bei Heidelberg (Bischoff in herb. Seubert); auf alten Mauern bei Handschuchsheim, Neuenheim und Rohrbach (Zwackh enum.).

    β. nudum. Schaerer l. c. Zwackh enum. nro. 353. var.
    Collema cheileum b. macrophyllinum. Arnold in Flora 1867 p. 133.
    Collema cheileum β. platyphyllum. Nyland. syn. p. 111.
    Collema cristatum β. lobulatum. Flotow. Körber par. p. 416.
    Exs. Zwackh 158.

auf Steinen an einer Quelle auf dem Heidelberger Schlosse (Al. Braun 1824); an feuchten Mauern und Steinen auf dem Schlosse und im Schlossgraben, sowie in einem Garten gegen den neuen Kirchhof bei Heidelberg (Zwackh enum.).

543. C. glaucescens. Hoffmann flor. germ. III. p. 100. Körber syst. p. 403. par. p. 413. Krmplhbr. lich. Bayr. p. 94. Anzi cat. p. 2. Arnold in Flora 1867 p. 132.
    Collema limosum. Ach. lich. univ. p. 629. syn. p. 309. Nyland. syn. p. 110. pp. lich. Scand. p. 30. pp. Arnold in Flora 1861 p. 257. Zwackh enum. nro. 356.
    Exs. Körber 238. Arnold 155. Anzi lich. lang. 2.

auf Löss in einem Hohlwege zwischen Neuenheim und Handschuchsheim (Zwackh enum.).

544. C. multiflorum. (Schaer.) Hepp lich. exs. Arnold in Flora 1858 p. 87. 1861 p. 436. 1867 p. 132. Krmplhbr. lich. Bayr. 94. Müller lich. genev. p. 87. Anzi lich. lang. exs. Zwackh enum. nro. 355.
Collema tenax β. multiflora. Schaerer spicil. p. 538.
Collema tenax. Körber syst. p. 404. par. p. 413
Collema limossum. Nyland. syn. p. 110. pp.

Exs. Hepp 87. Rbh. 588. Zwackh 162. 411. Anzi lich. lang. 3.

an Mauern bei Constanz (Stzbrgr.); auf Kalksteinen bei Bonndorf (Mozer); auf Kalk am Schönberg bei Freiburg (Sickenb.); auf Kalktuff im Schlossgarten zu Carlsruhe (B.); auf sandiger Erde bei Wolfartsweier (B.); auf Lössboden bei Weingarten (Seubert); auf Erde alter Mauern um Heidelberg (Zwackh enum.).

β. palmatum. Hepp lich. exs. Arnold in Flora 1861 p. 257 et p. 436. 1867 p. 132. Müller lich. genev. p. 87. Zwackh enum. nro. 355. var.
Collema tenax var. coronatum. Körber par. p. 413.

Exs. Hepp 88. Zwackh 376.

auf Erde am Fusse des dicken Thurmes auf dem Schlosse zu Heidelberg (Zwackh enum.).

545. C. pulposum. (Bernh. sub Lichen.) Ach. lich. univ. p. 632. syn. p. 311. Schaerer enum. p. 258. pp. Massal. mem. p. 81. sched. p. 180. Körber syst. p. 404. pp. par. p. 413. pp. Arnold in Flora 1858 p. 87. 1867 p. 130. Krmplhbr. lich. Bayr. p. 94. Beltram. lich. bass. p. 22. Anzi cat. p. 2. Th. Fries lich. arct. p. 277. Nyland. syn. p. 109. lich. Scand. p. 30. Müller lich. genev. p. 87. Zwackh enum. nro. 354.

Exs. Hepp 417. Arnold 154. Zwackh. 160. 161. 163. 165. Anzi lich. lang. 497 a. lich. venet. 12.

auf alten Mauern bei Constanz (Stzbrgr.); auf Löss am Schutterlindenberg bei Lahr und auf dem Thurmberge bei Durlach (B.), und bei Weingarten (Seubert); auf lehmigem Boden und auf Erde alter Mauern bei Neuenheim, Handschuchsheim und Schriesheim (Zwackh enum.).

β. granulatum. (Swartz). Körber syst. p. 405. par. p. 414. Anzi cat. p. 2. Krmplhbr. lich. Bayr. p. 94. Arnold in Flora 1861 p. 257. Zwackh enum. nro. 354. var.

Exs. Hepp 418. Rbh. 72. Körber 91. Anzi lich. lang. 497 b.

auf Erde alter Weinbergsmauern ober der Strasse nach Neuenheim (Zwackh enum.).

γ. crispum. (Ach.) Zwackh enum. nro. 354. var.

Exs. Zwackh 159.

auf alten Mauern in Rohrbach und an der Kirchhofmauer von St. Peter in Heidelberg (Zwackh enum.).

546. C. turgidum. Ach. lich. univ. p. 634. syn. p. 313. Schaerer enum. p. 258. Hepp lich. exs. Krmplhbr. lich. Bayr. p. 94. Körber par. p. 415. Anzi manip. p. 3. Arnold in Flora 1867 p. 131. Zwackh enum. nro. 252.

Exs. Hepp 215.

an Jurakalkfelsen bei Efringen (Al. Braun); auf Erde am Schlossberg bei Freiburg (Sickenb.); auf dünner Erdschichte an den Felsen im Neckar am Haarlasse bei Heidelberg (Zwackh enum.).

547. C. plicatile. Ach. lich. univ. p. 635. syn. p. 314. Schaerer enum. p. 258. Körber syst. p. 409. par. p. 415. Arnold in Flora 1858 p. 88. 1859 p. 145. 1867 p. 132. Krmplhbr. lich. Bayr. p. 93. Nyland syn. p. 109. lich. Scand. p. 30. Beltram. lich. bass. p. 21. Anzi cat. p. 3. Müller lich. genev. p. 86. Zwackh enum. nro. 351.

Exs. Hepp 86. 920. Rbh. 678. Körber 177. (mixt. cum Thyrea pulvinata.) Zwackh 156. Arnold 61. Crypt. helv. 273.

an alten Mauern bei Constanz (Stzbrgr.); an Granitfelsen im Neckar am Haarlasse bei Heidelberg (Zwackh enum.).

548. C. cataclystum. Körber syst. p. 411. par. p. 416.
Collema plicatile var. fluctuans. Krmplhbr. lich. Bayr. p. 93. Zwackh enum. nro. 351. var.

an Granitblöcken des Neckars bei Heidelberg (Dr. Ahles); an einem Granitfelsen im Neckar bei Heidelberg in einer fast stets mit Wasser angefüllten Aushöhlung (Zwackh enum.).

549. C. cristatum. (L. sub Lichen.) Hoffmann flor. germ. p. 101. Schaerer enum. p. 255. Rbhrst. Crypt flor. p. 51. Massal. mem. p. 84. sched. p. 179. Körber syst. p. 408. par. p. 416. Arnold in Flora 1858 p. 89. 1867 p. 134. Krmplhbr. lich. Bayr. p. 91. Beltram. lich. bass. p. 18. Th. Fries lich. arct. p. 278. Anzi cat. p. 3. Müller lich. genev. p. 85.

Exs. Hepp 213. Rbh. 252.

an Kalkfelsen bei Donauöschingen (B.).

550. C. furvum. Ach. syn. p. 323. Massal. mem. p. 85. Körber syst. p. 406 par. p. 416. Krmplhbr. lich. Bayr. p. 91. Beltram. lich. bass. p. 20. Nyland. syn. p. 107. lich. Scand. p. 29. suppl. p. 105. Th. Fries lich. arct. p. 278. Anzi cat. p. 3. Müller lich. genev. p. 86.
Exs. Hepp 414.
auf nassen Felsen an der Stiftsmühle bei Heidelberg (Bischoff in herb. Seubert); am Haarlasse daselbst (Millardet).

β. truncicolum. Stzbrgr.
Exs. Rbh. 126.
an Bäumen bei Constanz (Stzbrgr.).

551. C. multifidum. (Scopoli fl. carn. sub Lichen.) Schaerer enum. p. 254. Rbhrst. Crypt. flor. p..51. Massal. mem. p. 409. Körber syst. p. 409. par. p. 417. Arnold in Flora 1858 p. 88. 1867 134. Krmplhbr. lich. Bayr. p. 90. Anzi cat. p. 3. Müller lich. genev. p. 85.
Collema melaenum. Ach. lich. univ. p. 636. syn. p. 315. Nyland. syn. p. 108. lich. Scand. p. 29. Th. Fries lich. arct. p. 277. Zwackh enum. nro. 350.

α. complicatum. (Schleicher.) Schaerer enum. p. 255.
Exs. Hepp 917. Zwackh 155. Anzi lich. lang. 291.
auf Jurakalk am Isteiner Klotz (B.); auf Gneiss am Schlossberg bei Freiburg (Sickenb.); auf Sandstein einer Mauer über der Ultramarinfabrik bei Heidelberg (Dr. Carl Schimper), und an Granitfelsen am Haarlasse bei Heidelberg (Zwackh enum.).

b. papulosum. Schaerer l. c.
Exs. Crypt. bad. 138.
an Mauern des alten Schlosses auf dem Thurmberge bei Durlach (B.).

β. marginale. (Huds.) Schaerer l. c.
Exs. Rbh. 226. Zwackh 154. Anzi lich. venet. 13.
auf Kalk an der Thalcapelle bei Engen (Stzbrgr.); und an Muschelkalk auf dem Buchberge bei Donauöschingen (B.).

552. C. granosum. (Wulfen sub Lichen.) Schaerer enum. p. 253. Rbhrst. Crypt. flor. p. 53. Massal. mem. p. 85. sched. p. 126. Körber syst. p. 407. par. p. 417. Arnold in Flora 1858 p. 88. 1867 p. 133. Krmplhbr. lich. Bayr. p. 91. Beltram. lich. bass. p. 20. Anzi cat. p. 3. Müller lich. genev. p. 87. Zwackh enum. nro. 357.
Collema auriculatum. Nyland. syn. p. 106.
Exs. Hepp 648. 649. Rbh. 354. 556. Körber 178. Zwackh 170.

auf Moospolstern im Schwarzwalde (Spenner); auf dem Blauen, bei Badenweiler und bei Müllheim (B.); am Kybfelsen bei Freiburg (de Bary); an einer feuchten Granitwand bei Schlierbach, hier steril (Zwackh enum.).

β. membranaceum. Krmplbbr. lich. Bayr. p. 92. Arnold in Flora 1867 p. 133. Zwackh enum. sub nro. 357.

Exs. Körber 179. Zwackh 169.

über Moosen bei Schlierbach (Zwackh enum.).

553. C. abbreviatum. (Flotow.) Arnold in Flora 1867 p. 134.

Collema flaccidum β. abbreviatum. Flotow in litt. ad Schaerer. Hepp lich. exs.
Synechoblastus flaccidus β. abbreviatus. Körber syst. p. 413.
Synechoblastus abbreviatus. Zwackh enum. nro. 363.
Collema rupestre β. furvum form. papulosum et furfuraceum. Schaerer enum. p. 253.
Collema flaccidum var. nigrogranulatum. Nyland. syn. p. 107.

Exs. Hepp 925. Zwackh 221. Arnold 336.

an Felsen und Mauern bei Heidelberg; cum. apoth. am Haarlasse und am Stiftsweinberge (Zwackh enum.).

126. LETHAGRIUM. MASSAL.

554. L. flaccidum. (Ach.) Arnold in Flora 1867 p. 135.

Collema flaccidum. Ach. syn. p. 322. Nyland. syn. p. 107. lich. Scand. p. 29. suppl. p. 105.
Collema rupestre α. flaccidum. Schaerer enum. p. 252.
Synechoblastus flaccidus. Körber syst. p. 413. par. p. 419. Th. Fries lich. arct. p. 281. Anzi cat. p. 4. Müller lich. genev. p. 85. Zwackh enum. nro. 362.
Lethagrium rupestre. Massal. mem. p. 92. sched. p. 119. Arnold in Flora 1858 p. 90. Krmplbbr. lich. Bayr. p. 96. Beltram. lich. bass. p. 26.

a. corticolum.

Exs. Hepp 651. Zwackh 166 C.

an Bäumen bei Müllheim (Vulpius im J. 1796); an Nussbäumen bei Hechtsberg im Kinzigthal (v. Zwackh); an verschiedenen Bäumen bei Lichtenthal und Wolfartsweier (B.), sowie bei Heidelberg (Zwackh enum.).

b. saxicolum.

Exs. Crypt. bad. 441. Rbh. 129. 612. Körber 239. Zwackh 166 A. B.
an Gneiss, Granit, Porphyr und Sandsteinfelsen bei Constanz
und Bodmann am Bodensee (Stzbrgr.); im Werrathal (Leiner),
am Schlossberg bei Freiburg (Al. Braun); im Höllenthal (Thiry);
am Schlosse Hohengeroldseck (B.); bei Baden (Al. Braun);
bei Gernsbach, Ettlingen und Wolfartsweier (B.), und bei
Heidelberg (Zwackh enum.).

555. **L. conglomeratum.** (Hoffm.) Krmplhbr. lich. Bayr. p. 97. Beltram.
lich. bass. p. 27. Arnold in Flora 1867 p. 135.
Collema conglomeratum. Hoffmann flor. germ. III. p. 102.
Massal. mem. p. 83. Nyland. syn. p. 115. Hepp lich. exs.
Collema nigrescens var. conglomeratum. Schaerer enum.
p. 252.
Synechoblastus conglomeratus. Körber syst. p. 412. par.
p. 418. Anzi cat. p. 4. Müller lich. genev. p. 85. Zwackh
enum. nro. 364.

Exs. Hepp 650. Zwackh 167.

an Weidenstämmen bei Constanz (Stzbrgr.); an Nuss- und
Birnbäumen bei Heidelberg (Zwackh enum.).

127. SYNECHOBLASTUS. TREVISAN.

556. **S. nigrescens.** (Ach.) Anzi cat. p. 4. Th. Fries lich. arct. p. 280.
Arnold in Flora 1867 p. 136. Zwackh enum. nro. 360.
Collema nigrescens. Ach. lich. univ. p. 646. syn. p. 321.
Nyland. syn. p. 114. lich. Scand. p. 31. suppl. p. 105.
Lethagrium nigrescens. Massal. mem. p. 92. sched. p. 65.
Arnold in Flora 1858 p. 90. Beltram. lich. bass. p. 26.
Collema vespertilio. Hoffmann flor. germ. III. p. 98.
Collema nigrescens α. vespertilio. Schaerer enum. p. 252.
Synechoblastus vespertilio. Trevisan. Körber syst. p. 414
par. p. 419. Müller lich. genev. p. 85.
Lethagrium vespertilio. Krmplhbr. lich. Bayr. p. 96.

Exs. Hepp 216. Rbh. 158. Körber 149. Zwackh 219. Crypt. helv. 275.

an alten Bäumen an der Wagensteige oberhalb des Höllenthals (Thiry); an Ahorn auf dem Kaltenbrunn c. fruct. (B.);
an Castanienbäumen bei Handschuchsheim und an Rosscastanien
im Hofgarten zu Heidelberg steril (Zwackh enum.).

β. **thysanoeus.** (Ach.) Hepp.
> Collema thysanoeum. Ach. lich. univ. p. 651. syst. p. 323.
> Collema nigrescens α. furfuraceum et β. fasciculare. Schaerer enum. p. 252. pp.
> Lethagrium fasciculare. Massal. mem. p. 92.

Exs. Hepp 932.
an der Rinde alter Nussbäume bei Constanz (Stzbrgr.).

557. S. aggregatus. (Ach.) Th. Fries lich. arct. p. 280. Körber par. p. 419. Arnold in Flora 1867 p. 136.
> Collema fasciculare β. aggregatum. Ach. lich. univ. p. 640. syn. p. 317.
> Collema aggregatum. Nyland. syn. p. 115. lich. Scand. p. 31.
> Lethagrium ascaridiosporum. Massal. mem. p. 93. Krmplhbr. lich. Bayr. p. 97.
> Synechoblastus ascaridiosporus. Zwackh enum. nro. 361.
> Synechoblastus labyrinthicus. Anzi cat. p. 5.

Exs. Arnold 184. Anzi lich. lang. 8.
an Nussbäumen bei Meersburg (Stzbrgr.); an Weisstannen auf dem Schauinsland (Al. Braun); an alten Buchen in der Nähe des Kohlhofs bei Heidelberg (Dr. Carl Schimper, Zwackh enum.).

128. LEPTOGIUM. FRIES.

558. L. tremelloides. (L. sub Lichen.) Fries flor. scan. p. 293. Massal. mem. p. 87. Nyland. syn. p. 124. lich. Scand. p. 35. suppl. p. 105. Anzi cat. p. 6. Arnold in Flora 1867 p. 120. Crypt. bad. exs.
> Collema tremelloides b. cyanescens. Ach. syn. 326.
> Collema cyanescens. Schaerer enum. p. 250. Rbh. Crypt. flor. p. 50.
> Leptogium cyanescens. Massal. sched. p. 127. Körber syst. p. 420. par. p. 422. Beltram. lich. bass. p. 30. Krmplhbr. lich. Bayr. p. 98.

Exs. Crypt. bad. 842. Rbh. 644. Körber 240. Th. Fries 50. Anzi lang. 10.
an Felsen und auf Waldboden bei Müllheim (Vulpius 1796), und im Kappler Thal bei Freiburg (de Bary).

559. L. lacerum. (Swartz sub Lichen.) Fries flor. scan. p. 293. Körber syst. p. 417. par. p. 422. Arnold in Flora 1858 p. 91. 1867 p. 121. Nyland. syn. p. 122. lich. Scand. p. 33. Th. Fries lich. arct. p. 282. Anzi cat. p. 6. Müller lich. genev. p. 83. Zwackh enum. nro. 367.

Collema lacerum. Ach. lich. univ. p. 657. syn. p. 327.
Collema atrocoeruleum. Schaerer enum. p. 248. Rbhrst.
Crypt. flor. p. 49.
Leptogium atrocoeruleum. Massal. mem. p. 97. Krmplhbr.
lich. Bayr. p. 97. Beltram. lich. bass. p. 29.

α. majus. Körber.

Exs. Crypt. bad. 38. Rbh. 127. 710. Zwackh 172. Arnold 294. (dextr.)
Anzi lich. lang. 11.

an Waldbäumen bei Salem (Jack); über Moosen am Blauen (Al. Braun); auf dem Schlossberg bei Freiburg (Spenner); am Schönberg bei Freiburg (Thiry); an Baumstämmen bei Haslach im Kinzigthal (v. Zwackh); auf Moos an Felsen an der Yburg bei Baden und am Geroldsauer Wasserfall (B.); an Sandsteinfelsen bei Ettlingen (B.); an feuchten Steinen bei Wolfartsweier (Al. Braun); über Moos bei Heidelberg (Zwackh enum.).

b. fimbriatum. Hoffm.

Exs. Hepp 928. Rbh. 74.

auf Moos im Donauthale (Stzbrgr.); am Haarlasse und im Schlossgarten zu Heidelberg (Zwackh enum.).

β. pulvinatum. Ach.

Exs. Hepp 929.

auf Moosen an der Schlossgartenmauer zu Carlsruhe (Al. Braun 1845. B. 1867).

γ. filiforme. Arnold in Flora 1867 p. 121.

Leptogium lacerum var. tenuissimum. Zwackh enum. nro. 367 var.

Exs. Zwackh 173. Arnold 296.

an lehmigen kurzbegrasten Stellen bei Handschuchsheim am Westabhange des heiligen Berges (Zwackh enum.), und auf lockerem Sandboden im Föhrenwalde zwischen Friedrichsfeld und Schwetzingen (Arnold 1849).

δ. lophaeum. Ach.

Exs. Rbh. 590. 711.

steril auf Mauern bei Ziegelhausen und in der Hirschgasse zu Heidelberg (Zwackh enum.).

560. L. scotinum. (Ach.) Fries flor. scan. p. 293. Nyland. syn. p. 123. lich. Scand. p. 34. Th. Fries lich. arct. p. 283. Krmplhbr. lich. Bayr. p. 98. Müller lich. genev. p. 83. Zwackh enum. nro. 368.
Collema scotinum b. sinuatum. Ach. syn. p. 324.
Lichen sinuatus. Hudson. fl. angl. p. 506.
Collema sinuatum. Schaerer enum. p. 250. Rbh. Crypt. flor. p. 49. Hepp lich. exs.
Leptogium sinuatum. Massal. mem. p. 88. Körber (α.) syst. p. 418. par. p. 422. Arnold in Flora 1858 p. 91. 1867 p. 120. Anzi cat. p. 6.

Exs. Hepp 653. Zwackh 171. Arnold 294. (sin.).

über Moosen bei Freiburg auf dem St. Lorettoberg (Spenner); am Schlossberg (de Bary); am Schlosse Hohengeroldseck und in einem Kalksteinbruche bei Lahr (B.); am Haarlasse, über der Ultramarinfabrik bei Heidelberg, sowie bei Handschuchsheim (Zwackh enum.).

561. L. minutissimum. (Flck.) Fries S. V. Scand. p. 122. Massal. mem. p. 86. Arnold in Flora 1858 p. 92. 1867 p. 121. 1868 p. 250. Anzi cat. p. 6. Körber par. p. 423. Zwackh enum. nro. 369. Collema minutissimum. Schaerer enum. p. 251.

a. intermedium. Arnold in Flora 1867 p. 122.

Exs. Hepp 212. Rbh. 125. Anzi lich. lang. 411.

auf Lehmboden bei Lauf unweit Achern (B.); an Lösswänden zwischen Rothenfels und Malsch (Al. Braun 1833).

b. plumbeum. Zwackh lich. exs. Arnold l. c.

Exs. Rbh. 589. Zwackh 365.

auf Waldboden hinter der Seelache bei Lichtenthal (B.).

c. subtile. Nyland. syn. p. 121. Arnold l. c.

Exs. Hepp 413. Zwackh 175 A. B.

am Grunde von Nussbäumen im Kinzigthal (v. Zwackh); an kurzgrasigen Abhängen und Wegrändern bei Handschuchsheim, und über dem Schlosse zu Heidelberg, auch im dortigen Schlossgraben an der feuchten Wand des Rothtodtliegenden und an Epheustämmen (Zwackh enum.).

562. L. subtile. (Schrader sub Lichen.) Krmplhbr. lich. Bayr. p. 99. Anzi manip. p. 3. Müller lich. genev. p. 83. Körber par. p. 424. Arnold in Flora 1867 p. 122.

Collema subtile. Hoffmann flor. germ. p. 105. Schaerer
enum. p. 250. Hepp lich. exs. Arnold in Flora 1858 p. 87.
Leptogium pusillum. var. effusum Nyland. syn. p. 121.
E x s. Körber 60. Zwackh 175 b.
an Mauern bei Güntersthal und Freiburg (Millardet); auf
Erde bei Neuenheim und Handschuchsheim (Zwackh enum.).

129. MALLOTIUM. FLOTOW.

563. M. tomentosum. (Hoffm.) Körber syst. p. 416. par. p. 425. Arnold
in Flora 1858 p. 90. Muller lich. genev. p. 84.
Collema tomentosum. Hoffmann flor. germ. III. p 99.
Collema myochroum var. tomentosum. Schaerer enum. p.
256. Rbh. Crypt. flor. p. 52.
Collema saturninum. Ach. lich. univ. p. 644. syn. p. 320.
Mallotium myochroum. Massal. mem. p. 96. Krmplhbr.
lich. Bayr. p. 97. Beltram. lich. bass. p. 25. Arnold in Flora
1867 p. 129.
Leptogium saturninum. Nyland. prodr. p. 26. syn. p. 127.
lich. Scand. p. 35. suppl. p. 105. Th. Fries lich. arct. p. 282.
Anzi cat. p. 5. Zwackh enum. nro. 366.
E x s. Hepp 652. Rbh. 221. 611. Anzi lich. lang. 9. 292.
an alten Baumstämmen bei Salem (Jack); an Nussbäumen bei
Müllheim (B.); an Bäumen im Schwarzwalde (Spenner), und
im Wilhelmsthale am Feldberg (Al. Braun); an Nussbäumen
bei Güntersthal und Horben (de Bary); mit Apothecien am
Schönhofe bei Freiburg an Eschen (de Bary); steril an Nussbäumen im Kinzigthal (v. Zwackh); mit Früchten an Nussbäumen bei Baden (B.); steril an Nussbäumen bei Handschuchsheim und am Wolfsbrunnen bei Heidelberg (Zwackh
enum.).

130. POLYCHIDIUM. (Ach.) MASSAL.

564. P. muscicolum. (Swartz sub Lichen.) Massal. mem. p. 89. Körber
syst. p. 421. par. p. 428. Krmplhbr. lich. Bayr. p. 99. Th.
Fries lich. arct. p. 284. Anzi cat. p. 6. Müller lich. genev.
p. 82. Arnold in Flora 1867 p. 120.
Collema muscicola. Ach. lich. univ. p. 660. syn. p. 329.
Schaerer enum. p. 248.
Leptogium muscicola. Fries flor. scan. p. 293. Nyland.
syn. p. 134. lich. Scand. p. 36. suppl. p. 106.

Garovaglia muscicola. Trevisan.
Exs. Zwackh 176. Anzi lich. lang. 12.

an Felsen über Moosen am Titisee (de Bary); bei Hausach im Kinzigthale (v. Zwackh); bei Lichtenthal (B.); bei Forbach im Murgthale (Al. Braun), und am Fusse des Schlosses Eberstein im Murgthale (B.); an sämmtlichen Stellen fructificirend.

Fam. XXII. OMPHALARIEAE. MASSAL.

131. SYNALISSA. FRIES.

565. S. ramulosa. Fries syst. orb. veg. p. 297. Massal. in Flora 1856 p. 212. Körber syst. p. 423. par. p. 428. Arnold in Flora 1858 p. 93. Anzi cat. p. 1.
Collema ramulosum. Hoffmann flor. germ. III. p. 161.
Parmelia synalissa. Ach. meth. p. 248.
Collema synalissum. Ach. lich. univ. p. 640. syn. p. 317.
Enchylium synalissum. Massal. mem. p. 94.
Collema stygium *f.* incisum. Schaerer enum. p. 260. Rbhrst. Crypt. flor. p. 54.
Synalissa Acharii. Trevisan. caratt. di Collemac. Hepp lich. exs. Krmplhbr. lich. Bayr. p. 100.
Collema symphoreum. De Candolle flor. franç. II. p. 382.
Synalissa symphorea. Nyland. syn. p. 94. lich. Scand. p. 27.

Exs. Hepp 89. Zwackh 366. Anzi lich. venet. 6.

auf Jurakalk bei Efringen (Al. Braun), und am Isteiner Klotz (de Bary).

132. THYREA. MASSAL.

566. Th. pulvinata. (Schaer.) Massal. in Flora 1856 p. 211. Arnold in Flora 1858 p. 92. 1867 p. 136. Krmplhbr. lich. Bayr. p. 99. Körber par. p. 430.
Collema stygium var. pulvinatum. Schaerer enum. p. 260.
Omphalaria pulvinata. Nyland. syn. p. 99. Anzi cat. p. 2.
Th. Fries in Flora 1866 p. 156.

Exs. Hepp 658. Rbh. 71. Arnold 220. Anzi lich. lang. 290. lich. venet. 5.

auf Jurakalk am Isteiner Klotz und an den umherliegenden Jurakalkfelsen (de Bary).

567. Th. decipiens. Massal. in Flora 1856 p. 211. Arnold in Flora 1858 p. 92. Krmplhbr. lich. Bayr. p. 99. Körber par. p. 431.
Collema decipiens. Nyland. syn. p. 102.
Omphalaria decipiens. Massal. framm. p. 14. symm. p. 61. Anzi symb. p. 4. Hepp lich. exs. Th. Fries in Flora 1866 p. 264.

Exs. Hepp 657. Arnold 158. Anzi lich. venet. 2.

an einem Jurakalkfelsen bei Kleinkems (de Bary).

133. PLECTOPSORA. MASSAL.

568. P. botryosa. Massal. in litt. ad Arnold. Körber par. p. 432. Arnold lich. exs.
Arnoldia botryosa. Massal. misc. p. 20. Arnold in Flora 1858 p. 93. Krmplhbr. lich. Bayr. p. 99.
Omphalaria botryosa. Nyland. syn. p. 101. Müller lich. genev. p. 82. Anzi manip. p. 2.
Collema convolutum. Körber olim in lich. exs.

Exs. Hepp 930. Rbh. 519. Körber 148. Zwackh. 382. Arnold 31. Anzi lich. lang. 309.

auf Gneiss am Schlossberg bei Freiburg aber bloss mit Spermogonien (Millardet).

Fam. XXIII. PSOROTICHIEAE. KŒRBER.

134. PSOROTICHIA. MASSAL.

569. Ps. Rehmii. (Massal.) Körber par. p. 435.
Psorotichia Rehmica. Massal. misc. p. 23. Krmplhbr. lich. Bayr. p. 100. Anzi lich. venet. exs. Zwackh enum. nro. 372.

Exs. Zwackh 250. Anzi lich. venet. 16.

auf einer alten Gartenmauer bei Neuenheim gegen den Mönchshof bei Heidelberg (Zwackh enum.).

B. PYRENOCARPI.

Fam. XXIV. POROCYPHEAE. KŒRBER.

135. POROCYPHUS. KŒRBER.

570. P. areolatus. (Fltw.) Körber syst. p. 426. par. p. 440.
Collema areolatum. Flotow collemac. p. 152.
Psorotichia areolata. Zwackh enum. nro. 373.
Collema furfurellum. Nyland. lich. Scand. p. 28 et suppl.
p. 104. sec. Th. Fries in Flora 1866 p. 454.
Exs. Zwackh 320.
auf oft überflutheten Granitfelsen im Neckar gegen den Haarlass bei Heidelberg (Zwackh enum.).

Ordo. V. LICHENES BYSSACEI. KŒRBER

136. EPHEBE. FRIES.

571. E. pubescens. (L. sub Lichen.) Fries summ. orb. veg. p. 356.
Bornet in Ann. des Sc. nat. 3. XVIII. p. 170. Nyland. syn.
p. 90. lich. Scand. p. 24. suppl. p. 103. Stizenberger in Hedwigia 1848 p. 3. Th. Fries lich. arct. p. 289. Anzi cat. p. 1.
Schwendener in Flora 1863 p. 241. Körber par. p. 447.
Cornicularia pubescens. Ach. lich. univ. p. 616. syst. p. 302.
Collema pubescens. Schaerer enum. p. 248.
Collema velutinum b. pubescens. Rbhrst. Crypt. flor. p. 48.
Usnea intricata. Hoffmann flor. germ. III. p. 136.
Conferva atrovirens. Dillw. tab. 25.
Stigonema atrovirens. Agardh syst. Alg. p. 42. Kützing spec. Alg. p. 318.
Exs. Hepp 712. Crypt. helv. 575.
an Granitfelsen bei St. Blasien (de Bary); an Sandsteinblöcken auf der Badener Höhe und auf der Teufelsmühle im Murgthale (B.).

Anhang.

LICHENES PARASITICI. KŒRBER.
(PSEUDOLICHENES. AUTT.)

A. DISCOCARPI.

137. TROMERA. MASSAL.

572. T. resinae. (Fries) Körber par. p. 453.
  Peziza resinae. Fries syst. mycol. II. p. 149.
  Lecidea resinae. Nyland. prodr. p. 119. lich. Scand. p. 213. suppl. p. 185.
  Biatorella resinae. Th. Fries gen. p. 87. Zwackh enum. nro. 202.
  Tromera xanthostigma et sarcogynoides. Massal. in litt. Arnold in Flora 1858 p. 507.
  Peziza myriospora. Hepp lich. exs.
  Tromera myriospora. Anzi cat. p. 117.
  Tromera myriospora α. xanthostigma et β. sarcogynoides. Krmplhbr. lich. Bayr. p. 228.

Exs. Hepp fasc. VI. a et b. Rbh. 564. 786. Anzi lich. lang. 267 A. B.

auf Tannenharz bei Constanz (Stzbrgr.); auf dem Hochfirst bei Neustadt (Sickenb.); auf dem Feldberg (de Bary); auf der Badener Höhe, auf dem Ruhberg und auf dem Iwerst bei Baden, auf dem Kaltenbrunn, auf der Teufelsmühle, und auf dem Wurstberg bei Herrenalb (B.); auf dem heiligen Berge und im Walde gegen den Wolfsbrunnen bei Heidelberg (Zwackh enum.).

138. ABROTHALLUS. DE NOTARIS.

573. A. Smithii. Tulasne mem. sur les Lichens in ann. des sc. natur.
XVII. p. 113. Massal. misc. p. 12. Körber syst. p. 215. par.
p. 456. Arnold in Flora 1858 p. 701. 1861 p. 678. Krmplhbr.
lich. Bayr. 275. Beltram. lich. bass. p. 287. Anzi cat. p. 116.
Müller lich. genev. p. 87. Zwackh enum. nro. 375.
Abrothallus Bertianus et Buellianus de Notaris mem. acad
taurin. et Massal. ricer. p. 88.
Lichen parasiticus. Engl. Bot. V. p. 26.
Endocarpon parasiticum. Ach. syn. p. 100.
Parmelia saxatilis var. parasitica. Schaerer enum. p. 45.
Lecidea Parmeliarum. Sommerfelt flor. lapp. suppl. p. 176.

Exs. Rbh. 90. 550. Körber 74. Zwackh 321. Arnold 319 Anzi lich.
lang. 230.

parasitisch auf Imbricaria tiliacea an Bäumen bei Constanz (Stzbrgr.); auf Imbricaria saxatilis an den Mauern um das Dorf Herrenwiese (Al. Braun); auf Imbricaria tiliacea an Castanien beim Erlenbad (B.); auf Imbricaria acetabulum an Eschen bei Rastatt (B.); auf Imbricaria revoluta an Buchen im Albthale bei Ettlingen (B.); auf Imbricaria physodes am Parkzaun bei Carlsruhe (B.); auf Imbricaria saxatilis an Castanien bei Handschuchsheim und an Sandsteinblöcken in den Felsenmeeren des Königsstuhls bei Heidelberg, auf Imbricaria olivacea an Birken des Königsstuhls und auf derselben Flechte an Sandstein bei Neuenheim (Zwackh enum.).

574. A. microspermus. Tulasne mem. sur les Lich. p. 415. Körber syst.
p. 81 et 216. par. p. 456. Hepp lich. exs. Krmplhbr. lich.
Bayr. p. 275. Arnold in Flora 1865 p. 598. Zwackh enum.
nro. 376.

Exs. Crypt. bad. 450. Hepp 471.

parasitisch auf dem thallus von Imbricaria caperata bei Constanz (Stzbrgr.); am Mercur bei Baden (B.); im Durlacher Wald bei Carlsruhe (Seubert); und bei Heidelberg (Zwackh enum.).

139. CELIDIUM. TULASNE.

575. C. stictarum. Tulasne mem. sur les Lich. p. 121. Körber syst. p. 217. par. p. 456. Massal. misc. p. 14. Arnold in Flora 1860 p. 80. Krmplhbr. lich. Bayr. p. 275. Anzi cat. p. 116. manip. p. 37. Müller lich. genev. p. 87. Zwackh enum. in Flora 1864 p. 88.
 Sticta pulmonacea var. pleurocarpa. Ach. lich. univ. p. 450. syn. p. 233. Schaerer enum. p. 30.
 Dothidea lichenum. Sommerfelt flor. lapp. p. 224.
 Fries elench. fung. II. p. 123.
Exs. Hepp 590. Rbh. 423. 657. Zwackh 196. Crypt. helv. 568. Anzi lich. lang. 231.

parasitisch auf Sticta pulmonaria auf dem Belchen und auf dem Schauinsland (Alex. Braun); bei Freiburg (Stzbrgr.); auf dem Kandel (B.), und auf dem Mühlhange bei Ziegelhausen (Alexis Millardet).

576. C. varium. (Tul.) Körber par. p. 456. Arnold in Flora 1868 p. 523.
 Phacopsis varia. Tulasne mem. des Lich. p. 125.
Exs. Rbh. 785. Arnold 335.

parasitisch auf dem thallus und auf der Fruchtscheibe der Physcia parietina an Ulmen und Pappeln bei Carlsruhe (B.).

577. C. grumosum. Körber par. p. 457.
 Celidium varians. Arnold in Flora 1861 p. 678. et lich. exs. nro. 210. Anzi symb. p. 28.
 Arthonia varians. Nyland. lich. Scand. p. 260.
 Arthonia glaucomaria. Nyland. syn. Arth. p. 98. Krmplhbr. lich. Bayr. p. 297.
 Conida sordida. Mass. Misc. p. 16.
Exs. Arnold 210.

parasitisch auf Zeora sordida an den Felsen hinter dem alten Schlosse zu Baden (B.); an Porphyr bei Lichtenthal (B.).

578. C. subfuscae. Arnold in litt. Zwackh enum. in Flora 1864 p. 87. Nyland in Flora 1868 p. 165.

parasitisch auf Lecanora subfusca an alten Mauern bei Neuenheim (Zwackh enum.).

579. C. fuscopurpureum. Tulasne. Körber par. p. 453. Spilodium. Massal. parasitisch auf Peltigera polydactyla bei Ziegelhausen (Alexis Millardet 1865).

140. CONIDA. MASSAL.

580. C. clemens. (Tul.) Körber par. p. 458. Anzi symb. p. 27. Arnold in Flora 1868 p. 523.
Phacopsis clemens. Tulasne mem. des Lich. p. 124.
Conida apotheciorum. Massal. misc. p. 16.
Exs. Arnold 396. Anzi lich. lang. 525.
parasitisch auf der Fruchtscheibe von Placodium saxicolum an Mauern bei Lahr und an Sandsteinpfosten bei Carlsruhe (B.).

141. NESOLECHIA. MASSAL.

581. N. inquinans. (Tul.) Massal. misc. p. 13. Körber par. p. 462. Arnold in Flora 1865 p. 599. Zwakh enum. in Flora 1864 p. 87.
Abrothallus inquinans. Tulasne mem. des Lich. p. 117.
parasitisch auf Baeomyces roseus und Sphyridium byssoides bei Ziegelhausen (Alexis Millardet).

582. N. oxyspora. (Tul.) Massal. misc. p. 13. Körber par. p. 462. Arnold in Flora 1863 p. 604.
Abrothallus oxysporus. Tulasne mem. des Lich. p. 116.
parasitisch auf dem thallus von Jmbricaria saxatilis an alten Buchen im Durlacher Wald bei Carlsruhe (Arnold).

142. LECIOGRAPHA. MASSAL.

583. L. Zwackhii Massal. Catagr. Graph. p. 679. Zwackh enum. nro. 377.
Exs. Zwackh 353. Arnold 253.
parasitisch auf dem thallus von Phlyctis argena an Buchen im Bohrer bei Freiburg (Alexis Millardet); auf dem Königsstuhle und auf dem Auerhahnkopfe bei Heidelberg (Zwackh enum.).

584. L. Neesii. (Flot.) Körber par. p. 463.
Peziza Neesii. Flotow.

Exs. Hepp 231. (sub Lecidea Lightfootii β. commutata sec. Körber par.) Zwackh 71.

parasitisch auf einem fremden thallus (wahrscheinlich von steriler Biatorina commutata) an Weisstannen auf dem Feldberg (Sickenb.), bei Haslach im Kinzigthal (v. Zwackh), auf der Badener Höhe und auf dem Kaltenbrunn (B.).

B. PYRENOCARPI.

143. XENOSPHAERIA. TREVISAN.

585. X. rimosicola. (Leight.) Anzi symb. p. 28. Körber par. p. 467. Arnold lich. exs.
    Verrucaria rimosicola. Leighton lich. brit. exs.
    Tichothecium rimosicolum. Arnold in Flora 1861 p. 678.
    Pyrenula rimicola. Müller lich. genev. p. 91.
    Phaeospora triseptata. Hepp in litt.
    Phaeospora rimosicola. Hepp lich. exs.

Exs. Hepp 947. Arnold 379. Anzi lich. lang. 370.

auf Rhizocarpon petraeum an Granit bei Geroldsau und an Porphyr bei Lichtenthal (B.).

144. TICHOTHECIUM. FLOTOW.

586. T. pygmaeum. Körber sertul. lich. sudet. nro. 10. par. p. 467. Massal. neag. p. 8. misc. p. 27. symm. 93. Arnold in Flora 1858 p. 702 1862 p. 395. 1868 p. 250. Krmplhbr. lich. Bayr. p. 276. Anzi cat. p. 115.
    Microthelia pygmaea. Körber syst. p. 374.
    Endococcus pygmaeus. Th. Fries lich. arct. p. 275. Zwackh enum. in Flora 1864 p. 88.
    Endococcus erraticus. Nyland. lich. Scand. p. 283.
    Tichothecium Rehmii. Massal. in litt.

Exs. Arnold 134. 182. Anzi lich. lang. 288. 369. 537.

parasitisch auf einem grauen thallus an der westlichen Wand des Brückenhäuschens bei der Neckarbrücke zu Heidelberg (Zwackh enum.).

587. T. gemmiferum. (Tayl.) Massal. misc. p. 27. Arnold in Flora 1858 p. 702. 1861 p. 678. Krmplhbr. lich. Bayr. p. 276. Anzi manip. p. 37. Körber par. p. 468.
Verrucaria gemmifera. Taylor flor. hibern. II. p. 95. Leighton Angioc. p. 47.
Endococcus gemmifer. Nyland. enum. p. 140. pyrenocarp. p. 64. Th. Fries lich. arct. p. 275. Zwackh enum. nro. 378.
Phaeospora gemmifera. Hepp lich. exs.
Microthelia propinqua. Körber syst. p. 374.
Exs. Hepp 700. Arnold 19.
parasitisch auf der Kruste von Lecidea crustulata bei Ziegelhausen und Handschuchsheim an Porphyr (Zwackh enum.).

588. T. Ahlesianum. (Hepp.)
Sagedia Ahlesiana. Hepp in litt.
Endococcus Ahlesianus. Zwackh enum. nro. 379.
Exs. Zwackh 314.
an Granitfelsen mit Placodium demissum (Flot.); am Haarlasse bei Heidelberg (Zwackh enum.).

589. T. sphinctrinoides. (Zwackh.)
Endococcus sphinctrinoides. Zwackh enum. in Flora 1864 p. 88.
parasitisch auf Lecanora subfusca an einer Sandsteinmauer ober Neuenheim (Zwackh enum.)

145. PHARCIDIA. KŒRBER.

590. Ph. congesta. Körber par. p. 470.
Lecanora subfusca var. pharcidia. Ach.
parasitisch auf der Fruchtscheibe von Lecanora subfusca, an Castanien beim Erlenbad, an Ahorn und Ulmen bei Carlsruhe (B.).

591. Ph. Hageniae. Rehm sub Sphaerella. Arnold lich. exs.
Exs. Arnold 398.
parasitisch auf dem thallus von Anaptychia (Hagenia) ciliaris an Obstbäumen bei Bonndorf (Mozer), sowie an Ulmen und Linden bei Carlsruhe (B.).

Index generum.

Die gewöhnlich gedruckten Namen bezeichnen die in der Uebersicht angenommenen, die gesperrt gedruckten die Synonymen der Genera.

	pag.		pag.
Abrothallus. de Not.	235	Blastenia. Mass.	99
Acarospora. Mass.	59	Blasteniospora. Trevis.	23
Acolium. Ach.	176	Borrera. Ach.	22
Acrocordia. Mass.	201	Bryophagus. Nitschke.	94
Agyrium. Fries.	175	Bryopogon. Link.	2
Alectoria. Ach.	3	Buellia. de Not.	132
Amphiloma. Körber.	45—47	Bunodea. Mass.	199
Amphoridium. Mass.	204		
Anaptychia. Körber.	22		
Aplotomma. Mass.	132	Calicium. Pers.	178
Arnoldia. Mass.	232	Callopisma. de Not.	61
Arthonia. Ach.	167	Caloplaca. Th. Fries. 62—64.	100
Arthopyrenia. Mass.	212		101
Arthothelium. Mass.	166	Campylacia. Mass. . 211.	212
Arthroraphis. Th. Fries.	101	Candelaria. Mass.	60
Arthrosporum. Mass.	153	Catillaria. Mass.	137
Aspicilia. Mass.	85	Catolechia. (Flw.) Th. Fries.	96
Atichia. Flw.	219	Catolechia. (Flw.) Mass.	132
Aulacographa. Leight.	163	Catopyrenium. Flw.	189
		Celidium. Tulasne.	236
		Cenomyce. Ach.	6
Bacidia. de Not.	101	Cetraria. Ach.	20
Bactrospora. (Mass.) Th. Fries.	175	Chaenotheca. Th. Fries.	180—185
Baeomyces. Pers.	155	Chiliospora. Mass.	99
Berengeria. Trevis.	68	Cladina. Nyland.	15
Biatora. Fries.	114	Cladonia. Hoffm.	6
Biatorella. de Not.	99	Collema. Hoffm.	220
Biatoridium. Lahm.	99	Coniangium. Fries.	172
Biatorina. Mass.	109	Conida. Mass.	237
Bilimbia. de Not.	124	Coniocarpon. D.Cand.	167
		Coniocybe. Ach.	186

	pag.
Conotrema. Tuckerm.	91
Cormothecium. Mass.	134
Cornicularia. Ach.	4
Cyphelium. Ach.	183
Dermatocarpon. Eschw.	190
Diploicea. Mass.	96
Diplotomma. Flw.	130
Enchylium. Mass. . 231.	232
Endocarpidium. Müller.	189
Endocarpon. Hedw.	51
Endococcus. Nyland. . 238—	239
Endopyrenium. Flw.	188
Enterographa. Fée.	165
Ephebe. Fries.	233
Evernia. Ach.	17
Fulgensia. Mass.	59
Garovaglia. Trevis.	230
Graphis. Adans.	163
Gussonea. Tornab.	57
Gyalolechia. (Mass.) Anzi.	61
Gyrophora. Ach.	48
Haematomma. Mass.	84
Hagenia. Eschw. . . 22.	23
Hazslinszkya. Körber.	165
Heppia. Naegele.	28
Heterothecium. Flw. 129.	148
Hymenelia. Krmplh.	94
Icmadophila. Ehrh.	83
Imbricaria. (Schreb.) Körber.	31
Isidium. Ach. . . 80. 191.	193
Lahmia. Körber.	176
Lassalia. Mass.	48
Lecanactis. Eschw.	155
Lecania. Mass.	65
Lecanora. Ach.	69

	pag.
Lecidea. Ach.	145
Lecidella. Körber.	138
Leciographa. Mass.	237
Lecothecium. Trevis.	218
Lempholemma. Körber.	219
Lenormandia. D.Cand.	52
Leprantha. Körber.	171
Leptogium. Fries.	227
Leptorrhaphis. Körber.	211
Lethagrium. Mass.	225
Lithoicea. Mass.	205
Lobaria. Hoffm.	40—43
Lopadium. Körber.	129
Macrodictya. Mass.	48
Mallotium. Flw.	230
Maronea. Mass.	81
Massalongia. Körber.	55
Megalospora. Meyen et Flw.	148
Melaspilea. Nyland.	165
Menegazzia. Mass.	39
Microthelia. Körber.	216
Myriosperma. Hepp. . 99.	153
Myriospora. Hepp. . 57 —	60
Naevia. Mass.	170
Nephroma. Ach.	24
Nephromium. Nyland.	24
Nesolochia. Mass.	237
Normandina. Nyl.	52
Ochrolechia. Mass.	81
Oedemocarpon. Th. Fries.	148
Omphalaria. Dur. et Mont.	231
Opegrapha. Humb.	157
Pachnolepia. Mass.	174
Pachyospora. Mass.	85
Pachyphiale. Lönnroth.	93
Pannaria. Delis.	53
Parmelia. Ach.	40
Parmeliella. Müller.	54
Parmeliopsis. Nyland.	39
Peltidea. Ach.	25

16

	pag.		pag.
Peltigera. Willd.	25	Secoliga. (Norm.) Stzbrgr.	101
Pertusaria. D.Cand.	191	Segestrella. Fries.	195
Petractis. Fries.	91	Segestria. Th. Fries. . 196.	203
Phaeospora. Hepp. . 238—	239	Solorina. Ach.	28
Pharcidia Körber.	239	Solorinella. Anzi.	29
Phialopsis. Körber.	88	Sphaeromphale. Rchbch.	198
Phlyctis. Wallr.	95	Sphaerophoron. Pers.	23
Physcia. Schreber.	44	Sphinctrina. Fries.	177
Physma. Mass.	219	Sphyridium. Flw.	154
Placidiopsis. Beltr.	189	Spiloma. Ach.	131
Placidium. Mass.	188	Sporodictyon. Mass.	198
Placodium. Hiller.	55	Squamaria. (D.C.) Nyland. 55—	59
Placynthium. Mass.	218	Squamaria. (Hoffm.) Mass.	40
Platisma. Hoffm.	21	42.	43
Platygramma. Leight.	165	Staurothele. Th. Fries.	197
Platysma. Nyland.	21	Stenocybe. Nyland.	178
Plectopsora. Mass.	232	Stereocaulon. Schreb.	4
Pleopsidium. Körber.	58	Sticta. Schreb.	29
Polyblastia. Mass.	200	Stictina. Nyland.	29
Polychidium. Ach.	230	Stigmatidium. Mass.	165
Porina. Ach. . . 192. 194.	195	Stigmatomma. Körber.	197
Porocyphus. Körber.	233	Strickeria. Körber.	217
Pragmopora. Mass.	175	Sychnogonia. Körber.	197
Psilolechia. Mass.	120	Synalyssa. Fries.	231
Psora. Haller.	96	Synechoblastus. Trevis.	226
Psoroma. Ach.	58		
Psorotichia. Mass.	232		
Pycnothelia. Nyland.	17	Thalloidima. Mass.	97
Pyrenodesmia. Mass.	65	Thelidium. Mass.	202
Pyrenothea. Fries. . 120.	156	Thelochistes. Th. Fries.	23
Pyrenula. Ach.	199	Thelopsis. Nyland.	197
Pyrrhospora. Körber.	129	Thelotrema. Ach.	90
		Thrombium. Wallr.	211
		Thyrea. Mass.	231
Racoblenna. Mass.	219	Tichothecium. Flw.	238
Ramalina. Ach.	18	Toninia. Mass.	98
Rhaphiospora. Mass. 101.	108	Tornabenia. Mass.	23
Rhizocarpon. Ram.	149	Trachylia. Fries. . . 135.	176
Ricasolia. Nyland.	30	Tromera. Mass.	234
Rinodina. Ach.	66		
		Ucographa. Mass.	175
Sagedia. Ach.	203	Umbilicaria. Hoffm.	48
Sarcogyne. Flw.	152	Urceolaria. Ach.	89
Schismatomma. Flw.	154	Usnea. Dillen.	1
Sclerococcum. Fries.	176		
Scoliciosporum. Mass. 101—104			
Secoliga. Norm.	92	Variolaria. Ach.	191

	pag.		pag.
Verrucaria Wigg.	204	Xanthoria. Th. Fries.	44—47
Volvaria. (D.Cand.) Mass.	90		61
		Xenosphaeria. Trevis.	238
		Xylographa. Fries.	174
Wilmsia. Lahm.	93		
		Zeora. Fries.	78
Xanthocarpia. Mass.	98	Zwackhia. Körber.	162

Zusätze und Verbesserungen.

Seite 1 Zeile 3 von unten lies: 829 statt 828.
» 10 » 2 v. oben setze hinzu: Rbh. 840.
» 15 » 16 v. u. setze hinzu: Rbh. 839.
» 16 » 7 v. o. lies: auf statt suf.
» 21 » 5 v. u. lies: 669 statt 659.
» 23 » 4 v. o. lies: 573 statt 673.
» 30 » 7 v. o. setze hinzu: Rbh. 837.
» 39 » 10 v. u. setze hinzu: Rbh. 849.
» 48 » 11 v. o. setze hinzu: Rbh. 838.
» 55 » 15 v. u. lies: Millardet statt Millardot.
» 59 » 4 v. u. lies: Gneiss statt Granit.
» 70 » 13 v. o. lies: intumescens statt inturnescens.
» 76 » 1 v. u. lies: Teufelsmühle statt Keufelsmühle.
» 83 » 21 v. u. lies: sched. statt hedul.
» 88 » 12 v. o. lies: coracina statt coracinea.
» 95 » 15 v. u. lies: Salix statt Saliz.

Etwa übersehene andere Druckfehler möge der Leser entschuldigen.

Nachtrag.

Nach Vollendung des Druckes vorstehenden Werkchens kamen mir die neuesten Lieferungen der Schweizer Cryptogamen von Wartmann und Schenk zu, die mehrere in unserem Gebiete vorkommende Lichenen enthalten. Ich führe desshalb das hierher Bezügliche nachträglich auf.

p. 18 Z. 20 v. ob. setze hinzu: Crypt. helv. 653.
» 20 » 14 v. unt. »   » Crypt. helv. 663.
» 21 » 9 v. ob. »   » Crypt. helv. 664.
» 26 » 1 v. unt. »   » Crypt. helv. 667.
» 51 » 8 v. unt. »   » Crypt. helv. 669.
» 56 » 6 v. ob. »   » Crypt. helv. 670.

auf Kalkfelsen bei Herblingen Canton's Schaffhausen (Schenk).

p. 63 Z. 13 v. ob. setze hinzu: Crypt. helv. 654.

auf Jurakalk bei Herblingen (Schenk).

p. 66 Z. 3 v. ob. setze hinzu: Crypt. helv. 672.
» 71 » 16 v. unt. » » Crypt. helv. 655.
» 97 » 3 v. ob. »   » Crypt. helv. 656.
» 101 » 9 v. ob. ist beizufügen:

237½. Bl. sinapisperma. (D.C.) Massal. mon. Blast. p. 109. sched. p. 128. Körber syst. p. 184. par. p. 129. Arnold in Flora 1858 p. 506. Krmplhbr. lich. Bayr. p. 227. Beltram. lich bass. p. 203. Müller lich. genev. p. 63.
  Patellaria sinapisperma. De Cand. fl. franç. II. p. 349.
  Placodium sinapispermum. Hepp lich. exs. Anzi cat. p. 39.
  Lecidea ferruginea δ. sinapisperma. Schaerer enum. p. 144.
  Lecidea fuscolutea β. leucorrhoea. Ach. lich. un. p. 198.
syn. p. 42.
  Blastenia leucoraea. Th. Fries lich. arct. p. 200.
  Lecanora leucoraea. Nyland. lich. Scand. p. 146.
Exs. Hepp 200. Rbh. 123. Zwackh 195. Schaerer 215. Crypt. helv. 566. Th. Fries 42.

auf Moospolstern bei Herblingen unweit Schaffhausen (Schenk),

p. 114 Z. 19 v. ob. setze hinzu: Crypt. helv. 657.
» 121 » 10 v. unt. » » Crypt. helv. 658.
» 125 » 13 v. ob. » » Crypt. helv. 659.
» 155 » 16 v. unt. » » Crypt. helv. 662.
» 162 ⸺ post tenera » » ɛ fuscata. Schaerer enum. p. 156.
Exs. Crypt. helv. 675.
an Weisstannen auf dem Randen (Schenk).
p. 180 Z. 4 v. unt. setze hinzu: Crypt. helv. 674.
» 204 » 19 v. unt. » » Crypt. helv. 673.

Schliesslich habe ich hier noch eine mir von Herrn Bezirksgerichtsrath Arnold mitgetheilte Notiz über Pertusaria de Baryana beizufügen und bitte hiernach den Eintrag auf pag. 194 zu vervollständigen:

462. P. de Baryana. Hepp in litt. de Bary in den Jahrbüchern für wissenschaftliche Botanik 1866.
Pertusaria rugulosa. Zwackh exs.
Exs. Zwackh 293.

Häufig an alten Buchen im Walde bei Petersthal unweit Heidelberg (v. Zwackh leg. et detex. 1857); an Buchen auf dem Blauen (de Bary 1865, Millardet 1866).